新编维修电工手册

第 2 版

主　编　李　洋　田　虓
副主编　范翠香　刘学军　王淑鸿
主　审　董维锋

机械工业出版社

本手册按照初、中级维修电工的基本要求，重点介绍了有关操作的技能技巧。本手册主要内容包括：维修电工基础知识、电工读图的一般方法、电工安全技术、钳工操作技能、电工基本操作技术、常用电工材料及电缆敷设、常用电工仪表和仪器的使用、照明装置和照明线路的安装与维修、变压器、电动机、常用低压电器、电气控制的基本规律及基本环节、典型机床控制电路及其故障排除、电子元器件与常见电子电路、可编程序控制器原理及应用、变频器及使用。

　　本手册可作为广大维修电工的必备工具书，还可供相关专业的学生作为工程实训时的参考书。

图书在版编目（CIP）数据

新编维修电工手册 / 李洋，田虓主编. —2 版. —北京：机械工业出版社，2016.5
　　ISBN 978-7-111-53539-3

　　Ⅰ. ①新… Ⅱ. ①李… ②田… Ⅲ. ①电工-维修-技术手册
Ⅳ. ①TM07-62

中国版本图书馆 CIP 数据核字（2016）第 077738 号

机械工业出版社（北京市百万庄大街22号　邮政编码100037）
策划编辑：陈玉芝　责任编辑：王振国
责任校对：赵　蕊　封面设计：马精明
责任印制：李　洋
北京振兴源印务有限公司印刷
2016 年 7 月第 2 版·第 1 次印刷
140mm×203mm·12.75 印张·376 千字
0001—3000 册
标准书号：ISBN 978-7-111-53539-3
定价：35.00 元

前　言

　　本手册在修订时以国家最新颁布的《国家职业技能标准 维修电工》的要求为依据，坚持"少而精"的原则，既面向企业生产实际，又注重基础知识的介绍，将基础理论与技能知识和工艺知识相结合，力求做到将理论知识付诸于实践并收效于实用。

　　本手册在编写时针对初、中级维修电工操作应掌握的技能，收集了大量生产中实用的技术资料，结合了编者多年的实践经验，注重理论联系实际，突出实际操作，内容通俗易懂，图文并茂，操作手段灵活多样。本次修订增加了电缆的选择和使用、可编程序控制器（PLC）技术和变频器技术等内容。全书共分16章，主要介绍了常用电工标准和电工材料，实用工具及仪器仪表的选用与维护，维修电工应具备的基本操作技能，照明装置和照明线路的选择与安装，变压器和电动机的运行与检修，低压电器及其故障排除，电气控制基本环节，常用机床电气控制电路与电气设备的维修，电子元器件与焊接，可编程序控制器（PLC）及应用，变频器及使用。

　　本书由李洋、田虓任主编，范翠香、刘学军、王淑鸿任副主编，林建安、王淑芳、张丽萍、李浩参加编写。本手册由董维锋主审。

　　由于时间和作者的水平有限，书中错误之处在所难免，敬请广大读者批评指正。

编　者

目　录

前言

第一章　维修电工基础知识 …………………………………… 1

第一节　电工常用计算公式 …………………………………… 1

一、电阻公式 …………………………………………………… 1

二、三相交流电路中的功率计算公式 ………………………… 1

三、白炽灯和荧光灯的电流计算公式 ………………………… 2

四、电动机和电焊机的电流计算公式 ………………………… 2

第二节　电工常用基本定律 …………………………………… 3

一、欧姆定律 …………………………………………………… 3

二、基尔霍夫定律 ……………………………………………… 3

三、戴维南定理 ………………………………………………… 4

四、电磁感应 …………………………………………………… 5

第三节　常用电工法定计量单位及其换算 …………………… 8

一、国际基本单位 ……………………………………………… 8

二、可与国际基本单位并用的我国计量单位 ………………… 9

三、电工常用法定计量单位及非法定计量单位之间的换算 … 10

四、国内外常用电气符号对照 ………………………………… 11

第二章　电工读图的一般方法 ………………………………… 18

第一节　读图基础知识 ………………………………………… 18

一、图形符号的使用规则 ……………………………………… 18

二、电气制图的一般规则 ……………………………………… 18

第二节　电气识图的基本方法和步骤 ………………………… 20

一、电气识图的基本方法 ……………………………………… 20

二、电气识图的基本步骤 ……………………………………… 21

第三章　电工安全技术 ………………………………………… 23

第一节　电工安全知识 ………………………………………… 23

一、触电事故 …………………………………………………… 23

二、安全电压 ……………………………………………………… 23

三、安全距离 ……………………………………………………… 24

四、绝缘防护用具 ………………………………………………… 24

第二节 触电的危害性与急救 ………………………………………… 25

一、电流对人体的危害及影响触电危险程度的主要因素 ………… 25

二、人体的触电方式 ……………………………………………… 26

三、触电急救 ……………………………………………………… 26

第三节 接地接零 …………………………………………………… 30

一、接地 …………………………………………………………… 30

二、电气设备接地的种类 ………………………………………… 31

三、电气设备安全运行措施 ……………………………………… 33

第四节 电气安全工作制度 ………………………………………… 34

一、停电范围 ……………………………………………………… 34

二、验电 …………………………………………………………… 34

三、装设接地线 …………………………………………………… 35

四、悬挂标示牌和装设遮栏 ……………………………………… 35

五、接地线装设时的注意事项 …………………………………… 36

第五节 电气标志 …………………………………………………… 36

一、安全牌 ………………………………………………………… 36

二、电工产品的安全认证 ………………………………………… 39

第四章 钳工操作技能 ………………………………………………… 42

第一节 辅助性操作技能 …………………………………………… 42

一、钳工工作台和台虎钳 ………………………………………… 42

二、划线 …………………………………………………………… 44

三、弯曲 …………………………………………………………… 44

第二节 基本操作技能 ……………………………………………… 47

一、锉削 …………………………………………………………… 47

二、锯削 …………………………………………………………… 49

三、钻孔 …………………………………………………………… 50

四、攻螺纹和套螺纹 ……………………………………………… 51

第三节 装配性操作技能 …………………………………………… 53

一、装配的概念 …………………………………………………… 53

二、装配的工艺过程 ……………………………………… 53

三、典型组件的装配方法 ………………………………… 54

四、拆卸工作的要求 ……………………………………… 54

第五章　电工基本操作技术 ……………………………… 56

第一节　常用电工工具及量具 ………………………… 56

一、验电器 ………………………………………………… 56

二、钢丝钳 ………………………………………………… 57

三、尖嘴钳和斜口钳 ……………………………………… 59

四、螺钉旋具 ……………………………………………… 59

五、剥线钳 ………………………………………………… 60

六、活扳手 ………………………………………………… 60

七、电工刀 ………………………………………………… 61

八、电烙铁 ………………………………………………… 62

九、喷灯 …………………………………………………… 62

十、射钉枪 ………………………………………………… 63

十一、冲击钻和电锤 ……………………………………… 63

十二、拆卸器 ……………………………………………… 64

十三、压接钳 ……………………………………………… 65

十四、断线钳 ……………………………………………… 66

十五、金属直尺 …………………………………………… 66

十六、钢卷尺 ……………………………………………… 67

十七、游标卡尺 …………………………………………… 67

第二节　绝缘导线的连接 ……………………………… 68

一、剥削绝缘层 …………………………………………… 68

二、导线的连接方法 ……………………………………… 70

第三节　登高工具与绳子结扣 ………………………… 74

一、登高工具 ……………………………………………… 74

二、常见绳结 ……………………………………………… 77

第六章　常用电工材料及电缆敷设 ……………………… 79

第一节　常用导线的分类与应用 ……………………… 79

一、导线的种类 …………………………………………… 79

二、常用导线的型号及应用 ……………………………… 79

三、导线的选择 …………………………………………… 82

第二节　电缆及敷设 ……………………………………… 83

一、常用电缆分类 ………………………………………… 83

二、电力电缆的结构 ……………………………………… 83

三、电缆的敷设方式 ……………………………………… 85

四、电缆敷设要求 ………………………………………… 87

五、低压电缆终端头的制作 ……………………………… 88

六、低压电力电缆中间接线盒的制作 …………………… 91

七、电缆线路的运行维护 ………………………………… 93

第三节　绝缘材料 ………………………………………… 93

一、绝缘材料的分类 ……………………………………… 93

二、绝缘油 ………………………………………………… 94

三、绝缘漆和绝缘胶 ……………………………………… 95

四、绝缘、浸渍纤维制品及电工层压制品 ……………… 97

五、电工用塑料、绝缘薄膜及其制品 …………………… 97

六、绝缘电阻检测 ………………………………………… 98

第四节　磁性材料 ……………………………………… 100

一、软磁材料 …………………………………………… 100

二、硬磁材料 …………………………………………… 102

第七章　常用电工仪表和仪器的使用 ………………… 103

第一节　电工测量基础知识 …………………………… 103

一、电工仪表的用途及分类 …………………………… 103

二、电工仪表的测量误差和准确度等级 ……………… 103

三、电工仪表的型号 …………………………………… 104

四、电工仪表的标志 …………………………………… 105

第二节　常用电工仪表及使用 ………………………… 107

一、电流表 ……………………………………………… 107

二、电压表 ……………………………………………… 110

三、万用表 ……………………………………………… 112

四、绝缘电阻表 ………………………………………… 120

五、功率表 ……………………………………………… 123

六、电能表 ……………………………………………… 127

第八章 照明装置和照明线路的安装与维修·············· 135
  第一节 照明装置的安装和维修···················· 135
    一、工厂常用照明灯具类型的选择 ················ 135
    二、白炽灯的安装和维修························ 136
    三、荧光灯的安装和维修························ 140
    四、其他灯具安装时的注意事项 ·················· 143
    五、照明配线的一般要求························ 144
  第二节 导线规格及选用························ 144
    一、导线的型号 ···························· 144
    二、导线的选用 ···························· 145
    三、导线的检查与保存·························· 146
  第三节 照明线路的安装························ 147
    一、接户线的一般要求·························· 147
    二、入表线的安装···························· 148
    三、护套线线路的安装·························· 149
    四、线管配线 ······························ 152
    五、线路质量检验···························· 154
    六、线路维修 ······························ 155
第九章 变压器···································· 159
  第一节 变压器的结构与工作原理·················· 159
    一、变压器的工作原理·························· 159
    二、变压器的分类和结构························ 160
  第二节 变压器绕组的极性测定···················· 163
    一、交流法 ································ 164
    二、直流法 ································ 164
    三、三相变压器绕组的联结······················ 164
  第三节 变压器的运行与维护···················· 164
    一、变压器运行中的检查························ 165
    二、电力变压器的运行故障分析及排除方法 ·········· 165
  第四节 特殊用途的变压器······················ 166
    一、自耦变压器 ···························· 166
    二、互感器 ································ 167

　　三、电焊机 ·· 168

第五节　小型变压器的设计与绕制·················· 170

　　一、小型单相变压器的设计 ·························· 170

　　二、小型单相变压器的绕制 ·························· 174

第十章　电动机 ·· 179

第一节　三相交流电动机基础知识·················· 179

　　一、三相异步电动机的结构形式 ················· 179

　　二、三相异步电动机的铭牌数据 ················· 180

　　三、三相异步电动机的基本结构 ················· 180

　　四、三相异步电动机的运转原理 ················· 184

第二节　单相异步电动机的基本结构与工作原理·········· 185

　　一、基本结构 ··· 185

　　二、工作原理 ··· 185

第三节　三相异步电动机的运行和维护·········· 186

　　一、电动机起动前的准备和检查 ················· 186

　　二、电动机运行中的维护 ····························· 187

　　三、三相异步电动机的故障及处理方法 ········ 188

第四节　电动机的拆装····························· 190

　　一、拆卸前的准备工作·································· 191

　　二、拆卸方法和步骤 ···································· 191

　　三、电动机的修后装配·································· 192

第五节　三相异步电动机定子绕组故障的检修·········· 192

　　一、绕组断路故障的检修 ····························· 193

　　二、绕组接地故障的检修 ····························· 194

　　三、绕组短路故障的检修 ····························· 194

　　四、绕组接错与嵌反的检修 ·························· 195

第六节　定子绕组及下线工艺····················· 197

　　一、异步电动机的绕组和连接 ····················· 197

　　二、三相异步电动机定子绕组嵌线的工艺要求············ 202

　　三、几种常见三相异步电动机定子绕组下线及连接方法·········· 205

第七节　电动机修复后的试验···················· 210

　　一、一般检查 ··· 210

二、绝缘电阻的测定 ……………………………………… 210

三、耐压试验 ……………………………………………… 210

四、空载试验 ……………………………………………… 210

第八节　直流电动机……………………………………… 211

一、直流电动机的基本结构 ……………………………… 211

二、直流电动机的励磁方式 ……………………………… 213

三、直流电动机的维护保养 ……………………………… 214

四、直流电动机的起动与停车 …………………………… 215

五、直流电动机火花等级的鉴别 ………………………… 216

第十一章　常用低压电器 ………………………………… 218

第一节　低压电器的基本知识 …………………………… 218

一、低压电器的分类 ……………………………………… 218

二、低压电器的基本组成部分 …………………………… 218

三、电磁式低压电器的基本组成 ………………………… 219

第二节　开关电器………………………………………… 222

一、低压刀开关 …………………………………………… 222

二、转换开关 ……………………………………………… 223

三、断路器 ………………………………………………… 223

第三节　熔断器…………………………………………… 225

一、熔断器的主要参数 …………………………………… 225

二、熔体电流的选择 ……………………………………… 225

三、熔断器使用注意事项 ………………………………… 226

第四节　主令电器………………………………………… 226

一、按钮 …………………………………………………… 226

二、行程开关 ……………………………………………… 227

第五节　接触器…………………………………………… 228

一、接触器的工作原理 …………………………………… 229

二、接触器的主要参数 …………………………………… 229

三、安装注意事项 ………………………………………… 230

四、CJ20 系列交流接触器简介 ………………………… 230

第六节　继电器…………………………………………… 231

一、电磁式继电器 ………………………………………… 231

二、时间继电器 ……………………………………… 233

三、热继电器 ………………………………………… 235

四、速度继电器 ……………………………………… 236

第七节　低压电器故障的排除 ……………………… 237

一、接触器的故障及简单维护 ……………………… 238

二、热继电器的故障及维修 ………………………… 238

三、时间继电器的故障及维修 ……………………… 239

四、速度继电器的故障及维修 ……………………… 239

第十二章　电气控制的基本规律及基本环节 ……… 240

第一节　安全操作规定及工艺要求 ………………… 240

一、安全操作规定 …………………………………… 240

二、板前布线安装工艺规定 ………………………… 242

三、塑料槽板布线工艺规定 ………………………… 243

四、线束布线工艺规定 ……………………………… 243

第二节　电气控制电路的绘制 ……………………… 244

一、电气原理图 ……………………………………… 244

二、电器布置图 ……………………………………… 246

三、安装接线图 ……………………………………… 247

第三节　电气控制的一般规律 ……………………… 248

一、点动与连续运转控制 …………………………… 248

二、自锁与互锁控制 ………………………………… 249

三、多地联锁控制 …………………………………… 250

四、顺序控制 ………………………………………… 251

五、自动往复循环控制 ……………………………… 252

第四节　三相异步电动机的起动控制电路 ………… 252

一、星形－三角形减压起动控制电路 ……………… 252

二、自耦变压器减压起动控制电路 ………………… 253

第五节　三相异步电动机的制动控制电路 ………… 254

一、电动机单向运行反接制动控制电路 …………… 254

二、电动机单向运行能耗制动控制电路 …………… 255

三、电动机可逆运行能耗制动控制电路 …………… 256

第十三章　典型机床控制电路及其故障排除 ······· 258

第一节　CA6140 型卧式车床电气控制电路分析 ······· 258

一、CA6140 型卧式车床的基本结构 ······· 258

二、电气控制电路分析 ······· 259

三、电气控制电路的检修 ······· 260

第二节　Z3040 型摇臂钻床电气控制电路分析 ······· 262

一、Z3040 型摇臂钻床的基本结构 ······· 262

二、电力拖动特点与控制要求 ······· 263

三、电气控制电路分析 ······· 263

四、Z3040 型摇臂钻床的液压原理 ······· 267

第三节　X6132 型铣床电气控制电路分析 ······· 268

一、主电路分析 ······· 270

二、主轴电动机控制电路分析 ······· 270

三、工作台移动控制电路分析 ······· 271

四、电气控制电路特点 ······· 273

五、控制电路元器件明细 ······· 273

第四节　T68 型卧式镗床电气控制电路分析 ······· 275

一、T68 型卧式镗床的基本结构 ······· 275

二、电力拖动特点与控制要求 ······· 276

三、电气控制电路分析 ······· 276

四、电气控制电路特点 ······· 282

第五节　交流桥式起重机电气控制电路分析 ······· 282

一、桥式起重机的结构及运动情况 ······· 282

二、桥式起重机对电力拖动和电气控制的要求 ······· 283

三、主令控制器控制电路分析 ······· 284

四、桥式起重机常见电气故障 ······· 288

第六节　机床电气设备维修 ······· 292

一、机床电气设备的维护 ······· 292

二、机床电气设备的故障分析和检修 ······· 293

第十四章　电子元器件与常见电子电路 ······· 295

第一节　RLC 元件 ······· 295

一、电阻器 ······· 295

二、电容器 ··· 300

三、电感器 ··· 305

第二节　半导体器件 ··· 305

一、半导体器件手册的查询方法 ······························· 305

二、晶体二极管 ··· 310

三、其他二极管 ··· 313

四、晶体管 ··· 315

五、晶体闸流管 ··· 320

六、双向晶闸管 ··· 322

七、组合器件 ·· 324

第三节　电子元器件的焊接技术 ································· 328

一、手工焊接的工具和材料 ······································· 328

二、电子元器件的引线成形和插装 ···························· 328

三、焊接工艺 ·· 329

第四节　常见电子电路 ··· 333

一、单相整流电路 ··· 333

二、阻容耦合放大器 ··· 335

三、晶闸管交流调压 ··· 336

四、晶闸管无触头开关 ··· 338

第十五章　可编程序控制器原理及应用 ······················· 339

第一节　可编程序控制器的组成和原理 ······················ 339

一、可编程序控制器的组成 ······································· 339

二、可编程序控制器的编程语言 ································· 341

三、可编程序控制器的基本原理 ································· 342

四、软元件的功能 ··· 343

第二节　指令简介及其应用 ······································· 348

一、基本逻辑指令 ··· 348

二、几种 PLC 的性能参数指标及指令比较 ················· 353

三、可编程序控制器梯形图编程规则 ························· 356

四、步进指令 ·· 358

五、PLC 基本控制电路 ··· 361

第三节　PLC 系统设计步骤与选型 ···························· 363

一、PLC 系统设计步骤 ·· 363

二、PLC 选型 ··· 364

第四节　几种 PLC 实际应用电路 ··· 365

一、自动往复运动控制电路 ·· 365

二、用 PLC 改造摇臂钻床电气控制电路 ······································· 365

三、简易机械手动作控制 ··· 369

第十六章　变频器及使用 ··· 376

第一节　变频器 ·· 376

一、变频器的分类 ·· 376

二、变频器的原理及功能 ··· 377

三、变频调速 ·· 378

四、变频器的应用 ·· 378

第二节　电力变压器绕线机变频控制电路 ···································· 381

一、绕线机的工作原理及功能 ··· 381

二、绕线机控制电路 ··· 382

三、变频器控制电路 ··· 384

参考文献 ··· 391

第一章　维修电工基础知识

第一节　电工常用计算公式

一、电阻公式

与电阻有关的公式见表1-1。

表1-1　直流电路计算公式

名　称	公　式	说　明
导体电阻的计算	$R = \rho \dfrac{l}{S}$	R——电阻（Ω） ρ——电阻率（$\Omega \cdot m$） l——导线长度（m） S——导线截面积（m^2），工程上导线截面积的常用单位为（mm^2）
导体电阻与温度的关系	$R_t = R_0 [1 + \alpha (t - t_0)]$	R_t——温度为t时导体的电阻（Ω） R_0——温度为t_0时导体的电阻（Ω） α——以温度为基准时导体电阻的温度系数（1/℃）
电导与电导率	$G = \dfrac{1}{R}$；$\gamma = \dfrac{1}{\rho}$	G——导体的电导（S），S = 1/Ω γ——导体的电导率（S/m）

二、三相交流电路中的功率计算公式

三相交流电路中的功率计算公式见表1-2。

表1-2　三相交流电路中的功率计算公式

形式	项目	公式	单位	说明
三相对称电路的功率	有功功率	$P = 3U_P I_P \cos\varphi$ $= \sqrt{3} U_L I_L \cos\varphi$	W	U_P——相电压 I_P——相电流

（续）

形式	项目	公式	单位	说明
三相对称电路的功率	无功功率	$Q = 3U_P I_P \sin\varphi$ $= \sqrt{3} U_L I_L \sin\varphi$	var	U_L——线电压 I_L——线电流
	视在功率	$S = 3U_P I_P$ $= \sqrt{3} U_L I_L$	V·A	φ——相电压与相电流的相位差
	功率因数	$\cos\varphi = P/S$		

三、白炽灯和荧光灯的电流计算公式

白炽灯和荧光灯的电流计算公式见表 1-3。

表 1-3　白炽灯和荧光灯的电流计算公式

种类	供电相数	功率 P/W	每相电流 I/A	计算公式
白炽灯	单相	1000	4.5	$I = P/220$
	三相		1.5	$I = P/(1.732 \times 380)$
荧光灯	单相		9	$I = P/(220 \times 0.5)$
	三相		3	$I = P/(1.732 \times 380 \times 0.5)$

注：荧光灯的功率因数为 0.5，$\sqrt{3} \approx 1.732$。

四、电动机和电焊机的电流计算公式

电动机和电焊机的电流计算公式见表 1-4 和表 1-5。

表 1-4　电动机的电流计算公式

分类	功率 P/kW	每相电流 I/A	计算公式	说明
单相电动机	1	8	$I = P \times 1000/(220 \times \cos\varphi \times \eta)$	η——效率
三相电动机		2	$I = P \times 1000/(1.73 \times 380 \times \cos\varphi \times \eta)$	$\cos\varphi$——电动机功率因数

表 1-5　电焊机的电流计算公式

电焊机输入电压 U/V	计算公式	每千伏安每相电流 I/A
220	$I = S \times 1000/220$	4.5
380	$I = S \times 1000/380$	2.7

注：I 的单位为 A，S 的单位为 kV·A。

第二节 电工常用基本定律

一、欧姆定律

欧姆定律公式和应用见表1-6。

表1-6 欧姆定律公式和应用

名 称	电路图	计算公式	说 明
无源电路的欧姆定律	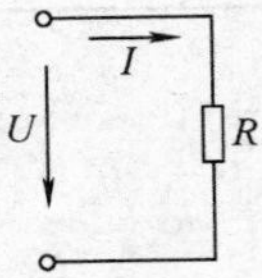	直流电路 $U = IR$ 或 $I = GU$	U——支路两端电压 I——支路电流 R——支路电阻 G——电导
全电路欧姆定律	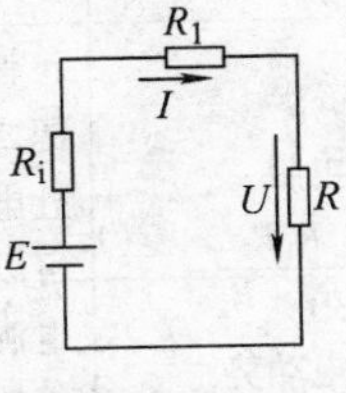	直流电路 $E = I\,(R + R_1 + R_i)$ 或 $U = E - I\,(R_1 + R_i)$	E——电源电动势 R_i——电源内阻 R_1——回路连接线的电阻 R——负载电阻 U——负载两端的电压 I——回路电流

二、基尔霍夫定律

基尔霍夫定律公式和应用见表1-7。

表1-7 基尔霍夫定律公式和应用

名 称	电路图	计算公式	说 明
基尔霍夫第一定律	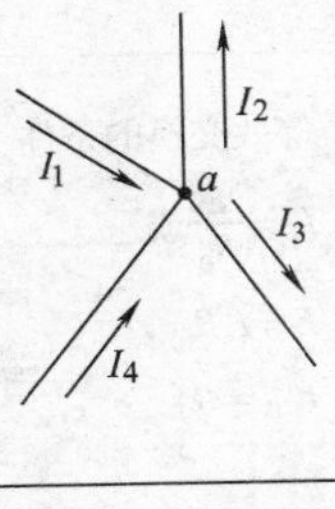	直流 $\sum I = 0$ 交流 $\sum i = 0$	节点 a 的方程为 $I_1 - I_2 - I_3 + I_4 = 0$

（续）

名　称	电路图	计算公式	说　明
基尔霍夫 第二定律		直流 $\sum E = \sum IR$ 交流 $\sum E = \sum IZ$	$R_1 I_1 + R_2 I_2 + R_3 I_3 -$ $R_4 I_4 = E_1 + E_2 - E_3$

三、戴维南定理

戴维南定理公式和应用见表1-8。

表1-8　戴维南定理公式和应用

名　称	电路图	计算公式	说　明
戴维南 定理		等效电阻 $R_0 = \dfrac{R_1 R_2}{R_1 + R_2}$ 等效电动势 $E_0 = U_{0c}$ $= E_2 + IR_2$ $= E_2 + \dfrac{E_1 - E_2}{R_1 + R_2} R_2$ 支路电流 $I_3 = \dfrac{E_0}{R_0 + R_3}$	任一个线性有源二端网络，对外电路来说，总可以用一个等效电源代替。这个等效电源的电动势 E_0 等于有源二端网络的开路电压 U_{0c}，其内阻 R_0 等于网络中各电动势短路后该网络的输入端电阻。这个定理叫作戴维南定理
电流源 与电压 源的等 效变换		等效交换的条件 $I_s = \dfrac{E}{R_0}$ 或 $E = I_s R_0$ $R'_0 = R_0$	变换时电流源电流的方向就是电压源从" - "到" + "的方向

四、电磁感应

电磁感应定律和应用见表1-9。

表1-9 电磁感应定律和应用

名称	图示	计算公式	说明
直线电流的磁场	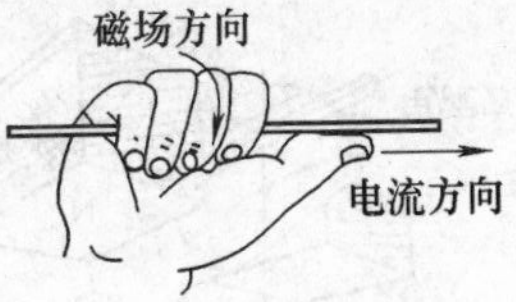 磁场方向 电流方向		电流方向与磁场方向的关系可用右手螺旋定则判定。磁场的强弱用磁通量表示。我们把穿过垂直于某截面的磁力线总数称为磁通量，用 Φ 表示，单位为 Wb。而把单位面积内通过的磁力线总数，称为磁感应强度，用 B 表示，单位为 T
载流线圈的磁场	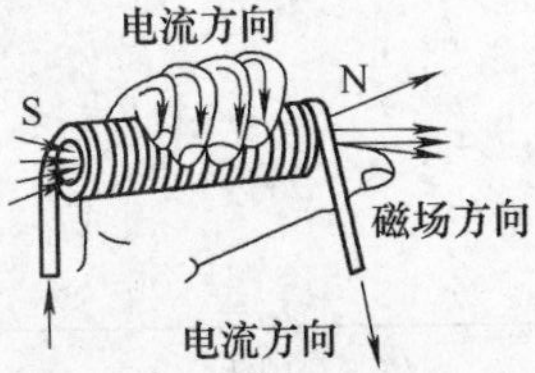 N S 电流方向 磁场方向 电流方向	$B = \Phi/S$	

（续）

名称	图示	计算公式	说明
左手定则	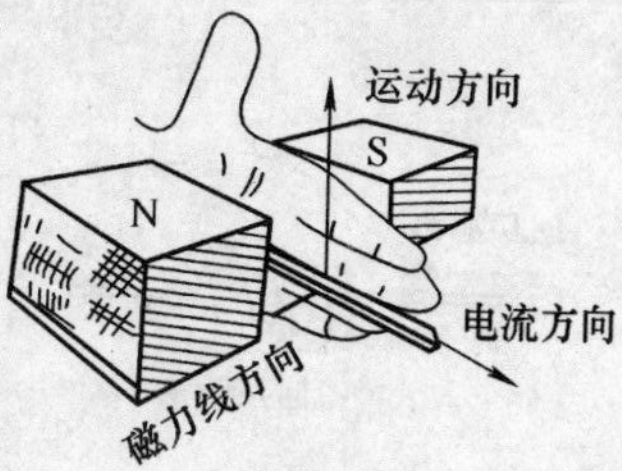	单根导体 $F = BIL\sin\alpha$ 直流 $F = 4B_m^2 S \times 10^5$ 交流 $F_m = 4B_m^2 S \times 10^5$ $F_{av} = 2B_m^2 S \times 10^5$	导体回路在变化的磁场中会产生电流，叫作感应电流。这表明闭合回路中有一种力量在推动电荷运动，我们称它为感应电动势，这种现象叫作电磁感应现象。它是由法拉第首先发现的 B——磁感应强度（T） L——导体在磁场中的有效长度（m） I——导体的电流（A） α——导体与磁力线之间的夹角（°） S——铁心截面积（m²） F_m——一个周期内吸力的最大值（N） B_m——磁感应强度的最大值（T） F_{av}——一个周期内吸力的平均值（N）

（续）

名称	图示	计算公式	说明
右手定则	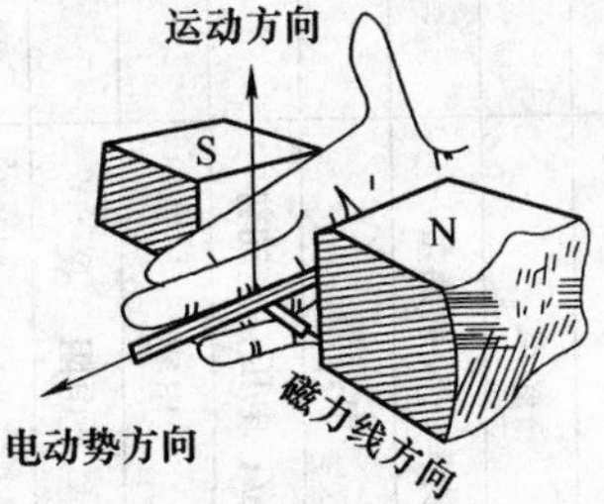 （运动方向、电动势方向、磁力线方向、N、S）	直导体切割磁力线时：$e = BLv\sin\alpha$	直导体切割磁力线时，导体内将产生感应电动势，感应电动势的方向可用右手定则判定 B——磁感应强度（T），表示磁场中某点磁场强弱和方向的物理量 L——导体的磁场中的有效长度（m） v——导体切割磁力线的速度（m/s） α——导体与磁力线之间的夹角（°）
		当与回路交链的磁通发生变化时：$e = -N\dfrac{d\Phi}{dt}$	当与回路交链的磁通发生变化时，回路中就要产生感应电动势，其大小与磁通量对时间的变化率成正比，称为电磁感应定律 式中"－"号表示楞次定律的含义（即电磁感应过程中，感应电流所产生的磁通总是要反抗原有磁通的变化）。以此确定感应电动势及感应电流的方向 $\dfrac{d\Phi}{dt}$——线圈内磁通对时间的变化率（Wb/s）
		线圈中感应电势的有效值：$E = 4.44 fN\Phi_m$	N——线圈匝数（回路数） f——电源频率（Hz） Φ_m——磁通最大值（Wb）

第三节　常用电工法定计量单位及其换算

一、国际基本单位

我国在 1984 年颁布的《关于在我国统一实行法定计量单位的命令》中规定，在全国统一实行以国际单位制为基础的法定计量单位，用以推进科学进步和扩大国际经济、文化交流。

常用国际单位见表 1-10。

表 1-10　常用国际单位

项　目	量的名称	单位名称	单位符号
国际单位制的基本单位	长度	米	m
	质量	千克（公斤）	kg
	时间	秒	s
	电流	安［培］	A
	热力学温度	开［尔文］	K
	物质的量	摩［尔］	mol
	发光强度	坎［德拉］	cd
国际单位制的辅助单位	［平面］角	弧度	rad
	立体角	球面度	sr
国际单位制中具有专门名称的导出单位	频率	赫［兹］	Hz
	功率；辐射通量	瓦［特］	W
	电荷量	库［仑］	C
	电位；电压；电动势	伏［特］	V
	电容	法［拉］	F
	电阻	欧［姆］	Ω
	电导	西［门子］	S
	磁通量	韦［伯］	Wb
	磁通量密度，磁感应强度	特［斯拉］	T

（续）

项　目	量的名称	单位名称	单位符号
国际单位制中 具有专门名称 的导出单位	电感	亨［利］	H
	摄氏温度	摄氏度	℃
	光通量	流［明］	lm
	光照度	勒［克斯］	lx

注：方括号中的字，在不引起混淆的情况下可以省略。

二、可与国际基本单位并用的我国计量单位

可与国际基本单位并用的我国计量单位见表 1-11。

表 1-11　可与国际基本单位并用的我国计量单位

量的名称	单位名称	单位符号	换算关系和说明
时间	日 ［小］时 分 秒	d h min s	$1d = 24h = 86400s$ $1h = 60min = 3600s$ $1min = 60s$
［平面］角	［角］秒 ［角］分 度	″ ′ °	$1″ = (\pi/648000)\ rad$ $1′ = 60″$ $1° = 60′$
旋转速度	转每分	r/min	$1\ r/min = (1/60)\ r/s$
长度	海里	n mile	$1n\ mile = 1852\ m$（只用于航程）
速度	节	kn	$1kn = 1n\ mile/h$
质量	吨 原子质量单位	t u	$1t = 1000kg$ $1u \approx 1.6605655 \times 10^{-27}kg$
体积，容积	升	L（l）	$1L = 1000cm^3$
能	电子伏	eV	
级差	分贝	dB	
线密度	特（克斯）	tex	$1tex = 1g/km$

三、电工常用法定计量单位及非法定计量单位之间的换算（见表1-12）

表1-12　电工常用法定计量单位及非法定计量单位之间的换算

量的名称和符号		法定计量单位		非法定计量单位		换算或说明
名称	符号	名称	符号	名称	符号	
长度 宽度 高度	l, L b h	米 分米 厘米	m dm cm	英尺 英寸 英里	ft in mine	$1km = 10^3 m$,　$1m = 10dm$ $1dm = 10cm$,　$1cm = 10mm$ $1mm = 10^3 \mu m$
直径 距离	d, D s	千米	km	码	yd	$1ft = 0.3048m$ $1in = 0.0254m$ $1mile = 1609.344m$ $1yd = 0.9144m$
时间	t	日 [小] 时 分 秒	d h min s			$1d = 24h = 86400s$ $1h = 60min = 3600s$ $1min = 60s$
角速度	ω	弧度每秒	rad/s			$360° = 2\pi rad/s$
周期	T	秒	s			
频率	f	赫 [兹] 千赫 [兹] 兆赫 [兹]	Hz kHz MHz			$1MHz = 10^3 kHz$ $1kHz = 10^3 Hz$ $f = 1/T$
功率	P	瓦 [特] 千瓦 [特]	W kW		英马力	$1hp = 745.7W$

（续）

量的名称和符号		法定计量单位		非法定计量单位		换算或说明
名称	符号	名称	符号	名称	符号	
电流	I	安［培］	A			
电压	U	伏［特］	V			
电位	V					
电动势	E					
电容	C	法［拉］	F			$1F = 10^6 \mu F$
		微法［拉］	μF			$1\mu F = 10^6 pF$
		皮［可］法［拉］	pf			
电阻	R	欧［姆］	Ω			$1k\Omega = 10^3 \Omega$
		千欧［姆］	$k\Omega$			
电阻率	ρ	欧［姆］米	$\Omega \cdot m$			

四、国内外常用电气符号对照（见表1-13～表1-14）

表1-13　常用元器件图形符号对照

类别		名称	文字符号	新国标图形符号	旧国标图形符号
无源元件	电阻器	一般符号	R		
		可变电阻器	RP		
		带滑动触点的电阻器	RP		
		带滑动触点的电位器			
		带固定抽头的电阻器			

（续）

类　别		名　　称	文字符号	新国标 图形符号	旧国标 图形符号
无源元件	电容	一般符号	C		
		极性电容			
		可调电容器			
	电感	一般符号	L		
		带磁芯的电感器			
		有二抽头电感器			
半导体管	半导体二极管	一般符号	VD		
		发光二极管	LED		
		稳压二极管	V		
	半导体晶体管	PNP 型晶体管	VT		
		NPN 型晶体管			
	晶闸管	反向阻断二极晶体闸流管	V		
		三极晶体闸流管			

表 1-14 常用开关与触点图形符号对照

类别	名称		文字符号	新国标 图形符号	旧国标 图形符号
触点	两个或三个位置的触点	动合（常开）触点（也可用作开关的一般符号）	Q	〔图形符号〕或〔图形符号〕	〔图形符号〕或〔图形符号〕
		动断（常闭）触点		〔图形符号〕	〔图形符号〕或〔图形符号〕
	延时动作的触点	延时闭合的动合触点	KT	〔图形符号〕	〔图形符号〕或〔图形符号〕
		延时断开的动合触点		〔图形符号〕	〔图形符号〕或〔图形符号〕
		延时闭合动断（常闭）触点		〔图形符号〕	〔图形符号〕或〔图形符号〕
		延时断开动断（常闭）触点		〔图形符号〕	〔图形符号〕或〔图形符号〕

（续）

类别	名称	文字符号	新国标 图形符号	旧国标 图形符号
单极开关	手动开关的一般符号	SB		
	动合（常开）按钮（不闭锁）			
	动断（常闭）按钮（不闭锁）			
开关和开关器件 位置和限制开关	动合触点	SQ		或
	动断触点			或
	双向机械操作			

（续）

类别	名　称	文字符号	新国标 图形符号	旧国标 图形符号
电力开关器件	接触器动合（常开）主触点	KM		
	接触器动断（常闭）主触点			
	断路器	QF		
开关和开关器件	隔离开关	QS		
单极、多极和多位开关	三极开关： 1. 单线表示 QK	QS		
	2. 多线表示			

（续）

类别		名　　称	文字符号	新国标 图形符号	旧国标 图形符号
有或无继电器	操作器件	一般符号（接触器、继电器、电磁铁线圈一般符号）	K	中 或 凸	中 或 凸
		具有两个绕组的操作器件组合表示法			
		热继电器的驱动器件	FR		
		欠电压继电器的线圈	KV	$U<$	$U<$
		过电流继电器的线圈	KI	$I>$	$I>$

（续）

类别	名称	文字符号	新国标 图形符号	旧国标 图形符号
保护器件 — 熔断器和熔断器式开关	熔断器的一般符号	FU		单线 / 多线
	具有独立报警电路的熔断器			
保护器件 — 火花间隙和避雷器	火花间隙	F		
	避雷器			

第二章 电工读图的一般方法

第一节 读图基础知识

国家规定：从 1990 年 1 月 1 日起，电气系统图中的文字符号和图形符号必须符合最新的国家标准。

一、图形符号的使用规则

1）图形符号都是按无电压、无外力作用下的常态画成的。如继电器或接触器被驱动的常开触点都在断开的位置上，常闭触点都在闭合位置；断路器或隔离开关在断开位置；带零位的手动开关在零位位置；不带零位的手动控制开关在图中规定的位置。

2）事故、备用、报警等开关应表示在设备正常使用时的位置，如在特定的位置时，图上应有说明。

3）机械操作开关或触点的工作状态与工作条件或工作位置有关，其对应关系应在图形符号附近加以说明，以便进一步了解电路的原理和功能。按开关或触点类型的不同，可采用不同的表示方法。

二、电气制图的一般规则

1. 电气图的组成

电气图一般是由电路图、技术说明和标题栏 3 部分组成的，见表 2-1。

表 2-1　电气图的组成

名　称		定　义	说　明
电路图	主电路	电源向负载输送电能的电路，一般包括电机、变压器、开关、接触器、熔断器和负载等	1）通常主电路通过的电流较大，导线的线径粗；通过辅助电路的电流较小，导线的线径也较细
	辅助电路	对主电路进行控制、保护、监测、指示的电路，一般包括继电器、仪表、指示灯、控制开关等	2）要采用国家统一规定的图形符号和文字符号来表示元器件的不同种类、规格以及安装形式

（续）

名 称		定 义	说 明
技术说明	文字说明	注明电路的要点及安装要求等	1）通常写在电路图的右上方，若说明较多，也可附页说明
	元器件明细表	列出电路中元器件的名称、符号、规格和数量等	2）以表格的形式写在标题栏的上方，元器件明细表中序号自下而上编排
标题栏		在电路图的右下角，其中注有工程名称、图名、图号及设计人、制图人、审核人、批准人的签名和日期等	标题栏是电路图的重要技术档案，栏目中的签名者应对图中的技术内容负责

2. 图上位置的表示方法

图上位置的表示方法有 3 种：图幅分区法、电路编号法和表格法。

（1）图幅分区法（又称为坐标法） 它是将整个图面分区，将图样相互垂直的两边各自加以等分，每一区长度为 25～75mm。然后从图样的左上角开始，在图样周边的竖边方向按行用大写字母分区编号，横边方向按列用数字分区编号，图中某个位置的代号用该区域的字母和数字组合起来表示，如图 2-1 所示。

（2）电路编号法 它是指对图样中的电气或分支电路用数字按顺序编号。若水平布图，数字编号按自上而下的顺序；若垂直布图，数字编号按自左而右的顺序。数字分别写在各支路下端，若要表示元器件相关联部分所在位置，只需在元器件的符号旁标注相关联部分所处支路的编号即可，如图 2-2 所示。

（3）表格法 它是指在图的边缘部分绘制一个按项目代号进行分类的表格。表格中的项目代号和图中相应的图形符号在垂直或水平方向对齐，图形符号旁仍需标注项目代号。这种位置表示法便于对元器件进行归类和统计，如图 2-3 所示。

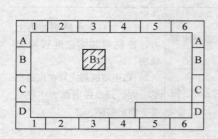

图 2-1　图幅分区法

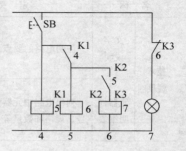

图 2-2　电路编号法

电阻器	R_{b11}	R_{b21}	R_{c1}	R_{e1}	R_{b12}	R_{b22}	R_{c2}	R_{e2}	R_L
电容器	C_1			C_2	C_{e1}			C_3	C_{e2}
晶体管		VT1				VT2			

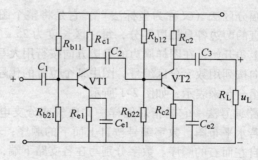

图 2-3　表格法

第二节　电气识图的基本方法和步骤

一、电气识图的基本方法

电气识图的基本方法见表2-2。

表 2-2　电气识图的基本方法

基本方法	说　明	举　例
结合电工电子基础知识识图	所有电路如电力拖动、照明电子电路、仪器仪表等，都是建立在电工、电子技术理论基础之上的。因此要想准确、迅速地看懂电气原理图的工作原理，必须具备电工电子基础知识	如笼型异步电动机正反转控制，就是利用笼型异步电动机的旋转方向由电动机三相电源的相序决定的原理，用两个接触器进行切换，通过改变三相电源的相序，来改变电动机的旋转方向（正转或反转）
结合元器件的结构识图	电路中有各种元器件，只有了解这些元器件的性能、结构、相互控制关系以及在整个电路中的地位和作用，才能搞清楚电路的工作原理	配电电路中的负荷开关、断路器、熔断器等；电力拖动电路中常用的各种继电器、接触器和控制开关等
结合典型电路识图	典型电路是指常见的基本电路，熟悉各种典型电路，识图时就能很快地分清主次环节，抓住主要矛盾，进而看懂复杂的电路图	如电动机的起动、制动、正反转控制电路；继电保护电路、时间控制电路和行程控制电路、晶体管整流、振荡和放大电路等，不管电路多复杂，几乎都是由若干典型电路组成的
结合图样说明识图	图样说明包括图目录、技术说明、元器件明细表、安装说明或施工说明	通过看图样说明搞清楚电路的设计说明和安装施工要求。这些内容有助于了解电路的大体情况，便于抓住识图重点，达到顺利识图的目的

二、电气识图的基本步骤

电气识图的基本步骤见表 2-3。

表 2-3　电气识图的基本步骤

看标题栏	了解电气图的名称及标题栏中有关内容，结合有关的电路基础知识，对该电气图的类型、性质、作用有一个明确的认识，同时对电气图的内容有一个大致的轮廓印象
看电气图形符号和文字符号	了解电气图内各组成部分的作用、信息流向、相互联系、控制关系，注意电气与机械机构的连接关系，从而对整个电路的工作原理、性能要求等有一个全面的了解

（续）

根据信息流向、布局顺序或主、辅电路进行分析	按信息流向逐级分析	此种方法非常适于看电力电子电路图。从信号输入到信号输出，信号流向贯穿始终；既可从负载分析到电源，又可从电源分析到负载，电流流向哪里便分析到哪里
	按布局顺序进行分析	按布局顺序从左到右，自上而下逐条回路（或逐级）进行分析，这种方法适于一些布局有特色的、区域性强的、简单的电路图
	按主、辅电路进行分析	先分析主路，而后再看辅助电路，最后了解它们之间的相互关系及控制关系。这种方法适于看机床及其他机械装置的电路图

第三章 电工安全技术

第一节 电工安全知识

一、触电事故

触电事故的类型及危害见表3-1。

表3-1 触电事故的类型及危害

触电事故类型	危　害
电击	电击是指电流通过人体时所造成的内伤。它可以使肌肉抽搐，内部组织损伤，造成发热发麻、神经麻痹等。严重时将引起昏迷、窒息，甚至心脏停止跳动而死亡
电伤	电伤是指电流的热效应、化学效应、机械效应以及电流本身作用下造成的人体外伤。常见的有灼伤、烙伤和皮肤金属化等现象

电击和电伤可能同时发生，绝大部分触电事故是由电击造成的。

二、安全电压

我国国家标准《特低电压（ELV）限值》（GB/T3805—2008）规定了安全电压的系列，将安全电压额定值（工频有效值）的等级规定为：42V、36V、24V、12V 和 6V，见表3-2。

表3-2 安全电压分类

安全电压分类	应用场合
42V	特别危险环境中使用的手持电动工具应采用42V
36V/24V	在有电击危险环境中使用的手持照明灯和局部照明灯应采用36V 或24V 安全电压
12V	金属容器内、特别潮湿处等特别危险环境中使用的手持照明灯应采用12V 安全电压
6V	水下作业等场所应采用6V 安全电压

当电气设备采用24V以上安全电压时，必须采取防护直接接触电击的措施。

三、安全距离

1）设备带电部分到各种遮栏间的安全距离，见表3-3。

表3-3　设备带电部分到各种遮栏间的安全距离

设备额定电压/kV		1～3	6	10	35	60	110①	220①	330①	500①
带电部分到遮栏/mm	屋内	825	850	875	1050	1300	1600	—	—	—
	屋外	950	950	950	1150	1350	1650	2550	3350	4500
带电部分到网状遮栏/mm	屋内	175	200	225	400	650	950	—	—	—
	屋外	300	300	300	500	700	1000	1900	2700	5000
带电部分到板状遮栏/mm	屋内	105	130	155	330	580	880			

① 中性点直接接地系统。

2）电气工作人员在设备维修时与设备带电部分间的安全距离，见表3-4。

表3-4　电气工作人员在设备维修时与设备带电部分间的安全距离

电压等级/kV		10 及以下	20～35	22	60～110	220	330
安全距离/m	无遮栏	0.70	1.00	1.20	1.50	3.00	4.00
	有遮栏	0.35	0.6	0.9	1.50	3.00	4.00

四、绝缘防护用具

绝缘防护用具是对可能发生的有关电气伤害起到防护作用。主要用于对泄漏电流、接触电压、跨步电压和其他接近电气设备存在的危险等进行防护。常用的绝缘防护用具有绝缘手套、绝缘靴、绝缘垫和绝缘站台等，如图3-1所示。当绝缘防护用具的绝缘强度足以承受设备的运行电压时，才可以用来直接接触运行的电气设备，一般不宜直接触及带电设备。使用绝缘防护用具时，必须使用合格的绝缘用具，并掌握正确的使用方法。

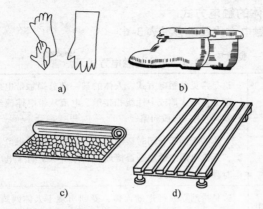

图 3-1 绝缘防护用具

a）绝缘手套 b）绝缘靴 c）绝缘垫 d）绝缘站台

第二节 触电的危害性与急救

一、电流对人体的危害及影响触电危险程度的主要因素

1. 电流对人体的危害

电流通过人体，会令人有发麻、刺痛、压迫、打击等感觉，还会令人产生痉挛、血压升高、昏迷、窒息和心室颤动等症状，严重时导致死亡。

2. 影响触电危险程度的主要因素

影响触电危险程度的主要因素见表 3-5。

表 3-5 影响触电危险程度的主要因素

电流	通过人体的电流对电击伤害的程度有决定性作用。通过人体的电流越大，人体的生理反应越明显，感觉越强烈，从而引起心室颤动的时间越短，致命的危险就越大
时间	电流通过人体持续时间越长，电流对人体组织的破坏越严重，对心脏的危险性越大
电压	随着作用于人体电压的升高，人体电阻急剧下降，致使电流迅速增加，从而对人体的伤害更为严重

二、人体的触电方式

人体的触电方式及危害见表 3-6。

表 3-6　人体的触电方式及危害

单相触电	这是常见的触电方式。人体的某一部分接触带电体的同时，另一部分又与大地或中性线相接触，电流从带电体流经人体到大地（或中性线）形成回路
两相触电	人体的不同部分同时接触两相电源时造成的触电。对于这种情况，无论电网中性点是否接地，人体所承受的线电压将比单相触电时高，危险更大
跨步电压触电	这是指站立或行走的人体，受到出现于人体两脚之间的电压，即跨步电压作用所引起的电击
接触电压触电	电气设备由于绝缘损坏或其他原因造成接地故障时，如人体两部分（手和脚）同时接触设备外壳和地面时，人体两部分会处于不同的电位，其电位差即为接触电压。由接触电压造成的触电事故称为接触电压触电

三、触电急救

触电急救的要点是要动作迅速，救护得法，切不可惊慌失措、束手无策。

1. 使触电者尽快脱离电源

这是救治触电者的第一步，也是最重要的一步。使触电者尽快脱离电源的方法见表 3-7。

表 3-7　使触电者尽快脱离电源的方法

对于低压触电事故	1）触电地点附近有电源开关或插头时，可立即断开开关或拔掉电源插头，以切断电源 2）电源开关远离触电地点时，可用有绝缘柄的电工钳或干燥木柄的斧头分相切断电线，以断开电源；或将干木板等绝缘物插入触电者身下，以隔断电流 3）电线搭落在触电者身上或被压在身下时，可用干燥的衣服、手套、绳索、木板和木棒等绝缘物作为工具，拉开触电者或挑开电线，使触电者脱离电源

（续）

对于高压触电事故	1）立即通知有关部门停电 2）戴上绝缘手套，穿上绝缘靴，用相应电压等级的绝缘工具断开开关 3）抛掷裸金属线使线路短路接地，迫使保护装置动作，断开电源。在抛掷金属线前，应将金属线的一端可靠地接地，然后抛掷另一端
注意事项	1）救护人员必须采用适当的绝缘工具且单手操作，不可直接用手或其他金属及潮湿的物件作为救护工具，防止自身触电 2）防止触电者脱离电源后，可能造成的摔伤 3）如果触电事故发生在夜间，应当迅速解决临时照明问题，以利于抢救，并避免扩大事故

2. 急救处理

当触电者脱离电源后，应当根据触电者的具体情况，迅速地对症进行救护。现场采用的主要救护方法是人工呼吸法和胸外心脏按压法。

（1）处理原则　触电者需要救治时，一般根据以下3种情况分别处理：

1）如果触电者伤势不重，神志清醒，但是有些心慌、四肢发麻、全身无力；或者触电者在触电的过程中曾经一度昏迷，但已经恢复清醒，应当使触电者安静休息，严密观察，并请医生前来诊治或送往医院。

2）如果触电者伤势比较严重，已经失去知觉，但仍有心跳和呼吸，这时应当使触电者舒适、安静地平卧，保持空气流通。同时揭开他的衣服，以利于呼吸，如果天气寒冷，要注意保暖，并要立即请医生诊治或送往医院。

3）如果触电者伤势严重，呼吸停止或心脏停止跳动或两者都已停止时，则应立即施行人工呼吸和胸外心脏按压法。

（2）口对口人工呼吸法　如图3-2所示，该方法的具体步骤如下：

1）使触电者仰卧，迅速解开其衣领和腰带。

2）使触电者头偏向一侧，清除口腔中的异物，使其呼吸畅通，必要时可用金属匙柄由嘴角伸入，使口张开。

3）救护者站在触电者的一边，一只手捏紧触电者的鼻子，一只手托在触电者颈后，使触电者颈部上抬，头部后仰，然后深吸一口气，用嘴紧贴触电者嘴，大口吹气，接着放松触电者的鼻子，让气体从触电者肺部排出。每 5s 一次，其中吹 2s，停 3s。对幼小儿童用此法时，鼻子不必捏紧，而且吹气不能过猛。

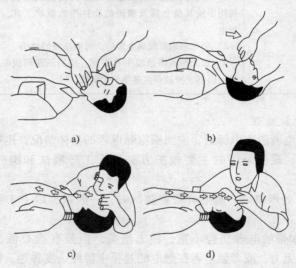

图 3-2　口对口人工呼吸法

a）清理口腔异物　b）使触电者头部后仰
c）口对口吹气　d）放开口鼻换气

（3）人工胸外心脏按压法

1）与人工呼吸法的要求一样，使触电者仰卧，姿势与人工呼吸方式相同，但后背着地处必须结实，应为硬地或木板之类。

2）抢救者位于触电者一侧，最好是弯腰跪在触电者的腰部，两手相叠（对幼小儿童只用一只手），手掌根部放在心窝稍高一点的地方（掌根置于触电者胸骨的 1/3 部位），掌根所在位置即是正确的按压区。

3）抢救者找到正确的按压点后，自上而下垂直均衡地用力向下按压，压出心脏里面的血液。对儿童用力时适当小一些。

4）按压后，掌根突然放松，但手掌不要离开胸膛。依靠胸部的弹性，自动恢复原状，心脏扩张，血液流回心脏，如图3-3所示。

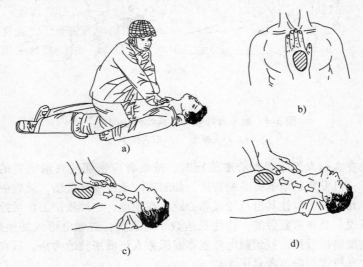

图 3-3　胸外心脏按压法

a）急救者跪跨位置　b）急救者压胸的手掌位置

c）按压方法　d）突然放松

按压和放松动作要有节奏，每秒钟进行一次，每分钟宜按压60次左右，不可中断，直至触电者苏醒为止。要求按压定位要准确，用力要适当，防止用力过猛给触电者造成内伤和用力过小按压无效。对儿童用力要适当小些。

（4）同时采取两种方法　触电者呼吸和心跳都停止时，允许同时采用"口对口人工呼吸法"和"胸外心脏按压法"。单人救护时，可先吹气2~3次，再按压10~15次，交替进行。双人救护时，每5s吹气一次，每秒钟按压一次，两人同时进行操作，如图3-4所示。

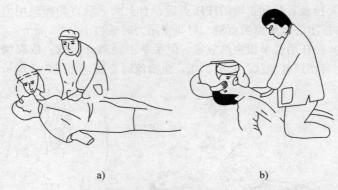

a)　　　　　　　　　　b)

图3-4　触电者呼吸和心跳都停止时的急救
a) 单人操作　b) 双人操作

在实行人工呼吸和心脏按压时，抢救者应密切观察触电者的反应。一旦发现触电者有苏醒特征，如眼皮闪动或嘴唇微动，就应中止操作几秒钟，以让其自行呼吸和心跳。在现场，这种救护工作对抢救者来说，是非常疲劳的，往往长达数小时之久，对触电形成的假死，一定要坚持救护，直到触电者复苏或医务人员前来救治为止。只有医生才有权宣布触电者真正死亡。

第三节　接地接零

一、接地

接地的概念和要求见表3-8。

表3-8　接地的概念和要求

接地的概念	接地是将电气设备或装置的某一点（接地端）与大地之间做符合技术要求的电气连接。目的是利用大地为正常运行、绝缘损坏或遭受雷击等情况下的电气设备提供对地电流流通的回路，以保证电气设备和人身的安全
接地装置的组成	接地装置由接地体和接地线两部分组成。接地体是埋入大地中并和大地直接接触的导体组。电气设备或装置的接地端与接地体相连的金属导线称为接地线

（续）

接地体使用注意事项	接地体垂直埋设时，一般将接地体垂直夯入土壤中。若用钢管作接地体，应选用直径 50mm 以上、长 2.5m 的厚壁钢管；若用角钢作接地体，应选用 50mm×50mm 的等边角钢，其长度为 2.5m 在设置人工接地网时，用钢管或等边角钢作垂直接地体埋入地中，用扁钢作水平接地体来连接各垂直接地体，从而形成一个接地网，相邻两垂直接地体的间距应大于 2.5m，以免影响流散电阻，并且要求连接的扁钢应侧放，而不应平放 当接地体水平埋设时，其埋设深度不小于 0.6m，一般用圆钢及扁钢。接地体的表面不应有任何涂料
接地线使用注意事项	接地体通常焊上镀锌扁钢作为引出线。引出线上焊接螺栓用以连接导线。引出线如高出地面，必须加塑料管作穿管保护，其高度不小于 2m。裸铝导线作接地线时，严禁埋入大地。接地线的最小截面积规定：绝缘铜线为 $1.5mm^2$，裸铜线为 $4mm^2$，绝缘铝线为 $2.5mm^2$，裸铝线为 $6mm^2$

二、电气设备接地的种类

按照接地性质，接地可分为正常接地和故障接地。正常接地又有工作接地和保护接地之分。

1. 工作接地

为了保证电气设备的正常工作，将电路中的某一点通过接地装置与大地可靠连接，称为工作接地。

2. 保护接地

保护接地是将电气设备正常情况下不带电的金属外壳通过接地装置与大地可靠连接。保护接地适用于中性点不接地或不直接接地的电网系统。

一般要求发电厂、变电所及工厂的下列设备采取保护性接地：

1）电机、变压器、照明器具、携带式或移动式用电器具等的底座和外壳。

2）电力设备的传动装置。

3）电流互感器二次绕组的某一端。

4）配电盘与控制台的框架。

5）室内外配电装置的金属构架和钢筋混凝土构架，靠近带电部分的金属围栏和金属门。

6）交直流电力电缆的外皮。

7）非金属护套电缆的 1～2 根屏蔽芯线。

3. 保护接零

在中性点直接接地系统中，把电气设备金属外壳等与电网中的零线作可靠的电气连接，称为保护接零。保护接零可以起到保护人身和设备安全的作用。

对接零装置的具体要求：

1）当采用保护接零时，电源中性点必须有良好的接地，而且接地电阻应在 4Ω 以下，同时，必须对中性线在规定地点采用重复接地。

2）当电气设备在任一点发生接地短路时，中性线截面积在满足最小截面积的情况下应保证其短路电流大于熔断器熔丝额定电流的 4 倍或断路器整定电流的 1.5 倍，以保证保护装置迅速动作，切除短路故障。

3）中性线在短路电流作用下不应断线，而且中性线上不得装设熔断器和开关设备。

4）在使用三孔插座时，不准将插座上接电源中性线的孔与接保护（或地线）的孔串接在一起使用。这是因为一旦工作零线松脱断落，设备的金属外壳就会带电；而且，当工作零线与相线接反时，也会使设备的金属外壳带电，从而造成触电伤亡事故。

5）在同一低压电网中（指由同一台变压器或同一台发电机供电的低压电网），不允许将一部分电气设备采用保护接地，而另一部分电气设备采用保护接零，否则，当接地设备发生碰破壳（即绝缘损坏）故障时，会使中性线电位升高，从而使接零保护设备的金属外壳全部带电。

4. 重复接地

三相四线制的中性线在多于一处经接地装置与大地再次连接的情况称为重复接地。对 1kV 以下的接零系统中，重复接地的接地电阻不应大于 10Ω。重复接地的作用是：降低三相不平衡电路中性线上可能出现的危险电压，减轻单相接地或高压串入低压的危险。

（1）重复接地的应用

1）户外架空线路的中性线应采用重复接地，要求架空线路的干线和分支线的终端及沿线每1km处，中性线应实施重复接地。

2）电缆及架空线路在引入车间或大型建筑物处，距接地点超过50m时，中性线应实施重复接地，或在室内将中性线与配电屏、控制屏的接地装置相连。

3）中性线的重复接地，应充分利用自然接地体（如建筑物地基的钢构架等），对于经交流整流的直流系统，由于存在电解腐蚀作用，因而中性线的重复接地应采用人工接地体，并且不得与地下金属管道相连。

（2）重复接地的要求

1）电缆或架空线路在引入车间或大型建筑物处、配电线路的最远端及每1km处，以及高低压线路同杆架设时，共同敷设的两端应进行重复接地。

2）线路上的重复接地宜采用集中埋设的接地体，车间内宜采用环形重复接地或网络重复接地。中性线与接地装置至少有两点连接，除进线处的一点外，其对角线最远点也应连接，而且车间周围过长，超过400m时，每200m应有一点连接。

3）一个配电系统可敷设多处重复接地，并尽量均匀分布，以等化各点电位。每一重复接地的接地电阻不得超过10Ω；在变压器低压工作接地的接地电阻允许不超过10Ω的场合，每一重复接地的接地电阻允许不超过30Ω，但不得少于三处。

5. 其他保护接地

（1）过电压保护接地　为了消除雷击或过电压的危险影响而设置的接地。

（2）防静电接地　为了消除生产过程中产生的静电而设置的接地。

（3）屏蔽接地　为了防止电磁感应而对电力设备的金属外壳、屏蔽罩、屏蔽线的外皮或建筑物金属屏蔽体等进行的接地。

三、电气设备安全运行措施

1）必须严格遵守操作规程，合上电流时，应先合隔离开关，再合负荷开关；分断电流时，先断负荷开关，再断隔离开关。

2）电气设备一般不能受潮，在潮湿场合使用时，要有防雨水和防潮措施。电气设备工作时会发热，应有良好的通风散热条件和防火措施。

3）所有电气设备的金属外壳应有可靠的保护接地。电气设备运行时可能会出现故障，所以应有短路保护、过载保护、欠电压和失电压保护等保护措施。

4）凡有可能被雷击的电气设备，都要安装防雷措施。

5）对电气设备要做好安全运行检查工作，对出现故障的电气设备和线路应及时检修。

第四节　电气安全工作制度

在全部停电或部分停电的电气设备上工作时，必须完成停电、验电、装设接地线、悬挂标示牌和装设遮栏等保证安全的技术措施。上述措施可由值班人员进行，对于无值班人员的电气设备，可由断开电源的工作人员执行，并应有监护人在场。

一、停电范围

1）待检修的设备。

2）工作人员在进行工作时，其正常活动范围与带电设备的距离应小于表 3-4 所规定的安全距离。

3）带电设备在工作人员后面及两侧无可靠安全措施的设备。将检修设备停电时，必须把各方面的电源完全断开（任何运行中的星形接线设备的中性线，应视为带电设备），必须切断刀开关，使各方面至少有一个明显的断点，禁止在只经断路器断开电源的设备下工作。与停电设备有关的变压器和电压互感器，必须从高、低压两侧断开，以防止由这些设备向停电检修设备反送电，切断开关和刀开关的操作电源，刀开关操作把手必须锁住，防止向停电检修设备误送电。

二、验电

待检修的电气设备和线路停电后，在悬挂接地线之前必须用验电器验明该电气设备确无电压。验电时，必须用电压等级合适且合格的验电器。在检修设备的进出线两侧的各相上分别验电。线路的验电应逐相进行。在对同杆架设的多层电力线路进行验电时，其操作顺序为：先验低压，后验高压；先验下层，后验上层，且三相均验。

注意：表示设备断开和允许进入间隔的信号及经常接入的电压表的无电压指示等，不能作为无电压的依据。但如果电压表指示有电，则禁止在该设备上工作。

三、装设接地线

为了防止已停电的工作地点因误操作或误动作突然来电，应立即将已验明无电的检修设备装设三相短路接地线，以保证工作人员的人身安全。

对于可能送电至停电设备的各部位或停电设备可能产生感应电压的部分都要装设接地线，而且保证所装接地线与带电部分应符合规定的安全距离。

若检修部分为几个在电气上不相连的部分，则各段均应分别验电并装设接地线，并要求接地线与检修部分之间不得串接开关或熔断器。对于全部停电的降压变电所，应将各个可能来电侧三相短路接地，其余部分不必每段都装设接地线。

注意：在室内配电装置上，接地线应装在该装置导电部分的规定地点，这些地点的表面油漆应刮去。

四、悬挂标示牌和装设遮栏

在工作地点、施工设备和一经合闸即可送电到工作地点或施工设备的开关和刀开关的操作把手上，均应悬挂"禁止合闸，有人工作"的标示牌。如果线路上有人工作，应在线路开关和刀开关的操作把手上悬挂"禁止合闸，线路有人工作！"的标示牌。标示牌的悬挂和拆除，应按调度员的命令执行。

部分停电的工作，当安全距离小于无遮栏所规定数值的未停电设备时，应装设临时遮栏，且临时遮栏与带电部分的距离，不得小于表3-3规定的有遮栏的安全距离。临时遮栏应牢固，并悬挂"止步，高压危险！"的标示牌。

在室内高压设备上工作时，应在工作地点两旁间隔和对面间隔的遮栏上和禁止通行过道上悬挂"止步，高压危险！"的标示牌。

在室外地面高压设备上工作的，应在工作地点四周用绳子做好围栏，围栏上悬挂适当数量的"止步，高压危险！"的标示牌，且标示牌必须朝向围栏外面。在室外构架上工作时，则应在工作地点邻近带

电部分的横梁上悬挂"止步，高压危险！"的标示牌，该标示牌在值
班人员的监护下，由工作人员悬挂。工作人员在铁架或梯子上工作
时，应悬挂"从此上下！"的标示牌；在其附近可能误登的构架上，
应悬挂"禁止攀登，高压危险！"的标示牌。

　　注意：严禁工作人员在工作中移动或拆除遮栏、接地线和标
示牌。

五、接地线装设时的注意事项

　　1）装设时，应先将接地端可靠接地，当验明设备或线路确实无
电后，立即将接地线的另一端接在设备或线路的导电部分上。

　　2）检修母线时，若母线长度在 10m 以下，可以只装设一组接地
线。在门形构架的线路侧进行停电检修时，若工作地点与所装接地线
的距离小于 10m，工作地点虽然在接地线的外侧，也可不另装接
地线。

　　3）同杆架设的多层电力线路装设接地线时，应先装低压，后装
高压；先装下层，后装上层。

　　4）装设接地线时，必须由两人进行。若为单人值班，只允许使
用接地刀开关接地或用绝缘棒合上接地刀开关。

　　5）装设接地线时，必须先装接地端，后装导体端，而且必须接
触良好、可靠。拆接地线时，应先拆导体端，后拆接地端。

　　6）装拆接地线时均应使用绝缘棒或戴绝缘手套，人体不得碰触
接地线。

　　7）接地线应采用多股软裸铜线，其截面积应满足短路电流热稳
定的要求，且不得小于 $25mm^2$。接地线必须使用专用线夹将其固定在
导体上，严禁用缠绕的方法。

　　8）若电杆或杆塔无接地引线时，可采用临时接地棒，接地棒打
入地下的深度不得小于 0.6m。

　　每组接地线均应编号，并存放在固定地点。存放位置也要编号，
接地线号码与存放号码必须保持一致。

第五节　电气标志

一、安全牌

　　安全牌是由不同几何图形和安全色构成的，并加上相应的图像、

符号和文字。一般电工设备上都有安全标志，如变压器上除标有名称、序号、单相或三相外，在周围遮栏上还挂有"止步，高压危险"等警告标志。常用安全牌的标志见表3-9。

表 3-9　常用安全牌的标志

类　　别	图形标志	名　　称
禁止标志：颜色为白底、红圈、黑图案，图案压杠，形状为圆形		禁止吸烟
		禁止烟火
		禁止合闸
		禁止触摸
		禁止跨越
		禁止启动

（续）

类　别	图形标志	名　称
警告标志：颜色为黄底、黑边、黑图案，形状为等边三角形，顶角向上		注意安全
		当心火灾
		当心触电
		当心电缆
		当心机械伤人
		必须戴安全帽
		必须戴防护帽

（续）

类　别	图形标志	名　称
警告标志：颜色为黄底、黑边、黑图案，形状为等边三角形，顶角向上		必须戴防护手套
		必须穿防护鞋

二、电工产品的安全认证

证明某一产品符合相应的安全标准或技术规范的活动称为产品安全认证，现在已跨越了国界，国际上最有权威的电工电子产品认证机构是国际电工产品认证委员会（CEE），该认证委员会已并入国际电工委员会（IEC），成为 IEC 系统内的电工产品安全认证组织（IEC-EE），该组织已有中国、美国、俄罗斯、法国、日本及德国等成员国。部分 IEC 成员国的电工产品认证标志见表 3-10。

表 3-10　部分 IEC 成员国的电工产品认证标志

国家名称	标志符号	适用范围	标志管理部门
中国		电工产品	中国电工产品认证委员会（CCEE）
澳大利亚		电工与非电工产品	澳大利亚标准协会（SAA）

（续）

国家名称	标志符号	适用范围	标志管理部门
加拿大		电工与非电工产品	加拿大标准协会（CSA）
丹麦		电工产品	丹麦电工材料检验所（DEMKO）
芬兰		电工产品	电器检验所
法国		家用电器	电工联合会（UTE）
		家用和类似用途联接附件	
日本		电工与非电工以及电子产品	日本工业标准调查会（JISC）
韩国		电工与非电工产品	韩国工业发展管理局
		电子器件及材料	

（续）

国家名称	标志符号	适用范围	标志管理部门
荷兰	KEMA KEUR	电工产品	
挪威	Ⓝ	电工产品	挪威电气设备实验与认证局
美国	UL (INDEPENDENT LABORATORY NV·TESTING FOR PUOLIC SAFETY)	电工产品	美国保险商实验室

注：美国没有国家标准标志，但许多民间组织可以提供实验及认证服务。

第四章 钳工操作技能

在对电气设备进行生产、安装、维护和修理工作中，除了必备的电工知识外，还应掌握一定的钳工基本操作技能。钳工的操作技能就是指利用切削工具和冷加工的方法将材料加工成规定的形状，并将其装配到设备中的能力。

第一节 辅助性操作技能

一、钳工工作台和台虎钳

1. 钳工工作台

简称钳台，常用硬质木板或钢材制成，要求坚实、平稳、台面高度为 800~900mm，台面上装设台虎钳和防护网，如图4-1 所示。

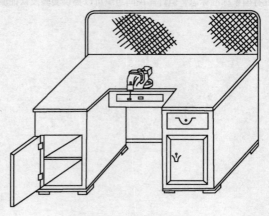

图4-1 钳工工作台

2. 台虎钳

台虎钳是一种装在工作台上供夹持工件用的夹具。台虎钳又分为固定式和回转式两种。台虎钳的大小是以钳口的长度来表示的。常用的有 100mm、127mm、150mm 三种规格，其构造如图4-2 所示。

以回转式台虎钳为例，它的基本构造是：主体由铸铁制成，分为固定部分和活动部分。固定部分3用螺钉固定在工作台上，活动部分5经导轨1滑动配合于固定部分。在固定部分和滑动部分上端咬口处镶有淬硬的钳口铁4。固定部分有一个砧座2，6是丝杠与内部一个螺母配合，它反正转动时带动活动部分5前后移动，7是丝杠转动加力手柄，8是固定部分的转座，9是固定部分的底座，10是转座的松紧螺钉，11是松紧小手柄。

使用台虎钳时应注意以下几点：

1）工件尽量放在钳口中部，以使钳口受力均匀。

2）夹紧后的工件应稳定可靠，便于加工，且不产生变形。

3）夹紧工件时，一般只允许依靠手的力量来扳动手柄，不能用锤子敲击手柄或随意套上长管子来扳手柄，以免丝杠、螺母或钳身损坏。

4）不要在活动钳身的光滑表面进行敲击作业，以免降低配合性能。

5）加工时用力方向最好是朝向固定钳身。

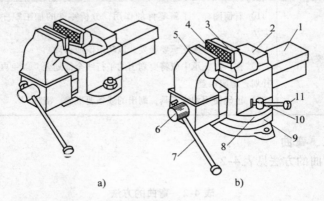

图 4-2 台虎钳的构造

a）固定式 b）回转式

1—导轨 2—砧座 3—固定部分 4—钳口铁 5—活动部分
6—丝杠 7—手柄 8—转座 9—底座 10—螺钉 11—小手柄

二、划线

划线操作见表 4-1。

表 4-1　划线操作

划线的作用	划线是根据图样的尺寸要求，用划针工具在毛坯或半成品上划出待加工部位的轮廓线（或称为加工界限）或作为基准的点、线的一种操作方法。划线的精度一般为 0.25～0.5mm。对划线的要求是：尺寸准确、位置正确、线条清晰、冲眼均匀
划线工具	1）基准工具：划线平板 划线平板由铸铁制成，要求非常平直和光洁 2）夹持工具：方箱、千斤顶、V 形铁等 3）直接绘划工具：划针、划规、划卡、划针盘和样冲等 4）量具：金属直尺、直角尺、高度尺等
划线基准	用划线盘划各种水平线时，应选定某一基准作为依据，并以此来调节每次划针的高度，这个基准称为划线基准。常选用重要孔的中心线为划线基准，或零件上尺寸标注基准线为划线基准
操作要点	1）看懂图样，了解零件的作用，分析零件的加工顺序和加工方法 2）工件夹持或支承要稳妥，以防滑倒或移动 3）在一次支承中应将要划出的平行线全部划全，以免再次支承补划，造成误差 4）正确使用划线工具，划出的线条要准确、清晰

三、弯曲

弯曲的方法见表 4-2。

表 4-2　弯曲的方法

弯曲的作用	弯曲是把材料按需要弯成各种曲线或折线的工艺过程
弯曲工具	1）锤子 2）弯棒是电工弯电线管的常用工具 3）弯管器用来弯曲厚壁或口径较大的钢管

（续）

弯曲的作用	弯曲是把材料按需要弯成各种曲线或折线的工艺过程
板料弯曲方法	电工常用板料弯成管卡和管夹头。管卡的弯曲方法如图 4-3 所示。管夹头的弯曲方法如图 4-4 所示
圆柱管弯曲方法	1）直径在 25mm 及以下的电线管（即中小型电线管）按图 4-5 所示方法进行弯曲。弯曲时，要逐渐移动弯棒，且一次弯曲的弧度不宜过大，否则会弯裂或弯瘪钢管。直径在 25mm 以上的电线管（即大型电线管）或各种厚壁管，应按图 4-6 所示方法进行弯曲 2）凡是壁薄、直径大的钢管，在弯曲时，管内要灌满沙，否则会把钢管弯瘪。如采用加热弯曲，要用干燥无水分的沙子。灌沙后，管的两端要塞上木塞，其工艺要求如图 4-7 所示

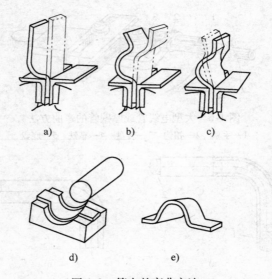

图 4-3　管卡的弯曲方法

a）一端成形　b）两端成形　c）两端校直

d）圆弧整形　e）管卡成形

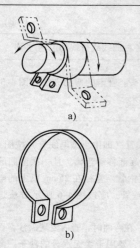

图 4-4　管夹头的弯曲方法　　　　图 4-5　中小型电线管的弯曲方法
a）弯曲方法　b）管夹头成形

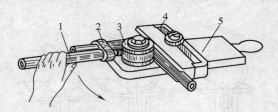

图 4-6　大型电线管或厚壁管的弯曲方法
1—手柄　2—扣钩　3—转盘　4—靠铁　5—底盘

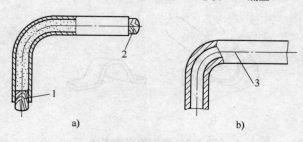

图 4-7　钢管弯曲的工艺要求
a）较大直径薄壁管需灌沙弯曲　b）有缝管应以缝作中间层
1、2—木塞　3—焊缝

第二节　基本操作技能

一、锉削

锉削是用锉刀对工件表面进行切削加工的一种方法。常用于对工件表面进行粗加工和精加工。

锉刀的构造如图4-8所示。锉刀面是锉刀的工作面，上面的齿纹有双齿纹和单齿纹两种，单齿纹锉刀的锉削阻力大，适用于软材料的锉削；双齿纹锉刀的齿纹是从两个方向交叉排列的，适用于脆性材料的锉削。

根据齿纹间距，锉刀可分为：粗齿锉（1号）、中粗锉（2号）、细齿锉（3号）、双细锉（4号）、油光锉（5号）。

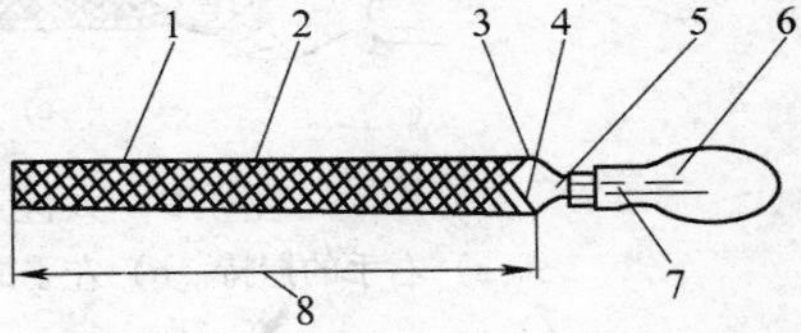

图4-8　锉刀的构造
1—锉刀面　2—锉刀边　3—底齿　4—面齿
5—锉刀尾　6—木柄　7—舌　8—长度

按其用途可分为钳工锉、特种锉和整形锉三大类。

钳工锉分平锉、方锉、三角锉、半圆锉和圆锉5种。特种锉是加工特殊表面用的，其断面形状应与加工表面的形状相适应。整形锉用于修整工件上小而精细的部件，有5件一组合、6件一组合等。

在对工件表面进行锉削加工前，应根据被加工工件的材料、尺寸、加工精度及表面粗糙度等要求正确选择锉刀。大锉刀的握法如图4-9所示。对于小尺寸锉刀及整形锉来说，用一只手握持就可以了。

在锉削加工中，平面锉削是最基本也是最常用的一种，平面锉削的方法有3种：顺向锉、交叉锉、推锉。

（1）顺向锉　该方法用于平面的最后锉光和锉平，其锉痕整齐美观，如图4-10a所示。

（2）交叉锉　该方法沿某一方向顺向锉，再沿另一方向顺向锉，锉痕是交叉的，如图4-10b所示。

（3）推锉　该方法是对表面已锉平的工件进行尺寸修正和降低表面粗糙度，如图4-10c所示。

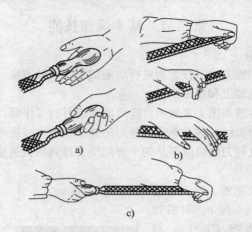

图 4-9　大锉刀的握法
a）右手的握持　b）左手的握持　c）锉削姿势

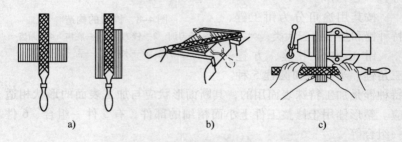

图 4-10　三种基本平面锉削方法
a）顺向锉　b）交叉锉　c）推锉

　　工件表面是否锉平，一般用金属直尺或刀口直尺以透光法检查其锉削平整程度。

　　在进行锉前加工时，应注意两手加于锉刀上压力的变化。推力的大小主要用右手控制，而压力的大小由两手控制。在锉刀向前推进的过程中，右手逐渐增大压力，左手逐渐减小压力。如果推进时两手压力保持不变，则工件两端会出现塌边现象；当锉刀拉回时，应稍微抬起，脱离工件，以免磨钝锉齿和切屑划伤工件表面。锉削速度一般控制在 20 次/min 为宜。

　　锉削时应注意以下几点：

1）锉刀应尽量先用一面，用钝后再用另一面。

2）每次用完后，用钢丝刷顺着锉纹将残留其中的切屑清除。

3）粗锉时，因用力较大，锉刀往往会从工件表面突然滑开，造成伤手事故，所以使用锉刀时必须戴上防护手套。

4）不使用无柄或柄已损坏的锉刀。

5）禁止用嘴吹工件表面及台虎钳上的切屑，防止细切屑飞进眼睛里，也不能用手抹除切屑，既要防止金属刺扎手，又要防止因手指上的油污使锉刀打滑。

6）锉刀很脆，不能用作撬杠、击打工具。

二、锯削

锯削是用锯对材料进行分割的一种加工方法。锯削工具一般是手锯，由锯弓和锯条组成。锯弓分固定式和可调式两种。固定式锯弓只能装配 300mm 的锯条，而可调式锯弓可安装 200mm、250mm 及 300mm 三种规格的锯条，锯条的齿距有 0.8mm、1.0mm、1.2mm 和 1.8mm 四种。对于软性材料和较大尺寸工件的锯削，应选用粗齿锯条；对于硬性材料、小尺寸工件和薄壁钢管的锯削，应选用细齿锯条。在锯削之前，应检查锯条的锯齿方向是否向前，锯削运动有上下摆动和直线移动两种形式。前一种比较省力，应用较广；后一种适用于锯削平底直槽和薄形工件，在锯削过程中，以 20～60 次/min 来回运锯为宜，锯削软性材料时运锯速度要快些，锯削硬性材料时运锯速度可慢些。

锯削时应注意以下几点：

1）被锯削工件应用台虎钳夹紧。

2）锯条的拉紧度应调节得当。太紧会因锯条缓冲小而易崩断；太松又影响锯缝的平直程度，因扭曲变形而折断。

3）锯条的个别锯齿折断后，应立即停止锯削，否则邻近的锯齿会逐步折断，使用锉刀将断齿底部磨平，并将断齿附近的几个齿依次磨低。

4）锯削时用力应均匀，不能太猛，否则会因锯条崩断而发生伤手事故。

5）在工件快要锯断时应减小锯削力量，对沉重工件，在快要锯断时要用左手托住锯掉的一端或用支架支承，以防工件跌坏或砸伤脚面。

三、钻孔

1. 台式钻床

简称台钻，是一种在工作台上作用的小型钻床，其钻孔直径一般在 13mm 以下。台钻多用来钻 12mm 以下的孔。Z512—1 型台钻的构造如图 4-11 所示。

由于加工的孔径较小，故台钻的主轴转速一般较高，最高转速可高达近万转/分，最低亦在 400r/min 左右。主轴的转速可用改变 V 带在带轮上的位置来调节。台钻的主轴进给由转动进给手柄实现。钻孔前，需要根据工件高低调整好工作台与主轴架间的

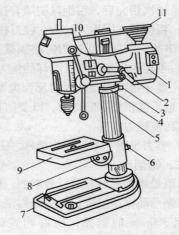

图 4-11　Z512—1 型台钻的构造
1—电动机　2—锁紧手柄　3—锁紧螺栓
4—保险环　5—立柱　6—工作台锁紧手柄螺栓
7—底座　8—螺栓　9—工作台
10—头架　11—带轮

距离，并锁紧固定。台钻小巧灵活，使用方便，结构简单，主要用于加工小型工件上的各种小孔。它在仪表制造、钳工和装配中用得较多。

2. 钻孔操作

钻孔是用钻头在材料或工件上钻削孔眼的加工方法。常用的钻孔设备有钻床、手电钻等。其中钻床包括台式钻床、立式钻床和摇臂钻床。手电钻分为手提式和手枪式两种。钻头有麻花钻、扁钻、扩孔钻和中心钻等，其中最为常用的是麻花钻头。

钻削时应注意以下几点：

1) 当钻孔直径较大时，工件一定要装夹牢固。在通孔快要钻透时，应减小进给量。如果是在立钻或摇臂钻床上采用自动进刀方法，在通孔快钻透时，最好改用手动进刀，有利于控制切削力的大小。

2) 不准戴手套操作，以防钻头或切屑勾住手套发生事故。

3) 必须在停车后用铁勾或毛刷清除切屑，不得用手拉切屑。

4）养成用钻钥匙来松紧钻夹头的习惯，不允许用锤子或其他物品敲击。

5）由于钻头在切削过程中产生大量热量，因此在钻孔时用力不可太猛，必要时需加适当切削液进行冷却。

6）使用手电钻时应注意用电安全。

四、攻螺纹和套螺纹

用丝锥（即丝攻）在孔壁上旋转切制出内螺纹的操作称为攻螺纹；用板牙在圆杆或管子上旋转切制出外螺纹的操作称为套螺纹。在进行攻螺纹和套螺纹时，应注意螺纹的旋向，较常用的螺纹是右旋螺纹，规定不必标出旋向；左旋螺纹用"左"字标注。

1. 攻螺纹

攻螺纹所用的基本工具是丝锥和铰杠。丝锥由工作部分和柄部组成，其结构如图 4-12 所示。工作部分由切削部分和校准部分组成。切削部分在最前端，由几个刀齿构成，其直径从前向后逐渐增大。校准部分具有完整的牙型，用来校正和修

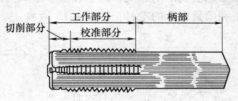

图 4-12 丝锥的结构

光已切出的螺纹，并引导丝锥沿轴向前进。丝锥的柄部套接铰杠。

铰杠是传递扭矩和夹持丝锥的工具，分为普通铰杠和丁字形铰杠两类，如图 4-13 所示。

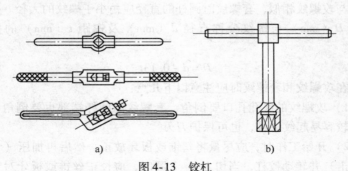

a) b)

图 4-13 铰杠

a）普通铰杠 b）丁字形铰杠

攻螺纹时底孔的直径应比螺纹的小径稍大，否则，攻螺纹时丝锥有时会被咬住。普通螺纹的底孔直径 D（mm）与螺纹公称直径 d（mm）及螺距 t（mm）三者的关系如下：

对于塑性较大的材料（如钢、纯铜），有

$$D = d - t$$

对于塑性较小的材料（如铸铁、黄铜），有

$$D = d - (1.05 \sim 1.1)t$$

2. 套螺纹

套螺纹所用的基本工具是板牙及铰杠。普通螺纹的圆板牙外形像圆螺母，如图 4-14 所示。其内部有切削刃、校准部分及排屑槽。切削刃是板牙两端的锥孔部分；校准部分是板牙的中间部分，用于校准和修光已切出的螺纹，并引导板牙沿轴向前进；圆板牙铰杠是传递力矩和固紧板牙的工具，如图 4-15 所示。

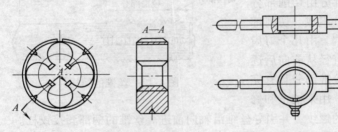

图 4-14　圆板牙　　　　　　　图 4-15　圆板牙铰杠

与攻螺纹相似，套螺纹时圆杆的直径应稍小于螺纹的大径。圆杆直径 D（mm）与螺纹公称直径 d（mm）及螺距 t（mm）的关系如下：

$$D = d - 0.13t$$

在攻螺纹和套螺纹时应注意以下几点：

1）攻螺纹的底孔孔口要倒角，套螺纹的圆杆端部也要倒角，这样比较容易起纹进量，也可保护刀刃。

2）开始工作时，应尽量将丝锥或板牙放正，然后再加压（切不可敲击）并转动铰杠，当切入 1 ~ 2 圈时，应校正丝锥或板牙对工件的垂直度。

3) 操作中，铰杠每进半圈左右，就应倒转一些，使断碎切屑便于排除。

4) 对塑性大的材料攻螺纹和套螺纹时，要加切削液，以减少切削阻力，降低螺纹表面粗糙度值和延长刀具的使用寿命。

第三节　装配性操作技能

一、装配的概念

电工的装配工作，除了应了解机械方面装配的基本要求外，还要了解一定的电气方面的装配要求。例如，在装配开关触点时，除了应注意到触点的分合机械动作的灵活性外，还需注意到触点的分合速度和合闸的终压力等电气要求；又如在装配电动机的前后端盖时，除了要照顾到前后轴承之间的轴向同心度外，还要兼顾到转子与定子之间的间隙大小。

二、装配的工艺过程

装配的工艺过程见表 4-3。

表 4-3　装配的工艺过程

装配前的准备工作	1) 研究和熟悉装配图的技术条件，了解产品的结构和零件作用以及连接关系 2) 确定装配的方法、程序和所需的工具 3) 领取和清洗零件
装配	1) 组件装配：将若干零件安装在一个基础零件上而构成组件。如减速器中一根传动轴，就由轴、齿轮、键等零件装配而成 2) 部件装配：将若干个零件、组件安装在另一个基础零件上而构成部件（独立机构）。如车床的床头箱、进给箱、尾架等 3) 总装配：将若干个零件、组件、部件组合成整台机器的操作过程称为总装配。如车床就是把几个箱体等部件、组件、零件组合而成的
装配工作的要求	1) 装配时，应检查零件与装配有关的形状和尺寸精度是否合格，检查有无变形、损坏等，并应注意零件上各种标记，防止错装

（续）

装配工作的要求	2）固定连接的零部件，不允许有间隙。活动的零件，能在正常的间隙下，灵活均匀地按规定方向运动，不应有跳动 3）各运动部件（或零件）的接触表面，必须保证有足够的润滑，若有油路，必须保证畅通 4）各种管道和密封部位，装配后不得有渗漏现象 5）试车前，应检查各部件连接的可靠性和运动的灵活性，各操纵手柄是否灵活和手柄位置是否在合适的位置，试车前，从低速到高速逐步进行

三、典型组件的装配方法

典型组件的装配方法见表 4-4。

表 4-4 典型组件的装配方法

螺钉、螺母的装配	1）螺纹配合应做到用手能自由旋入，过紧会咬坏螺纹，过松则受力后螺纹会断裂 2）螺母端面应与螺纹轴线垂直，以确保受力均匀 3）装配成组螺钉、螺母时，为保证零件贴合面受力均匀，应按一定要求旋紧，并且不要一次完全旋紧，应按次序分两次或三次旋紧 4）对于在变载荷和振动载荷下工作的螺纹联接，必须采用防松保险装置
滚动轴承的装配	1）滚动轴承的装配多数为较小的过盈配合，装配时常用锤子或压力机压装。轴承装配到轴上时，应通过垫套施力于内圈端面上；轴承装配到机体孔内时，则应施力于外圈端面上，若同时压到轴上和机体孔中时，则内外圈端面应同时加压 2）如果没有专用垫套时，也可用锤子、铜棒沿着轴承端面四周对称均匀地敲入，用力不能太大 3）如果轴承与轴是较大过盈配合时，可将轴承吊放到 80 ~ 90℃的热油中加热，然后趁热装配

四、拆卸工作的要求

1）机器拆卸工作，应按其结构的不同，预先考虑操作顺序，以免先后倒置或贪图省事猛拆猛敲，造成零件的损伤或变形。

2）拆卸的顺序应与装配的顺序相反。

3）拆卸时，使用的工具必须保证对合格零件不会发生损伤，严禁用锤子直接在零件的工作表面上敲击。

4）拆卸时，零件的旋松方向必须辨别清楚。

5）拆下的零部件必须有顺序、有规则地摆放好，并按原来结构套在一起，配合件的表面还要做相应记号，以免搞乱。对丝杠、长轴类零件必须将其吊起，防止变形。

第五章　电工基本操作技术

第一节　常用电工工具及量具

一、验电器

验电器分为高压和低压两类，如图5-1所示。低压验电器又称为试电笔，是检验导线、电器和电气设备是否带电的一种常用工具，检测范围为60～500V，有钢笔式和旋具式两种。它由氖管、电阻、弹簧和笔身等组成。

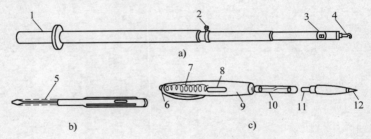

图 5-1　验电器

a）10kV 高压验电器　b）旋具式低压验电器　c）钢笔式低压验电器

1—把柄　2—固紧螺钉　3—氖管窗　4—触钩　5—绝缘套管
6—笔尾的金属体　7—弹簧　8—小窗　9—笔身　10—氖管
11—电阻　12—笔尖的金属体

使用高压验电器时，要注意安全，雨天不可在户外测验；测验时要戴符合耐压要求的绝缘手套；不可一人单独测验，身旁要有人监护；测试时，要防止发生相间或对地短路事故；人体与带电体之间应保持足够的安全距离（10kV 时应在 0.7m 以上）。

低压验电器的使用方法和注意事项如下：

1）使用时必须按照如图5-2所示的方法把笔握妥，以手指触及笔尾的金属体。使用前，先要在有电的电源上检查验电器的氖管能否正常发光。

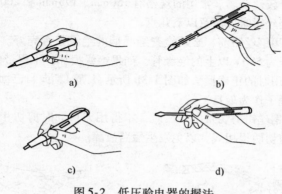

图 5-2 低压验电器的握法
a）、b）正确握法 c）、d）错误握法

2）在明亮的光线下测试时，往往不容易看清氖管的辉光，应当避光检测。

3）验电器的金属探头多制成旋具形状，只可以承受很小的力矩，使用时应注意，以防损坏。

4）用低压验电器区分相线和零线时，氖管发光的是相线，不亮的是零线。

5）用低压验电器区分交流电和直流电时，交流电通过氖管时，两极附近都发光；而直流电通过时，仅一个电极附近发光。

6）用低压验电器判断电压的高低时，若氖管发暗红色的光，且轻微点亮，则说明电压较低。若氖管发黄红色的光，且很亮，则说明电压较高。

7）用低压验电器识别相线接地故障时，在三相四线制电路中，发生单相接地后，用验电器测试中性线，氖管会发光。在三相三线制星形联结的线路中，用验电器测试三根相线，如果两相很亮，另一相不亮，则这相可能有接地故障。

二、钢丝钳

钢丝钳是钳夹和剪切工具，由钳头和钳柄两部分组成，如图 5-3 所示。钳口用来弯绞或钳夹导线线头；齿口用来紧固或起松螺母；刀口用来剪切导线或剖切软导线绝缘层；铡口用来铡切电线线芯和钢丝、铅丝等较硬金属。常用的规格有 150mm、175mm 和 200mm 三种。

使用钢丝钳时应注意以下几点：

1）使用钢丝钳前，必须检查绝缘柄的绝缘是否完好。在钳柄上应套有耐压为 500V 以上的绝缘管。如果绝缘损坏，不得带电操作。

2）使用时的正确握法如图 5-3b 所示，刀口朝向自己面部。头部不可代替锤子作为敲打工具。

3）用钢丝钳剪切带电导线时，不得用刀口同时剪切相线和中性线或同时剪切两根相线，以免发生短路故障。

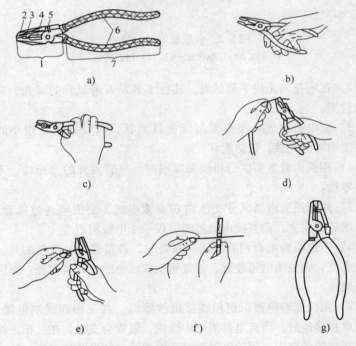

图 5-3　钢丝钳

a）钢丝钳（电工用）　b）握法　c）紧固螺母　d）钳夹导线头

e）剪切导线　f）铡切钢丝　g）裸柄钢丝钳（电工禁用）

1—钳头　2—钳口　3—齿口　4—刀口　5—铡口　6—绝缘管　7—钳柄

三、尖嘴钳和斜口钳

尖嘴钳适于在较狭小的工作空间操作，可以用来弯扭和钳断直径为1mm以内的导线。有铁柄和绝缘柄两种，绝缘柄的为电工所用，绝缘的工作电压为500V以下。常用规格（全长）有130mm、160mm、180mm及200mm四种。目前常见的多数是带刃口的，既可夹持零件又可剪切细金属丝。

斜口钳是用于剪切金属薄片及细金属丝的一种专用剪切工具，其特点是剪切口与钳柄成一角度，适于在比较狭窄和有斜度的工作场所使用。常用规格有130mm、160mm、180mm和200mm四种。

四、螺钉旋具

螺钉旋具俗称改锥、起子或螺丝刀，如图5-4所示。分有一字形和十字形两种，以配合不同槽型的螺钉使用。常用的有50mm、100mm、150mm及200mm等规格。

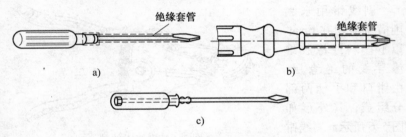

图 5-4 螺钉旋具

a) 一字形螺钉旋具 b) 十字形螺钉旋具 c) 穿心金属杆螺钉旋具（电工禁用）

使用螺钉旋具时应注意以下几点：

1）电工不得使用金属杆直通柄顶的螺钉旋具，否则容易造成触电事故。

2）为了避免螺钉旋具的金属杆触及皮肤或邻近带电体，应在金属杆上套绝缘管。

3）螺钉旋具头部厚度应与螺钉尾部槽形相配合，斜度不宜太大，头部不应该有倒角，否则容易打滑。

4）螺钉旋具在使用时应使头部顶牢螺钉槽口，防止因打滑而损坏槽口。同时注意，不用小螺钉旋具去拧旋大螺钉。否则，一是不容易旋紧，二是螺钉尾槽容易拧豁，三是螺钉旋具头部易受损。反之，如果用大螺钉旋具拧旋小螺钉，也容易造成因力矩过大而导致小螺钉乱牙现象。螺钉旋具的使用如图5-5所示。

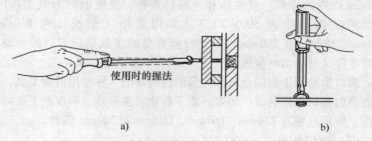

使用时的握法

a)　　　　　　　　　　　　　b)

图5-5　螺钉旋具的使用

a）大螺钉旋具的用法　b）小螺钉旋具的用法

五、剥线钳

剥线钳用来剥削横截面积在 6mm² 以下塑料或橡胶绝缘导线的绝缘层，由钳口和手柄两部分组成，其外形如图5-6所示。剥线钳有 0.5~3mm 的多个直径切口，用于不同规格线芯的剥削。

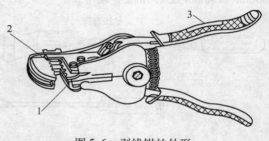

图5-6　剥线钳的外形

1—压线口　2—刀口　3—钳柄

使用时切口大小必须与导线芯线直径相匹配，过大难以剥离绝缘层，过小易切断芯线。

手柄绝缘的剥线钳，可以带电操作，工作电压在500V以下。

六、活扳手

活扳手如图5-7所示。它由头部和柄部组成，头部由定扳唇、动扳唇、蜗轮和轴销等构成。旋动蜗轮可以调节扳口的大小。常用的规格有 150mm、200mm、250mm 和 300mm 等，按螺母大小选用适当规格。

扳拧较大螺母时，需用较大力矩，手应握在近柄尾处，如图5-7b

所示；扳拧较小螺母时，需用力矩不大，但螺母过小容易打滑，宜按照如图 5-7c 所示的方法握紧手柄，可随时调节蜗轮，收紧扳唇防止打滑。

　　活扳手不可反用，如图 5-7d 所示，即动扳唇不可作为重力点使用，也不可用钢管接长柄部来施加较大的扳拧力矩。

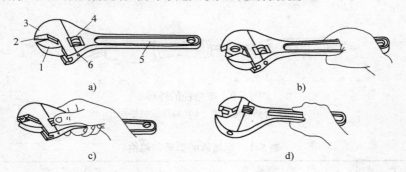

图 5-7　活扳手
a）活扳手的构造　b）扳拧较大螺母时的握法
c）扳拧较小螺母时的握法　d）错误握法
1—动扳唇　2—扳口　3—定扳唇　4—蜗轮　5—手柄　6—轴销

七、电工刀

　　电工刀的外形如图 5-8a 所示，禁止用电工刀切削带电的绝缘导线，在切削导线时，刀口一定朝向人体外侧，不准用锤子敲击，如图 5-8b 所示。

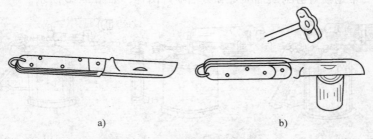

图 5-8　电工刀的外形及错误用法
a）外形　b）错误用法

八、电烙铁

电烙铁是用于焊接的主要工具，其外形如图 5-9 所示，它的型号和规格见表 5-1。

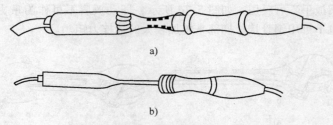

a)

b)

图 5-9　电烙铁的外形

a) 外热式电烙铁　b) 内热式电烙铁

表 5-1　电烙铁的型号和规格

型　　式	规格/W	加热方式
内热式	20、35、50、70、100、150、200、300	电热元件插入铜头空腔内加热
外热式	30、50、75、100、150、200、300、500	铜头插入电热元件内腔加热
快热式	60、100	由变压器感应出低电压、大电流进行加热

九、喷灯

喷灯是一种利用喷射火焰对工件进行加热的工具，火焰温度可达 900℃ 以上，常用于锡焊时加热烙铁、电缆封端及导线局部的热处理等。常用喷灯分为煤油喷灯和汽油喷灯两种，如图 5-10 所示。

a)　　　　　　　　　　　　　　　　　　　　b)

图 5-10　喷灯

a) 汽油喷灯　b) 煤油喷灯

使用时应注意以下几点：

1）使用前应仔细检查油桶是否漏油，喷嘴是否堵塞、漏气等。

2）根据喷灯所规定使用的燃料油的种类，加注相应的燃料油，其油量不得超过油桶容量的3/4，加油后应拧紧加油处的旋塞。

3）喷灯点火时，喷嘴前严禁站人，且工作场所不得有易燃物品。点火时在点火碗内加入适量燃料油，用火点燃，待喷嘴烧热后再慢慢打开进油阀，打气加压时应先关闭进油阀。

4）喷灯工作时应注意火焰与带电体之间的安全距离。

5）喷灯的加油、放油、修理等操作，应在喷灯熄火冷却后方可进行。

十、射钉枪

射钉枪是利用弹筒内火药爆发时的推力，将特制的螺钉射入混凝土或砖砌体内以固定管线支架等。操作时要注意安全，周围严禁有工作人员。射钉枪内孔有6mm、8mm和10mm三种。射钉直径为3.7mm、4.5mm，射钉长度一般为13～62mm，型号有SDT—A301等。

十一、冲击钻和电锤

冲击钻与电锤是一种携带式带冲击的电动钻孔工具，主要用于对混凝土、砖墙进行钻孔，安装膨胀螺栓或膨胀螺钉，以固定设备或支架。冲击钻的外形如图5-11所示。常用规格和型号见表5-2。

表5-2　电动冲击钻与电锤的规格和型号

规格		冲击钻（型号）		电锤（型号）
		JIZC—10	JIZC—20	ZIC—SD01—26
额定电压/V		220	220	220
额定转速/（r/min）		1200	800	420
额定功率/W		250	≥320	≥620
额定转矩/N·cm		90	≥350	≥450
额定冲击次数/min^{-1}		14000	8000	2850
额定冲击幅度/mm		0.8	1.2	
最大钻孔直径/mm	钢铁中	6	13	
	混凝土中	10	20	26

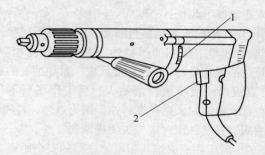

图5-11　冲击钻的外形
1—调节开关　2—电源开关

在使用过程中应注意以下几点：

1）根据孔径大小，选择合适的钻头，在更换钻头前，一定要将电源开关断开或将手电钻的电源插头从插座上拔出，以免在更换钻头过程中因不慎误压开关，电钻旋转从而发生操作人员损伤事故。

2）通电前应检查电源引线和插头、插座是否完好无损，通电后，用验电器检查是否漏电。

3）单相电钻的电源引线应选用三芯坚韧橡皮护套线；三相电钻的电源引线应选用四芯坚韧橡皮护线，并与相应的插头和插座配合使用，特别注意护套线中接地芯线不得接错。

4）有些电钻有"钻孔"和"冲击"两种工作方式，当钻孔时，应选用相应尺寸的普通钻头，并将工作方式置"钻孔"位置；需"冲击"钻孔（在水泥墙上钻孔）时，应选用相应尺寸的冲击钻头，并将工作方式置"冲击"位置。

十二、拆卸器

拆卸器又称为拉具或拉子，如图5-12所示。它主要用于拆卸带轮、联轴器和轴承。使用拆卸器时要放正，其爪钩的位置应基本平衡，螺杆应对准电动机轴心，用力要均匀。若直接拉脱有困难，可在

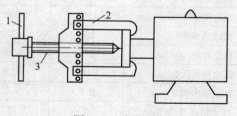

图5-12　拆卸器
1—扳手　2—可调节抓手　3—螺杆

螺杆已拉紧时用木锤敲击带轮的外圆或在带轮与轴的接缝处渗些煤油，必要时采用热脱方法（用喷灯或气焊枪将带轮外表面加热，使之膨胀，将带轮迅速拉下）。

十三、压接钳

压接钳是连接导线的一种工具，分为液压和手动两种。

1. 液压导线压接钳

液压导线压接钳主要依靠液压传动机构产生压力达到压接导线的目的。适用于压接多股铝芯、铜芯导线，作中间连接和封端，是电气安装工程方面压接导线的专用工具，用途较广，如图 5-13d 所示。

其全套压模规格为 $16mm^2$、$25mm^2$、$35mm^2$、$50mm^2$、$70mm^2$、$95mm^2$、$120mm^2$、$185mm^2$ 及 $240mm^2$ 等。压接范围是：压接铝芯导线截面积为 $16\sim240mm^2$，压接铜芯导线截面积为 $16\sim150mm^2$。压接形式是：六边形围压截面。

2. 手动导线压接钳

1）导线压接钳，如图 5-13a 所示。可压接导线截面积为 $6\sim240mm^2$，压接形式是围压、点压。

2）手动电缆、导线机械压接钳，如图 5-13c 所示。适用于中、小截面积的铜芯或铝芯电缆接头的冷压和中、小截面积各种导线的钳压连接。

使用压接钳时，应根据导线截面积选择适当规格的压模，不能混用。各种导线压接钳使用范围见表 5-3。

表 5-3　各种导线压接钳使用范围

名称	型号	适用导线	配套模具/副
手动液压钳	SLY—240 型	JY16—240	10
	SYQ—12A 型	TJ16—150	
导线压线钳	JYJ—I	围压：LJ6—240 和 TJ6—185	12
	JYJ—II	围压、点压：LGJ6—300	13
手动导线机械压接钳	SXQ—16（X）型	钳压：LJ16—185 和 LGJ35—240	9
手动电缆机械压接钳	SXQ—16（L）型	环压：L10—240 和 T10—250	11
		点压：L25—240 和 T35—150	9

（续）

名称	型号	适用导线	配套模具/副
压接断线两用大剪刀	NIJ—1	LJ25—70 LGJ25—70	8
	NIJ—2	LJ95—185 LGJ95—120	9
液压（脚踏式）导线压接钳	YTY—240	TJ16—240	围压

3）压接断线两用大剪刀，如图 5-13b 所示，具有一具两用、操作简单的特点。

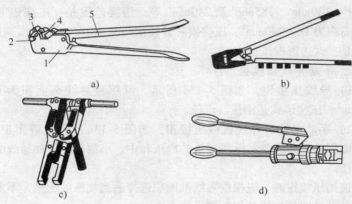

图 5-13　压接工具

a）导线压接钳　b）压接断线两用大剪刀

c）手动电缆、导线机械压接钳　d）液压导线压接钳

1—钳头　2—定位螺钉　3—阴模　4—阳模　5—钳柄

十四、断线钳

断线钳专用于剪断直径较粗的金属丝、线材及电线电缆等。它有铁柄、管柄和绝缘柄三种型式，其中带绝缘柄的断线钳可用于带电场合，其工作电压为 1000V 以下。

十五、金属直尺

金属直尺是用厚 1mm、宽 25mm 的不锈钢板制造的。尺的一端是直边，叫作工作端边，尺的长度有 150mm、200mm、300mm、

1000mm 和 1500mm 等，其外形如图 5-14 所示。

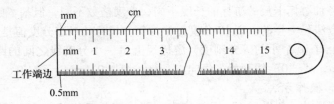

图 5-14　金属直尺的外形

十六、钢卷尺

钢卷尺分为自卷式卷尺（小钢卷尺）、制动式卷尺（小钢卷尺）和摇卷式卷尺（大型卷尺）三种。其规格品种见表 5-4。

表 5-4　钢卷尺的规格品种

品种	自卷式、制动式	摇卷式
测量上限/m	1、2、3、4、5、6	5、10、15、20、30、50、100

十七、游标卡尺

游标卡尺用于测量物体的长、宽、高、深和圆环的内、外直径。其外形如图 5-15 所示。其主要部分是一条尺身和一条可以沿尺身滑动的游标。由尺身和游标分别构成内、外测量爪，内测量爪用于测量槽宽度和管的内径，外测量爪用于测量零件的厚度和管的外径，深度尺用于测量槽和筒的深度。

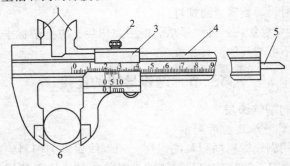

图 5-15　游标卡尺的外形

1—内测量爪　2—紧固螺钉　3—游标　4—尺身　5—深度尺　6—外测量爪

在游标上刻有刻度，游标卡尺就是利用游标来提高测量精度的。尽管各种游标卡尺的游标的长度不同，分度格数不同，但基本原理和读数方法是一样的。以 10 分度游标为例，尺身的最小分度值是 1mm，游标上有 10 个小的等分刻度，游标尺上每一小分度线之间的距离为 0.9mm，从"0"线开始，每向右一格，增加 0.1mm。

1. 操作方法

测量前，要做"0"标志检查，即将测量爪合在一起（即零刻度）时，游标的零刻度线与尺身的零刻度线重合。当外测量爪夹一工件时，游标对在尺身上某一位置，如图 5-16 所示，从尺身上给出 $X=21$mm，再细心观察游标上的哪一根分刻度线与尺身上分刻度对得最齐。在图 5-16 中，第 2 根分刻线对得最齐，所以游标给出 $\Delta X=0.2$mm，则工件总长度为 21mm + 0.2mm = 21.2mm。

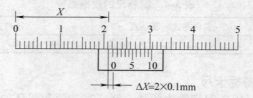

图 5-16　游标卡尺的读法

2. 注意事项

1) 读数时要防止视觉误差，要正视，不可旁视。

2) 在测量爪卡住被测物体时，松紧要适当，当需要将被测物体取下读数时，要旋紧紧固螺钉。

3) 注意保护内、外测量爪。使用完毕后，应把游标卡尺放在专用盒内，不可与其他工具叠放在一起。

第二节　绝缘导线的连接

一、剥削绝缘层

1. 塑料绝缘线头的剥削

（1）用剥线钳剥削塑料绝缘层　用剥线钳剥削塑料绝缘层最方便，但只适用于线径较细的绝缘线。对软线的绝缘层要用剥线钳剥削，不可用电工刀剥削，因其容易切断芯线。

（2）用钢丝钳剥削绝缘层　　这种方法适用于芯线截面积为4mm² 及以下的塑料线，操作方法如图5-17所示，用钳头刀口轻切塑料层，不可切伤芯线，然后右手握住钳子头部用力向外勒去塑料层，同时左手把紧电线反方向用力配合动作。

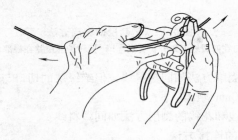

图5-17　钢丝钳剥削塑料层的操作方法

（3）用电工刀剥削绝缘层　　这种方法适用于较大的塑料线，操作方法如图5-18所示。

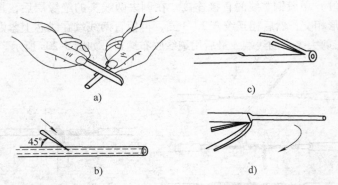

图5-18　电工刀剥削塑料线绝缘层的操作方法

a）握刀姿势　b）刀以45°倾斜切入

c）刀以15°倾斜推削　d）扳转塑料层并在根部切齐

2. 护套线的护套层和绝缘层的剥削

护套层用电工刀剥离，其剥离方法是按所需长度用刀尖在线芯缝隙间划开，接着扳转护套层，并用刀口在根部切齐，如图5-19所示。

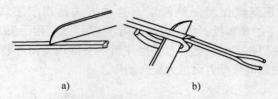

图 5-19　护套层的剥离方法

a）刀在两线缝间划开护套层　b）扳转护套层并在根部切齐

绝缘层的剥削方法如同塑料线，但绝缘层的切口与护套层的切口间应留有 5 ~ 10mm 距离。

对于橡皮线和花线的剥削方法如同塑料线。

二、导线的连接方法

常用导线的线芯有单股、7 股和 19 股等多种。按材料可分为铜芯线和铝芯线。

1. 铜芯导线的连接方法

（1）单股铜芯线的直接连接　在剥去两线头的绝缘层后，把两线端 X 形相交，然后相互绞合 2 ~ 3 圈，再扳直两线端在线芯上紧贴并绕 6 圈，剪去多余的线端，最后用绝缘胶布缠封，如图 5-20a 所示。

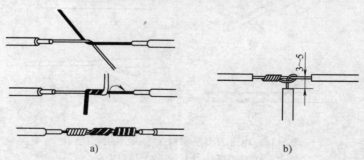

图 5-20　单股铜芯线的连接方法

a）直线连接　b）T 形分支连接

（2）单股铜芯线的 T 形分支连接　先剥去绝缘层，然后把支线芯线线头与干线芯线十字相交，使支线芯线根部留出 3 ~ 5mm，对于小截面积的线芯支线，环绕成结状后，再把支线线头抽紧扳直，然后再紧密并缠 6 ~ 8 圈；对于较大截面积的线芯支线，可在与干线线芯十字相交后直接紧密并缠 8 圈，剪去多余的线端，最后用绝缘胶布缠封，如图 5-20b 所示。

（3）多股铜芯线的直接连接（适用于 7 股、19 股）

1）先剥去绝缘层，将芯线拉直，将芯线头全长的 1/3 根部进一步绞紧，然后将余下的 2/3 根部的芯线头分散成伞骨状。

2）把两伞骨状线头隔股对叉（19 股可每两股对叉，必要时每端可剪掉 3 ~ 5 根芯），然后捏平两端每股芯线。

3）将一端芯线分成两组（7 股芯线按 2、2、3 股分成三组；19 股芯线分成四五组）。将第一组芯线扳直，然后按顺时针方向紧贴并缠 2 圈，再扳成与芯线平行的直角，接着再按相同方法紧缠第二组和第三组芯线。注意后一组芯线扳成直角时一定要紧贴前一组芯线已弯成直角的根部，最后剪去多余的线端，并用绝缘胶布缠封，如图5-21所示。

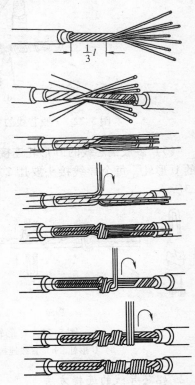

图 5-21 7 股芯线的直线连接方法

（4）多股铜芯线的 T 形分支连接 在剥去绝缘层后，把分支芯线线头的 1/8 处进一步绞紧，再将 7/8 处部分的芯线分成两组，将干线芯用螺钉旋具撬开并分成两组，将支线 2 股芯线的一组插入干线的两组芯线的中间（7 股芯线），然后把 3 股芯线的一组往干线一边按顺时针紧缠绕 2 ~ 3 圈，另一组 2 股芯线则按逆时针紧缠 2 ~ 5 圈，剪去多余部分，最后用绝缘胶布缠封，如图 5-22 所示。

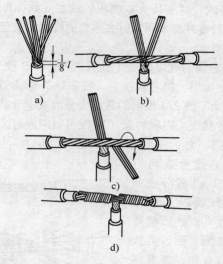

图 5-22　7 股芯线的 T 形分支连接方法

（5）多股铜芯线的 U 形轧连接　根据导线的截面积，先选择合适的 U 形轧，每个导线接头要用 2～2 副 U 形轧，其连接方法如图5-23所示。

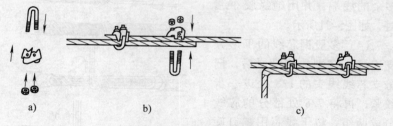

图 5-23　U 形轧连接方法

a）U 形轧　b）直线连接　c）T 形分支连接

2. 铝芯导线的连接方法

（1）螺钉压接法　该方法适用于负荷较小的单股芯线的连接，如开关、灯头和线头的连接。

（2）钳接管直线机械压接法　该方法适用于较大负荷的多根芯线的直线连接。根据导线的截面积大小选择合适的钳接管（又称为压接管)，压接前应清除掉钳接管内孔及接头表面的氧化层，然后按图5-24所示的方法和要求用压接钳进行压接，对于钢芯铝绞线，应在两线之间衬垫一条铝质垫片。

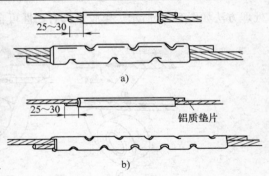

图 5-24　钳接管和导线穿入要求
a) 铝绞线　b) 钢芯铝绞线

(3) 沟线夹螺钉压接的分支连接方法

该方法适用于架空线中的分支连接。当导线截面积在 $70mm^2$ 及以下时，应选用一副小型沟线夹，支线末端与干线用钢丝绑扎；当导线截面积在 $95mm^2$ 及以上时，应选用两副大型沟线夹，两副沟线夹之间应保持 200~300mm 的距离，如图 5-25 所示。

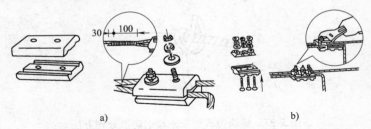

图 5-25　沟线夹的安装方法
a) 小型沟线夹　b) 大型沟线夹

3. 绝缘电线绝缘层的恢复

采用包缠法，通常用黄蜡带、涤纶薄膜带作为恢复绝缘层的材料。绝缘带的宽度，一般选用 20mm 的一种，比较适中，包缠也方便。用在 380V 线路上的电线恢复绝缘时，必须先包缠 1~2 层黄蜡带（或涤纶薄膜带），然后再包缠一层黑胶带。用在 220V 线路时，先包缠一层黄蜡带（或涤纶薄膜带），然后再包缠一层黑胶带；也有只包缠两层黑胶带的。包缠方法和要求如图 5-26 所示。绝缘带或纱带包缠完毕后的末端要用纱线绑扎牢固，或用绝缘带自身套结扎紧，具体处理方法如图 5-27 所示。黑胶带具有黏性可自作包封。

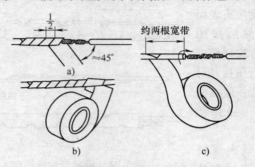

图 5-26　绝缘带的包缠方法和要求
a）绝缘带压入导线完整绝缘层　b）压叠半幅带宽　c）绝缘带衔接方法

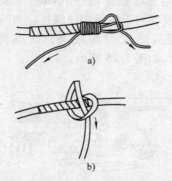

图 5-27　绝缘带或纱带末端的防散处理方法
a）纱线绑轧　b）绝缘带自身套结

第三节　登高工具与绳子结扣

电工在登高作业时，要特别注意安全。未经现场训练，或患有心脏病、严重高血压等疾病者，均不能擅自使用登高工具。

一、登高工具

（1）梯子　如图 5-28 所示，电工常用的有直梯和人字梯两种，前者通常用于户外登高作业，后者通常用于户内登高作业。直梯的两脚应当绑扎橡胶之类防滑材料；人字梯应当在中间绑扎两道自动滑开的安全绳。登在人字梯上操作时，切不可采用骑马方式站立，以防人字梯两脚自动滑开时造成严重的工伤事故。而且采用骑马站立的姿势，人在操作时也极不灵活。

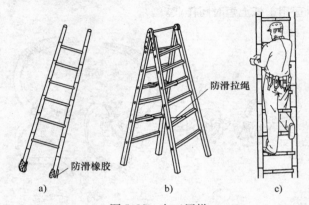

防滑拉绳

防滑橡胶

a)　　　　　　b)　　　　　　c)

图 5-28　电工用梯

a）直梯　b）人字梯　c）电工在梯子上作业的站立姿势

（2）蹬板　又叫作踏板，如图 5-29 所示。

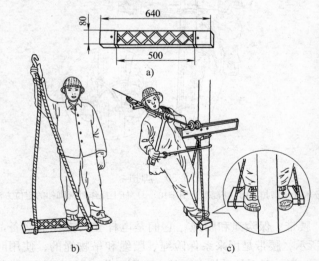

图 5-29　蹬板

a）蹬板规格　b）蹬板绳长度　c）在蹬板上作业的站立姿势

（3）脚扣　又叫作铁脚，如图 5-30 所示。脚扣的攀登速度较快，容易掌握登杆方法，但在杆上作业时没有蹬板灵活舒适，易于疲劳，所以适用于杆上短时间作业。

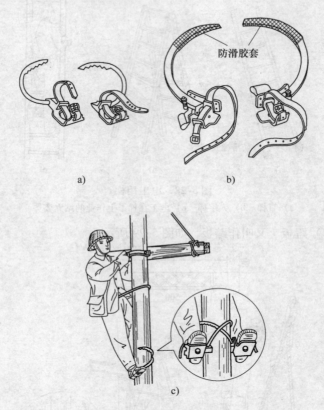

图 5-30　脚扣

a）登木杆用脚扣　b）登混凝土用脚扣　c）杆上操作时两脚扣的定位方法

（4）腰带、保险绳和腰绳　它们是电杆登高操作的必备品。如图 5-31 所示，腰带是用来系保险绳、腰绳和吊物绳的，使用时应系结在臀部上部，而不是系结在腰部，否则操作时既不灵活又容易扭伤腰部。

（5）电工工具夹　它是户内外登高操作的必备品。它用来插装活扳手、钢丝钳、螺钉旋具和电工刀等常用工具，如图 5-32 所示。

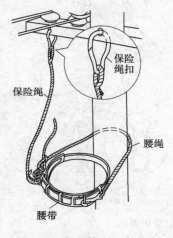

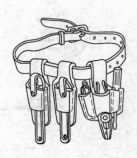

图 5-31　腰带、保险绳　　　　图 5-32　电工工具夹
　　　　和腰绳的使用

（6）防护用品　电工登杆操作，必须戴防护帽、防护手套和电工绝缘鞋。

另外还有吊绳、吊篮和背包。

二、常见绳结

电工施工中，经常要用绳索，而绳索结的扣结，必须满足操作的需要，还应考虑解结方便和安全可靠。以下是常见的几种电工绳结。

（1）扛物结　用来扛抬工件。扣结方法如图 5-33a 所示。

（2）拖物结　用来拖拉较重的工件。扣结方法如图 5-33b 所示。

（3）拽物结　用来拽拉各种导线，使导线展直。扣结方法如图 5-33c 所示。

（4）吊物结　用来吊取工件或工具。扣结方法如图 5-33d 所示。

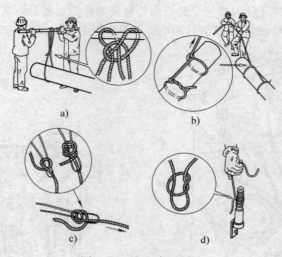

图 5-33　电工常用绳结
a）扛物结　b）拖物结　c）拽物结　d）吊物结

第六章　常用电工材料及电缆敷设

第一节　常用导线的分类与应用

一、导线的种类

常用导线有铜导线和铝导线。铜导线的电阻率比铝导线小，焊接性能和机械强度比铝导线好，因此它常用于要求较高的场合。铝导线密度比铜导线小，而且资源丰富，价格较铜低廉。

导线有单股和多股两种，一般截面积在 6mm² 及以下为单股线；截面积在 10mm² 及以上为多股线。多股线是由几股或几十股线芯绞合在一起的，有 7 股、19 股、37 股等。导线还分为裸导线和绝缘导线，绝缘导线有电磁线、绝缘电线、电缆等多种。常用绝缘导线在导线线芯外面包有绝缘材料，如橡皮、塑料、棉纱、玻璃丝等。

二、常用导线的型号及应用

1. B 系列橡皮塑料电线

这种系列的电线结构简单，电气和力学性能好，广泛用作动力、照明及大中型电气设备的安装线。交流工作电压为 500V 以下。

2. R 系列橡皮塑料软线

这种系列软线的线芯由多根细铜丝绞合而成，除具有 B 系列电线的特点外，还比较柔软，广泛用于家用电器、小型电气设备、仪器仪表及照明灯线等。

此外还有 Y 系列通用橡套电缆，该系列电缆常用于一般场合下的电气设备、电动工具等的移动电源线。

几种常用导线的名称、型号和应用，见表 6-1。

表 6-1　　几种常用导线的名称、型号和应用

名　称	型　号		允许长期工作温度/℃	主要用途
	铜芯	铝芯		
聚氯乙烯绝缘电线	BV	BLV		用于 500V 以下动力和照明电路的固定敷设
聚氯乙烯绝缘护套线	BVV	BLVV		用于 500V 以下照明和小容量动力电路固定敷设
聚氯乙烯绝缘绞合软线	RVS		65	用于 250V 及以下移动电器和仪表及吊灯的电源连接导线
聚氯乙烯绝缘平行软线	RVB			
氯丁橡套软线橡套软线	RXF	RX		用于安装时要求柔软的场合及移动电器电源线

　　注：型号中，V 表示聚氯乙烯绝缘，X 表示橡皮绝缘，XF 表示氯丁橡胶绝缘。

3. 常用绝缘导线的规格和安全载流量（见表 6-2～表 6-5）

表 6-2　　塑料绝缘线的规格和安全载流量　（单位：A）

导线截面积/mm²	固定敷设用的线芯		明线安装		穿钢管安装						穿硬塑料管安装					
	芯线股数/单股直径/mm	近似英规			一管二根线		一管三根线		一管四根线		一管二根线		一管三根线		一管四根线	
			铜	铝	铜	铝	铜	铝	铜	铝	铜	铝	铜	铝	铜	铝
1.0	1/1.13	1/18#	17		12		11		10		10		10		9	
1.5	1/1.37	1/17#	21	16	17	13	15	11	14	10	14	11	13	10	11	9
2.5	1/1.76	1/15#	28	22	23	17	21	16	19	13	21	16	18	14	17	12
4	1/2.24	1/13#	35	28	30	23	27	21	24	19	27	21	24	19	22	17
6	1/2.73	1/11#	48	37	41	30	36	28	32	24	36	27	31	23	28	22
10	7/1.33	7/17#	65	51	56	42	49	38	45	33	47	36	42	33	38	29
16	7/1.70	7/16#	91	69	71	55	64	49	56	43	63	48	56	42	49	38
25	7/2.12	7/14#	120	91	94	70	82	61	74	57	82	63	74	56	65	50
35	7/2.50	7/12#	147	113	115	87	100	78	90	70	104	78	91	69	81	61
50	19/1.83	19/15#	187	143	143	108	127	96	113	87	130	99	114	88	102	78
70	19/2.14	19/14#	230	178	177	135	159	124	143	110	160	126	145	113	128	100
95	19/2.50	19/12#	282	216	216	165	195	148	173	132	199	151	178	137	160	121

表 6-3　橡胶绝缘线的规格和安全载流量　（单位：A）

导线截面积/mm²	固定敷设用的线芯		明线安装		穿钢管安装						穿硬塑料管安装					
	芯线股数/单股直径/mm	近似英规			一管二根线		一管三根线		一管四根线		一管二根线		一管三根线		一管四根线	
			铜	铝	铜	铝	铜	铝	铜	铝	铜	铝	铜	铝	铜	铝
1.0	1/1.13	1/18#	18		13		12		10		11		10		10	
1.5	1/1.37	1/17#	23	16	17	13	16	12	15	10	15	12	14	11	12	10
2.5	1/1.76	1/15#	30	24	24	18	22	17	20	14	22	17	19	15	17	13
4	1/2.24	1/13#	39	30	32	24	29	22	26	20	29	22	26	20	23	17
6	1/2.73	1/11#	50	39	43	32	37	30	34	26	37	29	33	25	30	23
10	7/1.33	7/17#	74	57	59	45	52	40	46	34.5	51	38	45	35	40	30
16	7/1.70	7/16#	95	74	75	57	67	51	60	45	66	50	59	45	52	40
25	7/2.12	7/14#	126	96	98	75	87	66	78	59	87	67	78	59	69	52
35	7/2.50	7/12#	156	120	121	92	106	82	95	72	109	83	96	73	85	64
50	19/1.83	19/15#	200	152	151		134	102	119	91	139	104	121	94	107	82
70	19/2.14	19/14#	247	191	186	143	167	130	150	115	169	133	152	117	135	104
95	19/2.50	19/12#	300	230	225	174	203	156	182	139	208	160	186	143	169	130
120	37/2.00	37/14#	346	268	260	200	233	182	212	165	242	182	217	165	197	147
150	37/2.24	37/13#	407	312	294	226	268	208	243	191	277	217	252	197	230	178
185	37/2.50	37/12#	468	365												
240	61/2.24	61/13#	570	442												
300	61/2.50	61/12#	668	520												
400	61/2.85	6/11#	815	632												
500	91/2.62	9/12#	950	738												

表 6-4　护套线和软导线的安全载流量　（单位：A）

导线截面积/mm²	护套线								软导线		
	双根芯线				三根或四根芯线				单根芯线	双根芯线	
	塑料绝缘		橡胶绝缘		塑料绝缘		橡胶绝缘		塑料绝缘	塑料绝缘	橡胶绝缘
	铜	铝	铜	铝	铜	铝	铜	铝	铜	铜	铜
0.5	7		7		4		4		8	7	7
0.75									13	10.5	9.5
0.8	11		10		9		9		14	11	10
1.0	13		11		9.6		10		17	13	11
1.5	17	13	14	12	10	8	10	8	21	17	14

（续）

导线截面积 /mm²	护 套 线								软 导 线		
	双根芯线				三根或四根芯线				单根芯线	双根芯线	
	塑料绝缘		橡胶绝缘		塑料绝缘		橡胶绝缘		塑料绝缘	塑料绝缘	橡胶绝缘
	铜	铝	铜	铝	铜	铝	铜	铝	铜	铜	铜
2.0	19		17		13		12	12	25	18	17
2.5	23	17	18	14	17	14	16	16	29	21	18
4.0	30	23	28	21.8	23	19	21				
6.0	37	29			28	22					

表 6-5　绝缘导线安全载流量的温度校正系数

环境最高平均温度/℃	35	40	45	50	55
校正系数	1.0	0.91	0.82	0.71	0.58

三、导线的选择

1. 线芯材料的选择

作为线芯的金属材料，必须同时具备的特点是：电阻率较低，有足够的机械强度；在一般情况下有较好的耐腐蚀性；容易进行各种形式的机械加工，价格较便宜。铜和铝基本符合这些特点，因此，常用铜或铝作导线的线芯。

2. 导线截面积的选择

选择导线时，一般应考虑三个因素：长期工作允许电流、机械强度和线路电压降在允许范围内。

（1）根据长期工作允许电流选择导线截面积　根据导线敷设方式、环境温度的不同，导线允许的载流量也不同。通常把允许通过的最大电流值称为安全载流量。在选择导线时，可依据用电负荷，参照导线的规格型号及敷设方式来选择导线截面积。表 6-6 是一般用电设备负载电流计算公式。

表 6-6　一般用电设备负载电流计算公式

负载类型	功率因数	计算公式	每千瓦电流量/A
电灯、电阻	1	单相：$I_P = P/U_P$	4.5
		三相：$I_L = P\sqrt{3}/U_L$	1.5
荧光灯	0.5	单相：$I_P = P/(U_P \times 0.5)$	9
		三相：$I_L = P/(\sqrt{3}U_L \times 0.5)$	3
单相电动机	0.75	$I_P = P/[U_P \times 0.75 \times 0.75(效率)]$	8
三相电动机	0.85	$I_L = P/[\sqrt{3}U_L \times 0.85 \times 0.85(效率)]$	2

注：公式中，I_P、U_P 为相电流、相电压；I_L、U_L 为线电流、线电压。

（2）根据机械强度选择导线　导线安装后和运行中，要受到外力的影响。导线本身自重和不同的敷设方式使导线受到不同的张力，如果导线不能承受张力作用，会造成断线事故。在选择导线时必须考虑导线截面积。

（3）根据电压损失选择导线截面积

1）住宅用户，由变压器低压侧至线路末端，电压损失应小于6%。

2）电动机在正常情况下，电动机端电压与其额定电压不得相差±5%。

按照以上条件选择导线截面积的结果，在同样负载电流下可能得出不同截面积数据。此时，应选择其中最大的截面积。

第二节　电缆及敷设

一、常用电缆分类

维修电工常用的绝缘电缆有橡胶绝缘和塑料绝缘两种，其型号及性能参数见表6-7。

二、电力电缆的结构

电力电缆由导体、绝缘体和护层三部分组成。电力电缆的导体在输送电能时，具有高电位。为了改善电场的分布，减小切向应力，有的电缆加有屏蔽层。多芯电缆绝缘线芯之间，还需要填芯和填料，以便将电缆绞制成圆形。

表 6-7　常用绝缘电缆的型号及性能参数

型号		名称	性能及用途	标称截面积/mm²
铜芯	铝芯			
VV	VLV	聚氯乙烯绝缘聚氯乙烯护套电力电缆（一至四芯）	敷设在室内、隧道内及管道中，不能承受机械外力作用，适用于交流 0.6/1.01kV 及以下的输配电线路中，长期工作温度不超过 65℃，环境温度低于 0℃ 敷设时必须预先加热，电缆弯曲半径应大于电缆外径的 10 倍	一芯时：1.5~500 二芯时：1.5~150 三芯时：1.5~300 四芯时：4~185
XV	XLV	橡胶绝缘聚氯乙烯护套电力电缆（一至四芯）	敷设在室内、隧道内及管道中，不能承受机械外力作用，适用于交流 6kV 及以下的输配电线路中作固定敷设，长期工作温度不超过 65℃，敷设温度不低于 −15℃，电缆弯曲半径不小于电缆外径的 10 倍	XV 一芯时：1~240 XLV 一芯时：2.5~630 XV 二芯时：1~185 XLV 二芯时：2.5~240 XV 三至四芯时：1~185 XLV 三至四芯时：2.5~240
XF	XLF	橡皮绝缘氯丁护套电力电缆	敷设在室内、隧道内及管道中，不能承受机械外力作用，适用于交流 6kV 及以下的输配电线路中作固定敷设，长期工作温度不超过 65℃，敷设温度不低于 −15℃，电缆弯曲半径应大于电缆外径的 10 倍	XF 一芯时：1~240 XLF 一芯时：2.5~630 XF 二芯时：1~185 XLF 二芯时：2.5~240 XF 三至四芯时：1~185 XLF 三至四芯时：2.5~240
YQ YQW		轻型橡胶电缆（一至三芯）	连接交流 250V 及以下轻型移动电气设备 YQW 型具有耐气候和一定的耐油性能	0.3~3
YZ YZW		中型橡胶电缆（一至四芯）	连接交流 500V 及以下轻型移动电气设备 YZW 型具有耐气候和一定的耐油性能	0.5~6
YC YCW		重型橡胶电缆（一至四芯）	连接交流 500V 及以下轻型移动电气设备 YW 型具有耐气候和一定的耐油性能	2.5~120

　　橡胶绝缘、聚氯乙烯护套钢带铠装四芯低压电力电缆的结构，如图 6-1 所示，其实物外形如图 6-2 所示。

图 6-1　橡胶绝缘、聚氯乙烯护套钢带铠装四芯低压电力电缆的结构

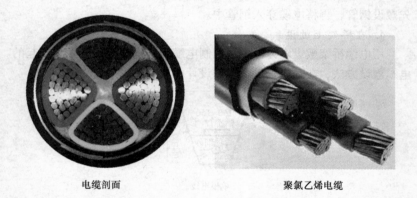

电缆剖面　　　　　　　　　　　　聚氯乙烯电缆

图 6-2　实物外形

　　聚氯乙烯绝缘电力电缆的绝缘层由聚氯乙烯绝缘材料挤包制成。多芯电缆的绝缘线芯绞合成圆形后再挤包聚氯乙烯护套作为内护层，其外为铠装层和聚氯乙烯外护套。聚氯乙烯绝缘电力电缆有单芯、二芯、三芯、四芯和五芯 5 种。

　　聚氯乙烯绝缘电力电缆安装、维护都很简便，多用于 10kV 及以下电压等级，在 1kV 配电线路中应用最多，特别适用于高落差场合。

三、电缆的敷设方式

1. 直埋敷设

直埋敷设电缆是指将电力电缆或控制电缆直接埋设于地下的土层

中，并在电缆周围采取措施对电缆给予保护，如图 6-3 所示。

2. 沿支架敷设

按照支架安装的位置，沿支架敷设包括：

1）沿地沟支架敷设。在砖结构或混凝土结构的地沟内安装角钢支架，并将电力电缆和控制电缆等有序地放置并固定在支架上。安装完成后，用预制混凝土盖板或钢制盖板将电缆地沟封闭。

2）沿墙上支架垂直敷设。将竖直电缆用钢管卡子直接固定在墙上，或者用管卡子固定在支架上。这种敷设方法，电缆是外露无保护的，一般仅适用于配电室或电气竖井内等。

3. 穿钢管敷设

当设计中规定在某段区域的电缆穿钢管敷设时，应遵守设计要求先敷设钢管，再将电缆穿入钢管中。

4. 在桥架上敷设

用电缆桥架敷设电力电缆、控制电缆及弱电电缆，是近年兴起的电缆敷设方法，在室内敷设电缆的设计中被广泛采用。

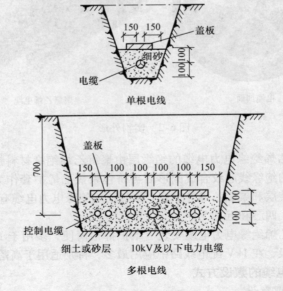

图 6-3　电缆直埋敷设断面图

四、电缆敷设要求

1. 电缆敷设前的检查

电缆敷设施工前，应检查电缆的电压、型号、规格等是否符合设计要求，电缆表面是否损伤，绝缘是否良好。对 6kV 及以下的电缆，应使用绝缘电阻表测试其绝缘电阻值。500V 电缆的绝缘电阻值应大于 0.5MΩ；1kV 及以上电缆的绝缘电阻值应大于 1MΩ。测试数据应详细记录，以便与竣工试验数据进行对比。

2. 电缆设置技术要求

1）在三相四线制系统中使用的电力电缆，不得采用三芯电缆，另加一根单芯电缆或导线，再加电缆金属护套等做成中性线方式。

2）三相系统中，不得将三芯电缆中的一芯接地运行。

3）并联运行的电力电缆，其长度应相等。

4）三相系统中使用的单芯电缆，应组成紧贴的正三角形排列。每隔 1m 应绑扎牢固（充油电缆及水底电缆除外）。

5）电缆敷设时，在终端和接头附近应留有备用长度。而直埋电缆应在全长上留有余量（一般为线路长度的 1%～1.5%），并作波浪形敷设。

3. 电缆各支持点间的距离规定

电缆各支持点间的距离应符合设计规定。无设计规定的不应大于表 6-8 所列数值。

表 6-8　电缆各支持点间的距离　　　　（单位：m）

敷设方式 电缆种类		沿支架敷设		钢索上悬吊敷设	
		水平	垂直	水平	垂直
电力电缆	充油电缆	1.5	2.0		
	橡塑及其他油纸电缆	1.0	2.0	0.75	1.5
控制电缆		0.8	1.0	0.6	0.75

4. 电缆敷设埋置技术要求

电缆敷设埋置施工作业技术要求见表 6-9。

表6-9　电缆敷设埋置施工作业技术要求

项目	施工作业技术要求
电缆（隧道）沟	电缆敷设时不应破坏电缆沟和隧道的防水层
埋设深度	一般为700mm及以上；在农田设置的电缆沟埋置深度不宜小于100mm；在寒冷地区，应埋设于冻土层以下，当无法深埋时，应采取有效防冻措施，防止电缆受到损坏
垫层	一般采用砂或软土，严禁用带腐蚀性物质的土和砂子；垫层厚度以电缆为中心，上下各垫100mm
保护层	为防止电缆受机械损伤，电缆需盖砖或盖混凝土板加以保护；覆盖宽度应超过电缆两侧各50mm；板与板连接处应紧靠
夯填	回填土前必须将沟内的积水抽干；分层夯填
标志牌	夯坡的同时应在电缆的引出端、终端、中间接头、直线段每隔100m或走向有变化部位设置标志牌；标志牌上应注明线路编号，并应按编号的线路段电压等级，电缆的型号、截面积、起止点、线路长度等，做好隐蔽工程验收记录，以便维修
电缆线路通过有腐蚀地段	电缆线路穿越有腐蚀地段（含有酸碱、矿渣、石灰等），严禁直埋，如直埋应采用缸瓦管、水泥管等防腐保护措施

5. 电缆敷设注意事项

电缆敷设时，应排列整齐，不宜交叉，并应加以固定。下列地方应予以固定：

1）垂直敷设或超过45°倾角敷设的电缆，属于支架敷设时，应在每个支架上固定；属于桥架敷设时，桥架内的电缆应每隔2m予以固定。

2）水平敷设的电缆，在电缆首末两端及转弯、电缆接头的两端处应予以固定；电缆成排成列敷设对间距有要求时，应每隔5~10m予以固定。

五、低压电缆终端头的制作

低压电力电缆与两端的设备连接时，需要将引出线芯重新加以绝缘、密封处理，即需要制作电缆终端头。

1. 电缆头制作前的检查

（1）电缆验潮

1）用火柴点燃绝缘纸，若没有嘶嘶声或白色泡沫出现，表明绝缘未受潮。

2）用钢丝钳将线芯松开，浸没到150℃的电缆油中，如有潮气会看到油中泛出白色泡沫或听到"嘶嘶"的声音。

（2）绝缘检查　用1kV绝缘电阻表测量线芯之间和线芯对地之间的绝缘电阻，断开电缆另一端的连接设备，将4根线芯分开，依次测量芯与芯、芯与钢带间的绝缘电阻。测量结果要求换算到长度为1km和温度为20℃时的电阻值，应不低于50MΩ。

2. 电缆终端头制作

电缆终端头制作步骤见表6-10。

表6-10　电缆终端头制作步骤

步骤	制作工艺	示意图
确定剥切尺寸	根据终端头的安装位置，电缆外护套钢带及内护套的剥切尺寸就可确定	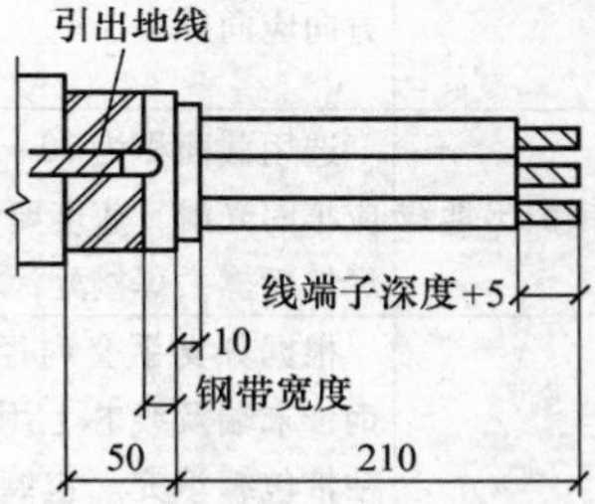
剥切外护套	根据剥切尺寸，用电工刀沿电缆的周长深切至铠装钢带，再沿轴向从末端向切痕深切至钢带，然后用螺钉旋具在切痕尖角处将聚氯乙烯外护套挑起，用钢丝钳将外护套撕下	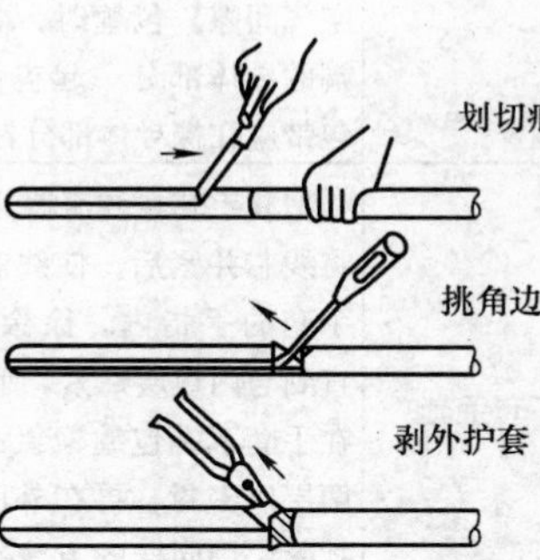

（续）

步骤	制作工艺	示意图
锯切钢带	在离剖削口 30mm 处的钢带上，擦拭干净，并用砂布打磨使之露出光亮，搪上一层焊锡，装上电缆钢带卡子。在卡子的外边缘，沿电缆周长用锯切刀在钢带上锯出一个环形深痕。锯完以后，用钢丝钳逆钢带缠绕方向把钢带撕下。然后，用锉刀修锉锯切口，使之平滑无刺	
剥除内护套及填料	切除内衬填料时，可先用喷灯稍微烘烤电缆，使填料软化；然后用电工刀割下填料，下刀剖切方向应向外	
焊接引出地线	选用截面积为 10~25mm² 的多股软铜线或铜编织带与钢带焊接。焊接应牢固光滑，速度要快，时间不宜过长。焊接涂料不能浸蚀其他部分，焊好后擦去焊接处污垢	
包缠聚氯乙烯带	根据分支手套内径的大小，在钢带末端及线芯上用聚氯乙烯胶粘带包缠填充。包缠层数以使分支手套管能较紧地套在钢带上面而不致使线芯与手套管之间产生空气间隙。包缠时，要将线芯末端的导体部分一起包住，最外层包带应在裸导体部分打结扎紧	
套手套	把软手套在变压器油中浸一下，将线芯并紧后，使线芯同时插入手套的手指内。徐徐下勒手套，直到与内包层贴紧。手套套好后，在手套下端包缠聚氯乙烯胶粘带两层以密封，再在外面套缠两层扎紧。用同样的方法在 4 个分支套口处包缠胶粘带	

（续）

步骤	制作工艺	示意图
压接接线端子	将线芯末端绝缘切除，长度为接线端子孔深加 5～10mm，压接线端子。压接好后，用聚氯乙烯自粘带将线坑及线芯绝缘管口一段（导线裸露部分）包缠填实，然后用自粘带包缠线芯及线端子	
包保护层及标明相色	用聚氯乙烯胶粘带，从线端子至手套分支包缠两层（是从线端子开始，再回到线端子结束）；然后在线端子下取一段包缠相色塑料带一层，标明相色带的外面包一层透明聚氯乙烯带	

六、低压电力电缆中间接线盒的制作

在施工中，往往需要连接两根电缆，这就需要制作电缆中间接线盒（或叫作中间接头）。

橡胶绝缘、聚氯乙烯护套钢带铠装低压电力电缆中间接线盒的制作见表 6-11。

表 6-11　橡胶绝缘、聚氯乙烯护套钢带铠装
低压电力电缆中间接线盒的制作

步骤	制作工艺	示意图
选取中间接线盒	根据电缆规格，选取硬质塑料中间接线盒，据此确定电缆的剥切尺寸	
外护套、钢带、内护套及填料的剥除	根据剥切尺寸，进行剥除工作，其制作过程、操作方法均与室内电缆终端头相同	

（续）

步骤	制作工艺	示意图
分开线芯	用聚氯乙烯带在四根芯线上作临时包缠，然后将木模塞入四叉口，用手轻轻把线芯弯曲，并进行校正；校好后，取出木模	
剥切芯线端部绝缘	按照连接管长度，剥切芯线端部橡胶绝缘。长度为 1/2 连接管长度加 5mm	
套中间接线盒	拧开两端螺盖，依次将螺盖、盒体套在一端的电缆上，另一只螺盖套在对面电缆上	
压接连接管	将两端芯线对应插入连接管，用压接钳压接好；然后，剥除临时包缠的聚氯乙烯带；用油浸白布带绑扎线芯的平直部分，厚度为 3mm	
垫黑蜡布	在四芯电缆中间垫一圈黑蜡布；然后，用油浸白布带绑扎带有黑蜡布芯子的电缆芯线	
灌注绝缘胶	移动盒体，使中间接头正好处于盒体的中间位置，拧紧两端螺盖，垫好密封圈。然后，从浇注口注入胶。冷却后，封好浇注口盖，清除溢出的绝缘胶；如果采用聚氯乙烯自粘带进行绝缘和密封防水包缠，则不需灌胶	
焊接地线	在中间接头两端钢带上用多股截面积为 $10 \sim 25 mm^2$ 的软铜线或铜编织带与钢带焊牢、连接	
包缠、连接	接头裸露部分用聚氯乙烯自粘带包缠，并与中间接线盒连接好，包缠三四层后，再用聚氯乙烯胶粘，最后用自粘带包缠两层作保护	

七、电缆线路的运行维护

1）塑料电缆在运输、贮存、敷设和运行中都不允许进水。塑料电缆一旦被水浸后容易发生绝缘老化现象，特别是当导体温度较高时，导体内的水分引起的渗透老化更为严重。

2）经常测量电缆电流，防止电缆过负荷运行。电缆运行的安全性与其载流量有着密切关系，过负荷将会使电缆的事故率增加。同时还会缩短电缆的使用寿命。

3）防止受外力损坏。电缆事故有相当一部分是由于受外力机械损坏而引起，所以在电缆运输、吊装、穿越建筑物敷设时，要特别注意防止外力的影响。

4）定期清扫套管，防止电缆终端头套管出现污垢。在污秽严重地区，对电缆端头涂上防污涂料，或者适当增加套管的绝缘等级。

第三节　绝 缘 材 料

绝缘是指利用绝缘材料对带电体进行封闭和隔离。长久以来，绝缘一直是作为防止电事故的重要措施，良好的绝缘也是保证电气系统正常运行的基本条件。绝缘材料又称为电介质，其导电能力很小。工程上应用的绝缘材的电阻率一般都不低于 $1 \times 10^{7} \Omega \cdot m$。

绝缘材料的主要作用是用于对带电的或不同电位的导体进行隔离，使电流按照确定线路流动。电绝缘材料具有较高的绝缘电阻和耐压强度，并能避免发生漏电、击穿等事故；其次是耐热性能要好，其中尤其以不因长期受热作用（热老化）而产生性能变化最为重要；此外，还应有良好的导热性、耐潮性和有较高的机械强度以及工艺加工方便等特点。

一、绝缘材料的分类

（1）按材料的化学成分划分　可分为以下几种：

1）无机绝缘材料：有云母、石棉、玻璃、陶器及大理石等。

2）有机绝缘材料：有虫胶、树脂、橡胶、棉纱、纸及丝绸等，大多用于制造绝缘漆和绕组导线等。

3）混合绝缘材料：有塑料、电木及有机玻璃等，用作电器的底座和外壳等。

（2）按材料的物理状态划分　可分为以下几种：

1）气体绝缘材料：有空气、二氧化碳及六氟化硫等。

2）液体绝缘材料：有矿物油（变压器油、断路器油、电缆油）、合成油（硅油）及植物油等。

3）固体绝缘材料：有绝缘漆、胶、纸、云母、塑料及陶瓷等。

（3）按材料的耐热等级　可分为7个级别，见表6-12。

表6-12　绝缘材料的耐热等级

级别	绝缘材料	最高允许温度/℃
Y	天然纤维材料及制品，如木材、纺织品等，及以醋酸纤维和聚酰胺为基础的纺织品和易于热分解和溶化点较低的塑料	90
A	工作于矿物油中和用油或油树脂复合胶浸过的Y级材料，漆包线、漆布、漆丝的绝缘及油性漆等	105
E	聚酯薄膜和A级材料复合、玻璃布、油性树脂漆、胶纸板	120
B	聚酯薄膜、云母制品、玻璃纤维、石棉等，聚酯漆及聚酯漆包线	130
F	用耐油有机树脂或漆黏合、浸渍的云母、石棉、玻璃丝制品及复合硅有机聚酯漆等	155
H	加厚的F级材料、复合云母、有机硅云母制品、硅有机漆及复合薄膜等	180
C	用有机粘合剂及浸渍剂的无机物，如石英、石棉、云母、玻璃和电瓷材料等	>180

二、绝缘油

绝缘油主要有矿物油和合成油两大类，其中矿物油的使用最为广泛。主要用于电气绝缘、冷却、灭弧及填充绝缘间隙等。常用绝缘油的性能与用途见表6-13。

表 6-13 常用绝缘油的性能与用途

名　称	质　量　指　标		凝固点不高于 /℃	主要用途
	透明度	绝缘强度/(kV/cm)		
10 号、20 号变压器油，即 DB—10、DB—20 型		160～180 180～210	-10 -25	用于变压器及油断路器中起绝缘和散热作用
45 号变压器油，即 DB—45 型	透明		-45	
45 号开关油，即 DV—45 型			-45	在低温工作下的油断路器中作绝缘、排热和灭弧用
1 号、2 号电容器油，即 DD—1、DD—2 型		200	-45	在电力工业、电容器上作绝缘用；在电信工业、电容器上作绝缘用

三、绝缘漆和绝缘胶

1. 绝缘漆

绝缘漆按用途分为浸渍漆、漆包线漆和硅钢片漆等，常用电工绝缘漆的品种、型号及用途见表 6-14。

表 6-14 常用电工绝缘漆的品种、型号及用途

名称	型号	溶剂	耐热等级/℃	用　途
醇酸浸渍漆	1030 1031	200 号溶剂汽油二甲苯	B (130)	具有较好的耐油性、耐电弧性，烘干迅速。作浸渍电机、电器线圈，也可作覆盖漆和胶粘剂
三聚氰胺醇酸浸渍漆	1032	200 号溶剂汽油二甲苯	B (130)	具有较好的干透性、耐热性、耐油性和较高的电气性能。供温热带地区电机、电器线圈作浸渍之用

（续）

名称	型号	溶剂	耐热等级/°C	用　　途
三聚氰胺环氧树脂浸渍漆	1033	二甲苯丁醇	B(130)	用于浸渍电机、变压器、电工仪表线圈以及电器零部件表面覆盖
有机硅浸渍漆	1053	二甲苯甲苯	H(180)	具有耐高温、耐寒性、抗潮性、耐水性、耐电晕、化学稳性好的特点。供浸渍 H 级电机、电器线圈及绝缘零部件用
耐油性清漆	1012	200 号溶剂汽油	A(105)	具有耐油、耐潮性，干燥迅速、漆膜平滑光泽。用作浸渍电机、电器线圈及粘合绝缘纸等
硅有机覆盖漆	1350	二甲苯甲苯	H(180)	适用于 H 级电机、电器线圈作表面覆盖层，在 180°C 下烘干
硅钢片漆	1610 1611	煤油	A(105)	用于涂覆硅钢片
环氧无溶剂浸渍漆（地腊）	515—1 515—2		B(130)	用于各类变压器、电器线圈浸渍处理。干燥温度 130°C

2. 绝缘胶

广泛用于浇注电缆接头和套管、浇注电流互感器、某些干式变压器，以及密封电子元器件和零部件等。电缆浇注胶的性能和用途见表 6-15。

表 6-15　电缆浇注胶的性能和用途

名称型号	击穿电压/kV·2.5mm	特性和用途
黄色电缆胶（1810）	>45	电气性能好，抗冻裂性好，适宜浇注 10kV 及以上电缆接头
黑色电缆胶（1811，1812）	>35	耐潮性好，适宜浇注 10kV 以下电缆接头
环氧电缆胶	>82	密封性好，电气和力学性能高，适宜浇注 10kV 以下电缆接头
环氧树脂灌封剂		电视机高压包等高压线圈的灌封、粘合等

四、绝缘、浸渍纤维制品及电工层压制品

常用纤维、层压制品绝缘材料的性能和用途见表6-16。

表6-16　常用纤维、层压制品绝缘材料的性能和用途

产品名称	型号	耐热等级/℃	主要性能和用途
电话纸	DH－40 DH－50 DH－70	Y (90)	结实、不易破裂。用于 $\phi < 0.4mm$ 的漆包线的层间绝缘,专供电信电缆绝缘
电缆纸	DL－08 DL－12 DL－17	Y (90)	柔顺,耐拉力强。用于 $\phi > 0.4mm$ 漆包线的层间绝缘。低压绕组间的绝缘。电缆专用
绝缘纸板	DY－00/100 DY－50/50 DY－100/00	Y (95)	耐弯曲、耐热,适用于电机、电器绝缘和保护材料,变压器油中作嵌件、垫块
油性漆布 (黄蜡布)	2010 2012	Y (90)	耐高压、但耐油性差。用于低压电机、电器线圈层及组间绝缘
油性玻璃漆布	2412	E (120)	耐热好,耐压较高。一般电机、电器线圈绝缘,也可在油中工作
油性漆绸 (黄蜡绸、带)	2212	A (105)	耐高压、较薄,耐油性好。适用于油中工作的电机、变压器、电器线圈绝缘
环氧酚醛层压玻璃布板	3240	B (130)	具有高的力学性能、介电性能和耐水性。适用于电机、电器设备中作绝缘结构零部件
酚醛层压纸板	3250	E (120)	结实、易弯折。用于线包骨架等,可在变压器油中使用
虫胶衬垫云母板	5731	B (130)	耐热好,耐压较高但较易碎,不耐潮。用于电机、电器等各类绝缘衬垫

五、电工用塑料、绝缘薄膜及其制品

常用电工塑料、绝缘薄膜材料的性能和用途见表6-17。

表6-17 常用电工塑料、绝缘薄膜材料的性能和用途

产品名称	型号	耐热等级/℃	主要性能和用途
聚乙烯 (PE) 塑料		Y (70)	电气性能优异，耐寒、耐潮性能良好。主要供电线电缆用
聚氯乙烯 (PVC) 塑料		Y (60~105)	力学性能优异，电气性能良好，耐潮、耐电晕、不延燃、成本低。供电线电缆用
ABS 塑料			象牙色，不透明体，有良好的机电综合性能。用于仪表、电器外壳、支架及小型电机外壳
聚乙烯薄膜		Y (80~100)	耐弯性好、化学稳定性高，耐酸、耐碱，吸湿性好，绝缘性能和耐辐射性尤为突出，但不耐油。用于通信电缆，高频电缆，水底电缆等作绝缘层
聚酯薄膜	6020	B (120~140)	耐热、耐高压。用于高压绕组层、相间及电机槽部等的绝缘
聚酯薄膜青壳纸	6520	E (120)	用于E级电机、电器作槽绝缘、衬垫绝缘和匝间绝缘
聚氯乙烯薄膜粘带		低于Y (6~080)	较柔软，黏性强，耐热差。用于一般电线电缆接头包扎绝缘
自粘橡胶带			具有耐热、耐潮、抗振动、耐化学腐蚀等特性，但抗拉强度较低。用于电缆头密封

六、绝缘电阻检测

绝缘电阻是衡量绝缘性能优劣的最基本的指标，绝缘电阻试验是最基本的绝缘试验。

1. 使用绝缘电阻表测量绝缘电阻的方法

绝缘电阻表上端钮 E 通常接地或接设备外壳，端钮 L 接被测线路，如电机、电器的导线或电机绕组。测量电缆芯线对外皮的绝缘电

阻时，为消除芯线绝缘层表面漏电引起的误差，还应在绝缘层上包一层锡箔，并使之与 G 端连接。

2. 使用绝缘电阻表测量绝缘电阻时的注意事项

1）应根据被测物的额定电压正确选用不同电压等级的绝缘电阻表。所用绝缘电阻表的工作电压应高于绝缘物的额定工作电压。

2）测量前，必须断开被测物的电源，并进行放电；测量终了也应进行放电。放电时间一般不应短于 2~3min。对于高电压、大电容的电缆线路，放电时间应适当延长，以消除静电荷，防止发生触电危险。

3）测量前，应对绝缘电阻表进行检查。首先，使绝缘电阻表端钮处处于开路状态，转动摇把，观察指针是否在"∞"位；然后，再将 E 和 L 两端短接起来，慢慢转动摇把，观察指针是否迅速指向"0"位。

4）测量过程中，如指针指向"0"位，表明被测物绝缘失效，应停止转动摇把，以防表内线圈发热烧坏。

5）禁止在雷电时或邻近设备带有高电压时用绝缘电阻表进行测量工作。

3. 绝缘电阻相关指标

1）新装和大修后的低压线路和设备，要求绝缘电阻不低于 0.5MΩ；运行中的线路和设备，要求可降低为每伏工作电压不小于 1000Ω；安全电压下工作的设备同 220V 一样，不得低于 0.22MΩ；在潮湿环境，要求可降低为每伏工作电压 500Ω。

2）携带式电气设备的绝缘电阻不应低于 2MΩ。

3）配电盘二次线路的绝缘电阻不应低于 1MΩ，在潮湿环境，允许降低为 0.5MΩ。

4）10kV 高压架空线路每个绝缘子的绝缘电阻不应低于 300MΩ；35kV 及以上的不应低于 500MΩ。

5）运行中 6~10kV 和 35kV 电力电缆的绝缘电阻分别不应低于 400~1000MΩ 和 600~1500MΩ。干燥季节取较大的数值；潮湿季节取较小的数值。

6）电力变压器投入运行前，绝缘电阻应不低于出厂时的 70%，运行中的绝缘电阻可适当降低。

第四节　磁　性　材　料

常用的磁性材料就是指铁磁性物质，是电器产品中的主要材料。按其性能不同可分为软磁材料和硬磁材料两大类。

一、软磁材料

软磁材料主要用作导磁回路，要求磁导率 μ 很高；用于交变磁场作为磁路的软磁材料，还要求单位损耗小，即剩磁 B_r 和矫顽力 H_c 较小，因而磁滞现象不严重，是一种既容易磁化又容易去磁的材料，一般都是在交流磁场中使用，而且是应用最广泛的一种磁性材料。

1. 软磁材料的品种、主要特点和应用范围

软磁材料的品种、主要特点和应用范围见表 6-18。

表 6-18　软磁材料的品种、主要特点和应用范围

品　种	主要特点	应用范围
电工纯铁（牌号 DT）	饱和磁感应强度高，冷加工好。但电阻率低，铁损高，不能用在交流磁场中，有磁时效现象	一般用于直流或脉动成分不大的电器中作为导磁铁心
硅钢片（牌号 DR、RW 或 DQ）	和电工纯铁相比，电阻率增高，铁损降低，磁时效基本消除，但导热系数降低，硬度提高，脆性增大。适用在强磁场条件下使用	电机、变压器、继电器、互感器、开关等产品的铁心
铁镍合金（牌号 1J50、1J51）	与其他软磁材料相比，磁导率 μ 高，矫顽力 H_c 低，但对应力比较敏感。在弱磁场下，磁滞损耗非常低，电阻率又比硅钢片高，所以高频特性好	频率在 1MHz 以下弱磁场中工作的器件，如电视机、精密仪器用特种变压器等
铁铝合金（牌号 1J12 等）	和铁镍合金相比，电阻率高，比重小，但磁导率低，随着铝质量分数的增加（超过 10%），硬度和脆性增大，塑性变差	弱磁场和中等磁场下工作的器件，如微型电机、音频变压器、脉冲变压器及磁放大器等
软磁铁氧体（牌号 R100 等）	属非金属磁化材料，烧结体，电阻率非常高，高频时具有较高的磁导率，但饱和磁感应强度低，温度稳定性也较差	高频或较高频率范围内的电磁元件（磁心、磁棒及高频变压器等）

2. 硅钢片

硅钢片是电力和电信工业的基础材料，用量占磁性材料的90%以上，硅钢片的分类和应用范围见表6-19。

表6-19　硅钢片的分类和应用范围

分　类			牌　　号	厚度/mm	应用范围
热轧硅钢片	热轧电机钢片		DR1200—100　DR740—50 DR1100—100　DR650—50	1.0、0.50	中小型发电机和电动机
			DR610—50　DR530—50 DR510—50　DR490—50	0.5	要求损耗小的发电机和电动机
			DR440—50　DR400—50	0.5	中小型发电机和电动机
			DR360—50　DR315—50 DR290—50　DR265—50	0.5	控制微型电机、大型汽轮发电机
	热轧变压器钢片		DR360—35　DR320—35	0.35	电焊变压器和扼流圈
			DR320—35　DR280—35 DR360—35　DR360—50 DR315—50　DR290—35	0.35、0.50	电抗器和电感线圈
冷轧硅钢片	无取向	电机用	DW530—50　DW470—50	0.50	大型直流电动机、大中小型交流电动机
			DW360—50　DW330—50	0.50	大型交流电机
		变压器用	DW530—50　DW470—50	0.50	电焊变压器、镇流器
			DW310—35　DW270—35 DW360—50　DW330—50	0.35、0.50	电力变压器、电抗器
	单取向	电机用	DQ230—35　DQ200—35 DQ170—35　DQ151—35 DQ350—50　DQ320—50	0.35、0.50	大型发电机
			G1、G2、G3、G4	0.05 0.2 0.08	中高频发电机、微型电机
		变压器用	DQ230—35　DQ200—35 DQ170—35　DQ151—35	0.35	电力变压器、高频变压器
			DQ290—35　DQ260—35 DQ230—35　DQ200—35	0.35	电抗器、互感器
			G1、G2、G3、G4 （日本牌号）	0.05 0.2 0.08	电源变压器、高频变压器、脉冲变压器、镇流器

二、硬磁材料

硬磁材料具有大面积的磁滞回线特性，矫顽力和剩磁感应强度都很大，这种材料在外磁场中充磁，撤除外磁场后仍能保留较强的剩磁，形成恒定持久的磁场，故又称为永磁材料。它主要用作储藏和提供磁能的永久磁铁，如磁电式仪器用的钨钢和铬钢；测量仪表和微型电机用的铝镍钴、硬磁铁氧体和稀土永磁材料等。硬磁材料的品牌和用途见表6-20。

表6-20　硬磁材料的品牌和用途

硬磁材料品牌		用途举例
铝镍钴合金	铸造铝镍钴　铝镍钴13	转速表、绝缘电阻表、电能表、微型电机及汽车发动机
	铝镍钴20 铝镍钴32	话筒、万用表、电能表、电流表、电压表、记录仪及消防泵磁电机
	铝镍钴40	扬声器、记录仪及示波器
	粉末烧结铝镍钴 铝镍钴9 铝镍钴25	汽车电流表、曝光表、电器触头、受话器、直流电机、钳形电流表及直流继电器
铁氧体硬磁材料		仪表阻尼元件、扬声器、电话机、微电机及磁性软水处理
稀土钴硬磁材料		行波管、小型电机、副励磁机、拾音器精密仪表、医疗设备及电子手表
塑料变形硬磁材料		里程表、罗盘仪、计量仪表、微型电机及继电器

第七章　常用电工仪表和仪器的使用

第一节　电工测量基础知识

一、电工仪表的用途及分类

1. 用途

电工仪表是实现电磁测量过程所需技术工具的总称。一般用来测量电压、电流、电阻、电功率、电能、相位、频率和功率因数等。

2. 分类

电工仪表的分类见表7-1。

表7-1　电工仪表的分类

按测量对象分	按电流的性质分	按使用方式分	按使用条件分	按准确度分
1. 电流表（安培表、毫安表、微安表） 2. 电压表（伏特表、毫伏表、微伏表以及千伏表） 3. 功率表（瓦特表） 4. 电能表、欧姆表、相位表等	1. 直流仪表 2. 交流仪表 3. 交直流两用仪表	1. 安装式仪表（或称为板式仪表） 2. 可携式仪表等	A、A1、B、B1 和 C5 组。有关各组仪表使用条件的规定可查阅有关的国家标准	0.1、0.2、0.5、1.0、1.5、2.5 和 5.0 共 7 个准确度等级

二、电工仪表的测量误差和准确度等级

1. 测量误差

在测量过程中，由于受到测量方法、测量设备、测量条件及测试经验等多方面因素的影响，测量结果不可能是被测量的真实值，而只是它的近似值，任何的测量结果与被测量的真实值之间总是存在着差异，这种差异称为测量误差。

2. 准确度等级

电工仪表分为0.1、0.2、0.5、1.0、1.5、2.5和5.0共7个准确度等级。不同准确度等级的电工仪表的基本误差见表7-2。

表7-2　不同准确度等级的电工仪表的基本误差

准确度等级	0.1	0.2	0.5	1.0	1.5	2.5	5.0
基本误差（%）	±0.1	±0.2	±0.5	±1.0	±1.5	±2.5	±5.0

三、电工仪表的型号

仪表的产品型号可以反映出仪表的用途和工作原理。产品型号是按规定的标准编制的，对安装式和可携式仪表的型号规定了不同的编制规则。

1. 安装式仪表型号的组成

安装式仪表型号的编制规则如图7-1所示。

其中，形状第一位代号按仪表面板形状最大尺寸编制；形状第二位代号按外壳形状尺寸特征编制；系列代号按测量机构的系列编制，见表7-3。

表7-3　常用仪表系列代号

系列	磁电系	电磁系	电动系	感应系	整流系	静电系	电子系
代号	C	T	D	G	L	Q	Z

例如，44L2—V型电压表，型号中的"44"为形状代号，可以从有关标准中查出其外形和尺寸，"L"表示该表是整流系仪表，"2"表示设计序号，"V"表示该表用于测量电压。

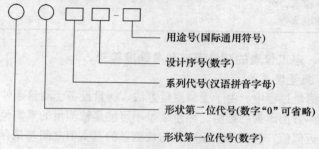

　　　　　　　　　　　用途号(国际通用符号)

　　　　　　　　　　设计序号(数字)

　　　　　　　　　系列代号(汉语拼音字母)

　　　　　　　形状第二位代号(数字"0"可省略)

　　　　　形状第一位代号(数字)

图7-1　安装式仪表型号的编制规则

2. 可携式仪表型号的组成

电子可携式仪表不存在安装问题，所以将安装式仪表型号中的形状代号省略，即是它的产品型号。例如，T62—V型电压表，"T"表示该表是电磁系仪表，"62"表示设计序号，"V"表示该表是电压表。

四、电工仪表的标志

电工仪表的表盘上有许多表示其基本技术特性的标志符号，根据国家标准的规定，每一种仪表必须有表示测量对象单位、准确度等级、工作电流种类、相数、测量机构的类别、使用条件组别、工作位置、绝缘强度试验电压大小、仪表型号和各种额定值等标志符号。

常见电工仪表和附件的表面标志符号见表7-4～表7-6。

表7-4　常见电工仪表工作电流种类的符号

名称	直流	交流	直流和交流	具有单元件的三相平衡交流负载
符号	— — —	∿	≂	≋

表7-5　常见电工仪表工作原理的图形符号

名称	符号	名称	符号
磁电系仪表		铁磁电动系仪表	
磁电系比率表		铁磁电动系比率表	
电磁系仪表		感应系仪表	
电磁系比率表		静电系仪表	

（续）

名称	符号	名称	符号
电动系仪表		整流系仪表（带半导体整流器和磁电系测量机构）	
电动系比率表		热电系仪表（带接触式热变换器和磁电系测量机构）	

表7-6　常见电工仪表的图形符号

图形符号	名称及说明	图形符号	名称及说明	图形符号	名称及说明
*	提示仪表（星号按规定的文字或图形符号代替）	*	记录仪表（星号按规定的文字或图形符号代替）	*	积算仪表（星号按规定的文字或图形符号代替）
V	电压表		同步表	W·h	电能表（瓦时计）
A	电流表	λ	波长表	h	小时计时器
A $I\sin\varphi$	无功电流表		示波器	W | var	组合式记录式功率表和无功功率表
W	功率表	V U_d	差动电压表	θ	温度计和高温计
var	无功功率表		检流计	W P_{max}	最大需量指示表（由一台积算仪表操纵）
$\cos\varphi$	功率因数表	NaCl	盐度计		脉冲计（电动计数器件）

（续）

图形符号	名称及说明	图形符号	名称及说明	图形符号	名称及说明
 φ	相位表	 n	转速表	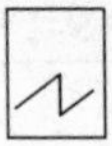 ⎓	记录式示波器
 Hz	频率表	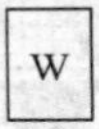 W	记录式功率表		

第二节　常用电工仪表及使用

一、电流表

测量电路中电流的仪表叫作电流表，又称为安培表。电流表有交流电流表与直流电流表之分，它们的接线方法是与被测电路串联。为了不影响电路的工作状态，电流表的内阻都很小，量程越大的电流表，其内阻越小。因此，电流表不能并联使用，否则，很大的电流通过仪表会把电流表烧毁。

1. 直流电流的测量

直流电流的测量方法见表7-7。

表 7-7　直流电流的测量方法

步骤	接线图	仪表指示	注意事项
测量前先观察指针是否在零位，用机械调零进行修正；把电流表串联接入被测电路中	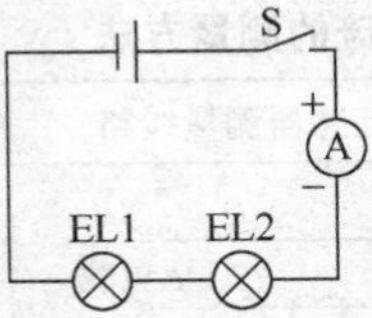	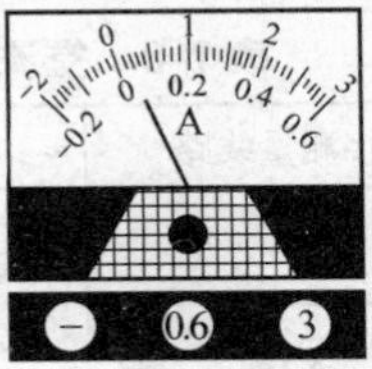	测量直流电流时，必须注意电流表的"＋"、"－"极性
检查接线是否正确；估算被测电流的大小，选用合适的量程。一般选取量程时，被测量尽可能处于仪表满刻度的后1/3段	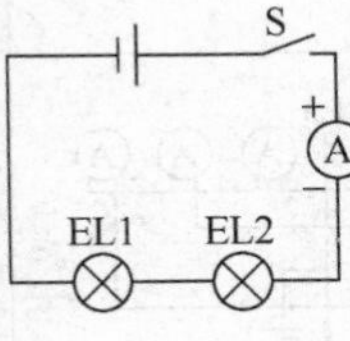	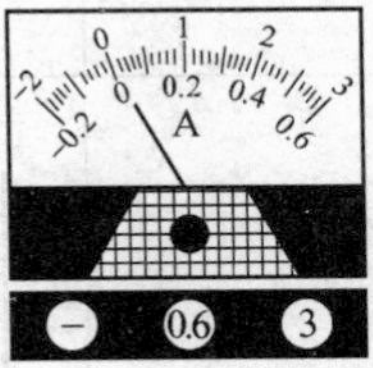	选量程时，要注意先选大量程，后慢慢减小，直至合适 改变量程时，必须先分断电路

（续）

步骤	接线图	仪表指示	注意事项
合上开关，接通电路，观察仪表的偏转情况，正确读取电流的大小			读数时要正确换算指针所指的刻度与满刻度及量程的倍率关系
禁止不经过用电器，将电流表的两接线柱连接到电源的两极上			测直流时，电流表的极性接反或将电流表直接接到电源上都会损坏电流表

当被测电路电流较大时，一般采用将分流器与电流表并联后再与电路串联的方法，如图7-2所示。

2. 交流电流的测量

交流电流的测量方法见表7-8。

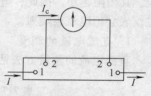

图7-2　电流表与分流器

表7-8　交流电流的测量方法

名称	直接测量线路	带互感器测量线路	测量方法及注意事项
单相交流电流的测量			
三相交流电流的测量			1）电流互感器的二次绕组和铁心都要可靠接地

（续）

名称	直接测量线路	带互感器测量线路	测量方法及注意事项
三相交流电流的测量			2）二次回路绝对不允许开路和安装熔断器，防止高压危及人身安全 3）在负载情况下拆装仪表时必须先将二次绕组短路后才能拆卸

3. 钳形电流表

钳形电流表不需要断开被测电路就能进行电流测量，它准确度较低，但因为使用非常方便，所以在维护工作中得到广泛的应用。

（1）结构原理　钳形电流表的外形如图 7-3 所示。它由电流互感器和整流系电流表组成。电流互感器的铁心可以开合，当捏紧扳手时，铁心张开，让被测电流导线进入铁心中，然后放手松开扳手，使铁心闭合。这时，通过电流的导线相当于电流互感器的一次线圈。二次线圈已在仪表内接好，通过整流电路

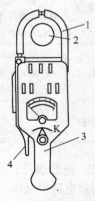

图 7-3　钳形电流表的外形
1—钳形铁心　2—被测导线
3—手柄　4—铁心开口按钮

与电流表连接。通过电流表可指示出被测电流的大小。

（2）钳形电流表的日常维护

1）钳形电流表的准确度比较低，一般在2.5级以下，通常在不便于拆线或不能切断电路的情况下进行测量。

2）为使读数准确，钳口的结合面应保持良好的接触，如有杂声，应将钳口重新开合一次。若杂声依然存在，应检查钳口处有无污垢存在，如有，可用汽油擦拭干净。

3）测量完毕一定要把仪表的量程选择旋钮置于最大量程档，以防下次使用时，因疏忽大意而造成损坏仪表的意外事故。

（3）使用方法　钳形电流表的使用方法见表7-9。

表7-9　钳形电流表的使用方法

步骤	使用说明
机械调零	使用前，检查钳形电流表的指针是否指向零位。如发现没指向零位，可用螺钉旋具轻轻旋动机械调零旋钮，使指针回到零位
清洁钳口	测量前，要检查钳口的开合情况以及钳口面上有无污物。如钳口面有污物，可用溶剂洗净，并擦干；如有锈斑，应轻轻擦去
选择量程	测量时，应将量程选择旋钮置于合适位置，使指针偏转后能稳定停留在某刻度上，以减少测量误差。测量较小电流时，为了使读数较准确，在条件许可时，可将被测导线多绕几圈后放进钳口进行测量，被测电流等于仪表的读数除以放进钳口中的导线圈数
读取数值	紧握钳形电流表手柄，按动铁心开口按钮打开钳口，将被测线路的一根载流导线置于钳口内中心位置，再松开铁心开口按钮，使两钳口表面紧紧贴合，将表持平，然后读数，即为测得的电流值
高档存放	测量完毕，退出被测电线。将量程选择旋钮置于高量程档，以免下次使用时不慎损伤仪表

二、电压表

测量电路中电压的仪表叫作电压表。

1. 直流电压的测量

在工程测量中，通常利用电压表直接与负载并联来测量负载上的直流电压。直流电压的测量方法见表7-10。

表 7-10 直流电压的测量方法

步骤	接线图	仪表指示	注意事项
测量前先观察指针是否在零位，用机械调零进行修正；把电压表并联接入被测电路中			测量直流电压时，必须注意电压表的"＋"、"－"极性
检查接线是否正确；估算被测电的大小，选用合适的量程。一般选取量程时，被测量尽可能处于仪表满刻度的后1/3段			选量程时，要注意先选大量程，后慢慢减小，直至合适 改变直流电压表量程时，必须将其先与电路分开
合上开关，接通电路，观察仪表的偏转情况，正确读取电压的大小			读数时要正确换算指针所指的刻度与满刻度及量程的倍率关系

2. 交流电压的测量

交流电压的测量方法见表 7-11。

表7-11　交流电压的测量方法

名称	直接测量线路	带互感器测量线路	测量方法及注意事项
单相交流电压的测量			1）电压互感器的二次绕组和铁心都要可靠接地 2）二次回路绝对不允许短路，否则互感器将被烧毁 3）二次电压较高时（交流大于100V），要注意人身安全
三相交流电压的测量			

三、万用表

万用电表简称万用表，又称为万能表、多用表。它是一种多功能、多量限便于携带的电工用表，一般的万用表可以用来测量直流电流、电压，交流电流、电压，电阻，电感，电容，音频电平等参数，有的万用表还可以用来测量二极管、晶体管的参数。

万用电表有指针式万用表和数字式万用表两种。

指针式万用表主要由表头、测量电路、转换开关等组成。其原理是把被测量转换成直流电流信号，使磁电式表头指针偏转。

1. 指针式万用表的使用

（1）仪表的放置与零位检查　万用表使用时，要把表平放；检查表针是否指在零位，如不在零位，应进行调节。

（2）插孔（或接线柱）的选择　测量前应检查测试表笔应接在什么位置。红表笔应接在红色或标有"＋"的插孔内（或接线柱上），黑表笔应接在黑色或标有"－"或"＊"的插孔内（或接线柱上），这样测量直流电参量时，永远红表笔接正极，黑表笔接负极，可防止因极性接反而烧坏仪表。有些万用表对特殊量的测量有专门的插孔（如 MF500A 型万用表面板上有 5A 和 2500V 两个专用插孔），在测量特殊量时应把红表笔插到相应的专用插孔内。

（3）测量档位的选择　使用时应根据不同的测量对象，将转换开关旋至相应的档位上。有的万用表有两个转换开关旋钮，使用时要相互配合。例如 MF500A 型万用表，一个是测量档位转换，一个是倍率转换。在进行档位选择时。应特别小心，稍有不慎就有可能损坏仪表。特别是测量电压时如误选了电流或电阻档，将会使表头损坏。所以选择了测量种类后，应仔细检查无误后再进行测量，特别是测试过程中改变被测量时更应小心。

（4）量程的选择　测量电流电压时，应尽量使指针工作在满刻度的 1/2 ~ 2/3 以上的区域；测量电阻时，应尽量使指针指示在量程的 1/3 ~ 2/3 位置处。如果测量前无法估计被测量的大致范围，则应先把转换开关旋至量程最大的位置进行粗测，然后再选择适当的量程进行准确测量。改变量程时，必须将万用表与电路分离。

（5）测量电压　测量电压时，电表应和被测电路并联，如被测量为直流，还应注意极性；如测前不知极性，可选电压最高一档测量范围，然后两表笔快接快离。注意表的偏转方向，以辨别正负。测 1000V 以上的高电压时，必须使用专用的绝缘表笔和引线，先将接地表笔接好（一般为负极），然后一只手拿另一支表笔接在高压测量点上。千万不要两手同时拿着表笔，空闲的一只手也不要接触接地的金属元器件上。表笔、手指、鞋底等应保持干燥，必要时戴上橡胶手套或站在橡胶垫上。测量时最好另有一人看表，以免一人只顾看表而使手触电。

（6）测量电流　测量电流时万用表应与被测电路串联，测量直流电流时还应注意极性。测量大电流时要注意接触点连接紧密可靠。

（7）测量电阻

1）调零。每一次测量电阻都必须调零，改变欧姆倍率档后也必须重新进行调零。当调零无法达到欧姆表零位时，则说明电池电压太低，应更换电池。

2）不允许带电测电阻。若带电测量，不仅测量不准且有可能烧坏表头。所以测量前应先切断电源。电路中有电容时应先放电然后再测量。

3）被测电阻不能有并联支路，否则其测量值是被测电阻与并联支路的电阻并联后的等效电阻。所以，如果不能确定被测电阻上是否有并联支路，必要时应将被测电阻一端从电路中断开再进行测量；而且，测量电阻时不能用手接触两表笔的金属部分，特别是在测量高阻值电阻时更应注意。

4）万用表欧姆档不能直接测量微安表、检流计等表头的电阻，也不能直接测标准电池。

（8）用欧姆档测晶休管参数　用欧姆档测晶体管参数时，一般应选用 $R \times 100$ 档或 $R \times 1k$ 档。因为晶体管所能承受的电压较低，允许通过的电流较小。万用表欧姆低倍率档的内阻较小，电流较大，如 $R \times 1$ 档的电流可达 100mA，$R \times 10$ 档电流可达 10mA；高倍率档的电池电压较高，一般 $R \times 10k$ 以上倍率档电压可达十几伏，所以一般不宜用低倍率档或高倍率档去测晶体管的参数。注意万用表的红表笔与表内电池负极相连，黑表笔与电池正极相连。

（9）正确读数　万用表的表面有很多刻度标尺，应根据被测量的量限在相的标尺上读出指针指示的数值。另外，读数时应尽量使视线与表面垂直，对有反光镜的万用表，应使指针与其像重合，再进行读数。

（10）操作安全事项

1）不允许用手接触表笔金属部分，否则会引起触电或影响测量准确度。

2）不允许带电旋动转换开关，特别是在测量高电压和大电流时。否则，在转换过程中，转换开关的触刀和触点分离和接触瞬间产生电弧，使触点损坏。

3）万用表使用完毕，应将表笔从插口中拔出，并将转换开关置"OFF"位置或交流电最高档。

（11）其他注意事项

1）万用表不能靠近强磁场区（如发电机、电动机等），要防止剧烈振动，不要放在潮湿或高温处。

2）在干燥的天气，万用表表面的玻璃与指针之间易发生静电吸引现象，使指针停在某一刻度不回到零位，这时可站在地上（不绝缘），用湿润的绒布擦拭表盘，表针可返回零位。

3）测量交流电压时，应考虑电压的波形，因万用表交流电压的刻度是按"正弦电压经整流后的平均值换算到交流有效值"来标记的，所以不能用来测量非正弦有效值（非正弦电压或电流有效值一般可用电动系或电磁系仪表来测量）。

（12）指针式万用表常见故障及原因　指针式万用表常见故障及原因见表7-12。

表7-12　指针式万用表常见故障及原因

故障位置	故障现象	可能原因
表头部分	摇动表头，指针摆动不正常，指针停止不动或摆动很大而无阻尼	1）游丝被绞住 2）支撑部位被卡住 3）机械平衡不好 4）表头断线或分流电阻断开 5）游丝断
直流电流部分	无指示	1）表头被短路 2）表头线路脱焊或动圈断路 3）表头串联电阻损坏或脱焊 4）分档开关没接好
	在同一量限内各量限误差不一致，有正也有负	1）分流电阻某一档接触不良或阻值增大，此时一般先正差，后负差 2）分流电阻某一档因烧坏而短路或阻值变小。此时一般先负差，后正差，转到哪一档的分流电阻出现正负误差，就是故障所在
	各档示值偏高	1）与表头串联的电阻值变小 2）分流电阻值偏高 3）表头灵敏度偏高（如重绕动圈或换了游丝后）
	各档示值偏低	1）与表头串联的电阻值变大 2）分流电阻值偏低 3）表头灵敏度偏低
	小量程时指示很快但较大量程无指示	分流电阻损坏或脱焊
	相串联的标准表有显示，而被校表无指示	1）表头线圈脱焊或动圈短路 2）表头被短路 3）与表头串联的电阻损坏或脱焊

（续）

故障位置	故障现象	可能原因
直流电压部分	无指示	1）电压部分开关公用焊接点脱焊 2）最小量限挡附加电阻断线或损坏
	某量限通，其他量限正常	1）转换开关接触不好或断开 2）转换开关触点与附加电阻脱焊
	小量限误差大，量限增大误差减少	小量限附加电阻有故障
	某量限明显不准，其前准确，其后误差随量限增大而减小	该档附加电阻有故障
	某量限后无指示	出现故障的那一挡附加电阻断路
交流电压部分	误差很大，低 1/2 左右	全波整流电路中有一片被击穿
	示值很小或只有轻微摆动	整流器被击穿
	各挡示值均偏低	整流器性能变差，反向电阻减小
	小量限误差大，量限增大误差减少	1）最小量限附加电阻阻值增大 2）表头并联可变电阻活动触点接触不良
电阻档部分	表笔短接指针无指示	1）转换开关公共接触点引线断 2）调零电位器中心焊点引线断 3）调零电位器可动触点串联电阻断
	指针调不到零位	1）电池容量不足 2）转换开关接触不良，电阻增大 3）调零电位器动触点串联电阻阻值增大
	调零时指针跳动不定	1）调零电位器接触不良 2）调零电位器阻值变大
	个别量限误差很大	该档分流电阻变值或烧坏
	个别量限不通	1）转换开关接触不良 2）该档串联电阻开路 3）该档与表头部分并联的电阻烧断

2. 数字式万用表的使用

数字式万用表采用数字显示代替传统万用表的指针指示。数字式万用表具有很高的灵敏度和准确度，显示清晰美观，便于观看，且具有无视差、功能多样、性能稳定和过载能力强等优点，因而得到广泛的应用。

（1）数字式万用表的组成　数字式万用表由信号调节器、直流数字电压表和电源三大块组成，如图7-4所示。其中，信号调节器主要是进行被测参数与直流电压之间的转换，一般包括直流衰减器（进行直流测量）、AC－DC转换（进行交流测量）、I－V转换（进行电流测量）、Ω－V转换（进行电阻测量）等几个主要部分。直流数字电压表由A－D转换、计数器、译码显示器和控制器等组成。

DT—890系列万用表是我国当前较为流行的三位半数字式万用表。

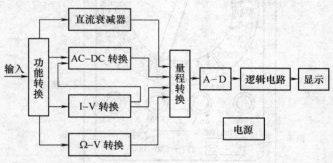

图7-4　数字式万用表的组成

（2）DT—830型万用表的外形结构　DT—830型万用表的面板如图7-5所示。主要包括：显示器部分、电源开关、量程选择开关、h_{FE}插口、输入插孔、输出插孔和电池盒等组成。

1）显示器：采用三位半大字号LCD显示器，最大显示值为1999。仪表具有自动调零和自动极性显示功能，如果被测电压或电流为负，则自动显示负号，仪表还具有电池电压不足提示功能、超量限指示功能等。

2）电源开关：字母"POWER（电源）"置"ON"为开，"OFF"为关。

3）量程开关：为6刀28掷开关，可用万用表的面板时完成测试功能与量程的选择。

4）h_{FE}插口：采用四芯插座，标有B、C、E（E有两个，内部连通）。用于测量晶体管的h_{FE}。

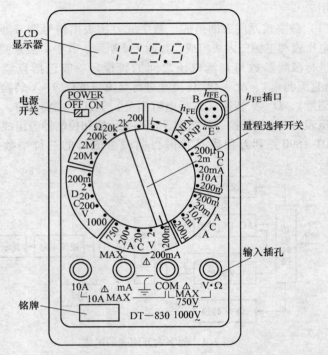

图 7-5　DT－830 型万用表的外形结构

5）输入插孔：共有 4 个输入插孔，分别标有："10A"、"mA"、"COM" 和 "V·Ω"，在 "V·Ω" 与 "COM" 之间标有 750V̰ 和 1000V̰ ，表示从这两个插孔输入的最大交流电压不得超过 750V（有效值），最大直流电压不得超过 1000V，在 "mA" 与 "COM" 之间标有 MAX　200mA，表示最大输入电流为 200mA；在 "10A" 与 "COM" 之间标有 "MAX　10A" 表示最大输入电流 10A。

6）电池盒：位于后盖下方，"OPEN" 表示打开熔丝（0.5A）。

（3）使用方法

1）测量直流电压：电源开关置 "ON"，量程开关置 "DC V" 内合适量程（未知被测量大小时，先用量限的最高档），红表笔接 "V·Ω" 孔，黑表笔接 "COM" 孔。

2）测量交流电压：量程开关置 "AC V" 内合适量程，红表笔插入"V·Ω"孔，黑表笔插入"COM"孔。对被测交流量，要求频率为 45 ~ 500Hz，最大允许输入电压 750V。

3）测量直流电流：量程开关置"DC A"范围内合适档，红表笔接"mA"孔，黑表笔接"COM"孔。当被测电流在 200mA ~ 10A 时，量程开关应接 200mA/10A 档，红表笔"10A"孔。

4）测量交流电流：量程开关置"AC A"范围内合适档，表笔接法同3）。

5）测量电阻：量程开关置"Ω"范围内合适档，红表笔连接"V·Ω"孔，黑表笔接"COM"孔。

注：200Ω 档的最大开路电压为 1.5V，其余电阻档约为 0.75V。

6）测量二极管：量程开关置二极管档，红表笔连接孔，接二极管正极；黑表笔接"COM"孔，接二极管的负极（开路电压为 2.8V）。测试电流为 (1 ± 0.5) mA，测锗管应显示 0.150 ~ 0.300V，测硅管应显示 0.550 ~ 0.700V。

7）测量晶体管：根据晶体管选择"PNP"或"NPN"档，把管子的电极插入 h_{FE} 插孔内。

8）检查线路通断：量程开关置蜂鸣器档，红表笔连接"V·Ω"孔，黑表笔接"COM"孔。当被测电路电阻低于 (20 ± 10) Ω 时，蜂鸣器发出声响，表示该段线路是通的。

（4）使用注意事项

1）使用前认真阅读说明书，熟悉仪表面板结构，弄清面板上各开关、旋钮和插孔等的作用及其使用方法。

2）不应在高温（超过40℃）、低温（低于0℃）、高湿（相对湿度高于80%）以及阳光直射情况下使用和保存。

3）如果事前无法估计被测电流或电压的大小，应先用其量程最高档测量，然后再选用合适的量程。

4）数字式万用表的输入阻抗很高，当两表笔开路时，外界干扰会从输入端窜入，显示出没有规律变化的数字，这属于正常现象，一般情况下不会影响测量准确性，但当被测电压很低，其内阻又超过 1MΩ 时，就会引入外界干扰，必要时可把表笔改接成屏蔽线，将金属屏蔽层接通大地，可消除表笔感应进去的干扰信号。

5）测交流时应用黑表笔（与"COM"孔相连）接被测电压的低

电位端（如信号发生器的公共地端或机壳），以消除仪表对地分布电容的影响，减少误差。

6）数字式万用表交流档反映的被测信号为正弦量时，与其平均值成正比的量（仅通过调节有关电阻，显示有效值），所以不能用于直接测量非正弦量的电压，如方波、矩形波、三角波、锯齿波等。当正弦信号的非线性失真大于 5% 时，测量误差会明显加大。

7）不宜在测量电压、电流时转换量程开关，严禁在测高电压（220V 以上）或大电流（0.5A 以上）时拨动量程开关，以防产生电弧、烧坏开关触点。

8）严禁带电测电阻。

9）在测量电阻或检测二极管时，红表笔接"V·Ω"孔，带正电；黑表笔接"COM"孔，带负电，这与模拟式万用表正好相反。

10）使用 h_{FE}（晶体管电流放大倍数）插孔测量晶体管时，由于测试电压较低，向被测晶体管基极提供的电流仅 $10\mu A$ 左右，集电极电流 I_C 也较小，所以，被测晶体管在低电压小电流下工作，测出的 h_{FE} 仅作参考。对于穿透电流较大的锗管 h_{FE} 的测量值比专用仪器测量值偏高 20% ~ 30%。

（5）数字式万用表的检修

1）A－D 转换器是数字式万用表的心脏，一旦数字式万用表发生故障，应首先检查和判断故障现象是在某一档还是每一档都存在。对所有档都不能工作，应首先检查 A－D 转换电路和电源电路；若仅某一档有问题，其余档正常，说明 A－D 转换电路和电源电路正常。

2）直流 200mV 是三位半数字式万用表的基本量程，其余量程大多是在此基础上扩展而成。因此，检修数字式万用表时，首先应检查该档是否正常工作，并判断故障是在 A－D 部分，还是在其他电路上。

数字式万用表的故障检修比较复杂，不同的型号所使用的元器件也不一定相同，维修时要区别对待，这里不多赘述。

四、绝缘电阻表

绝缘电阻表用于测量电机、电器和线路的绝缘电阻。

1. 绝缘电阻表的结构原理

绝缘电阻表的基本结构是由直流高压电源和磁电系比率表两部分

组成的。直流高压电源多由手摇发电机产生，也有用220V交流电经晶体管整流而来，还有用干电池经晶体管电路转换来。

　　绝缘电阻表的结构原理如图7-6所示，图中单点画线框内为绝缘电阻表的内部线路，固定在同一轴上的两线圈1、2相交成一定的角度。一个线圈与电阻 R_2 串联，另一个线圈与 R_1 及被测电阻 R_x 串联，两支路并联后接到手摇发电机 G 的两端。当摇动发电机时，两线圈

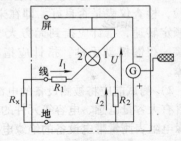

图7-6　绝缘电阻表的结构原理

中同时有电流流过，与永久磁铁作用产生方向相反的转矩，使可动部分偏转，其偏转角与两电流比值大小成反比。绝缘电阻表有三个接线端子，分别为："地"（或"E"）、"电路"（"L"或"线"）、"保护"（"G"或"屏"）。

　　2.　绝缘电阻表的使用方法

　　（1）绝缘电阻表电压等级的选择　一般额定电压在500V以下的电气设备，要选用额定电压为500～1000V的绝缘电阻表，额定电压在500V以上的电气设备应选用1000～2500V的绝缘电阻表。特别注意不要用输出电压太高的绝缘电阻表测量低压电气设备，否则有可能把被测设备损坏。绝缘电阻表常见故障及排除见表7-13。

　　（2）接线　绝缘电阻表三个接线柱接法如下：

　　1）"电路"（或"线"、"L"）：与被测物体上和大地绝缘的导体部分相接。

　　2）"地"（或"E"）：与被测物体的外壳或其他导体部分相连。

　　3）"保护"（或"屏"）：只有在被测体表面漏电很严重的情况下才使用本端子。

　　例如：测量电机或变压器的线圈对地绝缘电阻时，将绕组导线接于"电路"柱上，设备外壳和铁心接于"地"柱上，瓷套管表面绕几圈导线并接于"保护"柱上。测量电缆的芯线对外壳绝缘时，将电缆的芯线接"电路"柱，外壳接"地"柱，芯线的绝缘物接"保护"柱。

（3）测量前的检查

1）使用绝缘电阻表前，应对绝缘电阻表进行一次开路和短路试验，检查仪表是否良好，即在未接被测设备时，摇动绝缘电阻表到额定转速，指针应指到无穷大（∞）；然后将"线路"和"地"短接，缓慢摇动手柄，指针应指在零处。否则说明绝缘电阻表有故障。

2）测试前应将被测设备的电源切断，并接地短路放电 2 ~ 3min，对含有大容量电感、电容等元件的电路也应先放电后测量。决不允许绝缘电阻表测量带电设备的绝缘电阻。

（4）测量　将手摇发电机手柄由慢到快地摇动，若发现指针指零，说明被测绝缘物有短路现象，应立即停止摇动手柄，以免绝缘电阻表过热损坏；若指示正常，则应使转速平稳，且在额定的范围内（一般规定为 120r/min ± 24r/min），等指针稳定后再读数。

（5）测试完毕后的处理　测试完毕后，当绝缘电阻表没有停止转动或被测物没有对地放电前，不可用手去触及被测物的测量部分，也不可进行拆线工作。特别是测量有大电容的电气设备时，必须先将绝缘电阻表与被测物断开，再停止手柄转动。这主要是为了防止电容放电损坏绝缘电阻表。

（6）其他注意事项

1）禁止在雷电时或附近有高压带电导体时使用绝缘电阻表，以防发生人身或设备事故。

2）被测物体表面应擦干净，在表面侵蚀严重而又不易去除，或空气湿度较大时，应使用保护端，以消除表面漏电的影响。

表 7-13　绝缘电阻表常见故障及排除

常见故障	可能原因	排除方法
指针不到"∞"	1）导丝变质、变形，残余力矩增大 2）发电机电压不足 3）电压回路的电阻变质 4）电压线圈间短路或断线	1）修理或更换导丝 2）修理发电机 3）更换回路电阻 4）重绕电压线圈

（续）

常见故障	可能原因	排除方法
指针不到"0"	1）导丝变质、变形 2）电流线圈电阻变化；电阻增大，指针不到零位；电阻减小，超过零位 3）电压线圈电阻变化：电阻减小，指针不到零位；电阻增大，超过零位 4）电流线圈或零点平衡线圈有短路或断线	1）修理或更换导丝 2）更换电流回路电阻 3）更换电压回路电阻 4）重绕电压线圈
发电机发不出电压或电压很低	1）线路接头断线 2）绕组断线 3）电刷磨损、接触不好	1）检查线路，焊牢断线 2）重绕线圈 3）更换电刷 4）焊牢断线，调整接触面
摇发电机时：摇不动/有抖动/有卡碰现象/摇动很重	1）轴承脏、严重缺油 2）轴承弯曲 3）发电机转子与磁扼相碰 4）各齿轮间啮合不好	1）拆洗轴承，重新上油 2）校直 3）拆下发电机检查 4）调整齿轮位置，特别是偏心轮位置
摇发电机时有大滑现象	1）偏心轮固定螺钉松动 2）调速器弹簧或其弹性失灵	1）调整偏心轮位置 2）转动调速器螺母，拉紧弹簧，使摩擦轮压紧摩擦轮

五、功率表

功率，在直流电路中能反映被测电路中电压和电流的乘积（$P=UI$）；在交流电路中，除反映电流与电压之乘积外，还能反映其功率因数。

功率表又叫作电力表或瓦特表，多采用电动式结构，能测直流；也能测交流；可测正弦电路，也可测非正弦电路的功率。

部分常用携带式单相功率表的规格型号见表7-14。

表7-14　部分常用携带式单相功率表的规格型号

名称	型号	额定电流/A	额定电压/V	准确度	接入方式及用途
单相功率表	D19—W	$0 \sim 0.5 \sim 1$, $0 \sim$ $2.5 \sim 5$, $0 \sim 5 \sim 10$	$0 \sim 150 \sim 300$	0.5	直接，携带式
	D26—W	$0 \sim 0.5 \sim 1$, $0 \sim 1 \sim$ 2, $0 \sim 2.5 \sim 5$, $0 \sim$ $5 \sim 10$, $0 \sim 10 \sim 20$	$0 \sim 15 \sim 75 \sim 300$ $0 \sim 150 \sim 250 \sim 500$ $0 \sim 150 \sim 300 \sim 600$	0.5	直接，携带式，交、直流两用
	D51—W	$0 \sim 2.5 \sim 5$	$0 \sim 75 \sim 150 \sim 240 \sim 600$ $0 \sim 48 \sim 100 \sim 240 \sim 480$	0.5	直接，携带式
三相功率表	16D3—W	5	100，127，220	2.5	直接，开关板式，交、直流两用
	16D12—W	5	127，220	2.5	经电流互感器和电压互感器
	19D1—W	5	100	2.5	直接，开关板式，交、直流两用
		5	127，220，380	2.5	经电流互感器

1. 直流电路功率的测量

直流电路内负载功率 $P = UI$。因此，只要用直流电流表和电压表测量出电路中的电流和电压值，两者相乘即可。当电压表的内阻 $R_v >> $ 负载电阻 R_z 时，可按图7-7a接线。当电流表的内阻 $R_A << R_z$ 时，可按图7-7b接线。如果用直流功率表来测量直流电路的功率如图7-6所示接线，功率表的读数就是被测负载的功率值。

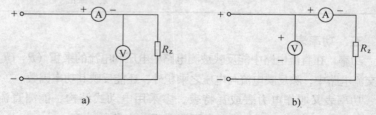

图7-7　用直流电流表和电压表测量功率的电路

a) $R_v >> R_z$ 时　b) $R_A << R_z$ 时

2. 单相交流电路功率的测量

在单相交流电路内，负载的功率 $P = UI\cos\varphi$，它可以用交流电流表、交流电压表和功率因数表测得的三个数值相乘求得。但由于此法用表较多，内阻影响大，又需同时读数，故一般不采用。常用的测量方法是用功率表（瓦特表）直接测得。这是一种电动系交直流两用功率表，它由两组线圈组成：一组是电流线圈，负载电流通过它；一组是电压线圈。指针的偏转与负载的电压、电流以及它们的相位差的余弦乘积成正比，因此可以测量交流电路的功率。

由于它的测量与电流、电压之间的相位有关，所以电流线圈与电压线圈的接线必须按规定的方式连接，才能获得正确的测量值。仪表上注有"＊"或"＋，－"符号的端点应接在一起，如图 7-8 所示。

要注意功率表的读数是偏移格数，而实际功率值还要经过计算。

当需要对高电压、大电流电路进行功率测量时，功率表的量程不够，可按图 7-9 接线这时电路的功率为

$$P = P_1 K_1 K_2$$

式中　P——被测功率；

　　　P_1——功率表的读数；

　　　K_1——电流互感器一次电流与二次电流的比值；

　　　K_2——电压互感器一次电压与二次电压的比值。

当测量低功率因数负载的有功功率时，为了减小误差需要采用低功率因数瓦特表。

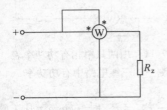

图 7-8　用功率表测
量功率的电路

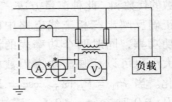

图 7-9　带有互感器的功
率表测量功率的电路

3. 三相交流电路功率的测量

在三相交流电路内，平均有功功率计算公式如下：

当负载星形联结时：

$$P = U_{L1}I_{L1}\cos\varphi_{L1} + U_{L2}I_{L2}\cos\varphi_{L2} + U_{L3}I_{L3}\cos\varphi_{L3}$$

当三相电路完全对称时，三相电路的平均功率为

$$P = 3U_xI_x\cos\varphi_x = \sqrt{3}UI\cos\varphi$$

式中　U_x、I_x——相电压、相电流的有效值；

　　　　U、I——线电压、线电流的有效值；

　　　　$\cos\varphi$——平均功率因数。

（1）有功功率的测量

1）三相四线电路中有功功率的测量方法：用三只单相有功功率表按图7-10接线。此种方法无论三相电压是否对称，也无论三相电流是否平衡，测量的结果总是正确的。当三相电压全平衡且三相电流也完全对称时，可以用图中任何一只功率表来测量，然后把该表的读数乘以3就是三相有功功率值。

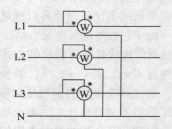

图 7-10　用三只单相有功功率表测三相四线电路中有功功率

注：同名端的接法。

2）三相三线电路中有功功率的测量方法：

① 双功率表法。按图7-11接线，无论负载是星形联结还是三角形联结，三相功率值是两只瓦特表读数的代数和。此种测量方法，可以正确反映出三相三线电路中的有功功率，同时两个功率表的读数大小也可以反映出功率因数的变化。当 $P_{L1} = P_{L3}$ 时，$\cos\varphi = 1$；

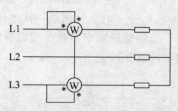

图 7-11　用两只单相有功功率表测三相三线电路中有功功率

当 $P_{L1} = 0$ 时，$\cos\varphi = 0.5$（感性）；当 $-P_{L1} = P_{L3}$ 时，$\cos\varphi = 0$（感性）。应注意的是，每只瓦特表上承受的是线电压。

② 三相有功功率表法。用三相有功功率表进行测量的接线，如图7-12所示，三相有功功率表实际上相当于两个单相功率表组合在一起的铁磁电动系（或电动系）仪表。它有两个电压主线圈和两个电流线圈，分别接于电路之中，其内部接法就是图7-13的两功率表

法。当采用电压或电流互感器时，电路的实际功率 P 为电表的读数 P_1 乘以电压互感器和电流互感器的比率，即 $P = P_1 K_1 K_2$。

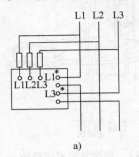 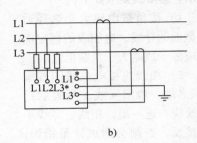

图 7-12　三相有功功率表的接线

a）直接接入法　b）带有电流互感器的接法

（2）无功功率的测量　如图 7-13 所示，用两只单相有功功率表，采用跨相 90°接法，可以测量对称三相交流电路的无功功率。其值为两只有功功率表读数之和乘以 $\sqrt{3}/2$，单位为乏（var）。

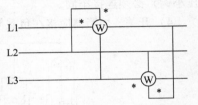

图 7-13　用两只单相有功功率表跨相 90°测量三相电路中无功功率

六、电能表

电能表又称为千瓦时表，是用来测量某一时间段发电机发出的电能或负载消耗的电能的仪表。

根据工作原理分类，电能表可分为感应式和电子式，在一般情况下，大多采用交流感应式电能表。根据接入方式分类，电能表可分为单相有功、三相三线有功、三相四线有功、三相三线无功和三相四线无功。根据付款方式，电能表可分为普通电能表和预付费电能表。

1. 感应式电能表

感应式电能表是利用电磁感应的原理制作的。它由载流线圈产生交变磁场，在可动部分导体中产生感应电流，感应电流又和交变磁场相互作用产生驱动力矩，使仪表工作。

（1）单相电能表的结构和接线　单相电能表由驱动元件（包括电压元件和电流元件）、转动元件、制动元件和计数机构等组成，如

图 7-14 所示。

单相电能表的接线如图 7-15 所示。其接线要求如下：

1）按负载电流大小选择适当截面的导线，电能表的标定电流应等于或略大于负载电流。

2）相线应接电流线圈首端（同名端一般用 * 或 + 号表示），零线应一进一出，相线、零线不能接反，否则会造成计量错误，甚至很不安全。

3）电能表电压连接片（电压小钩）必须连接牢固。

4）开关、熔断器应接在负载侧。

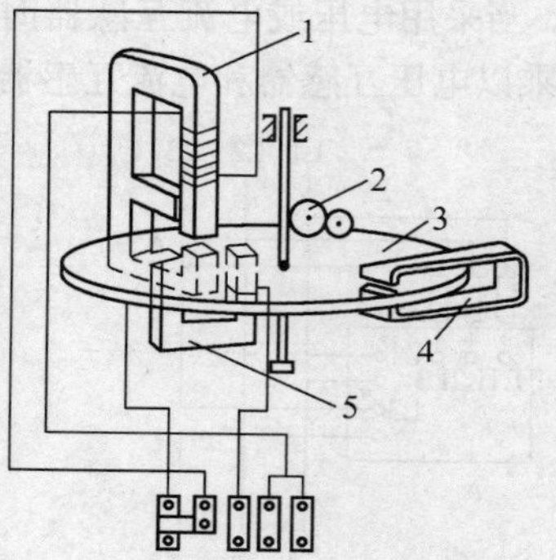

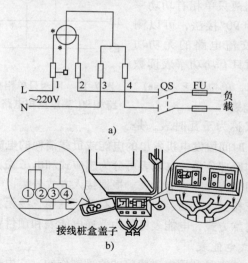

图 7-14　单相电能表的结构

1—电压元件　2—计数机构

3—铝盘　4—制动磁铁　5—电流元件

a)

接线桩盒盖子

b)

图 7-15　单相电能表的接线

a）原理　b）实物

（2）三相有功电能表的接线原理　三相有功电能表的接线原理如图 7-16 和图 7-17 所示。

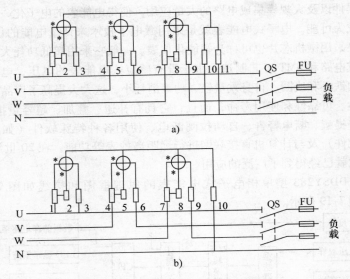

图 7-16　三相四线电能表的接线原理

a）DT—25A 型　b）DT—40~80A 型

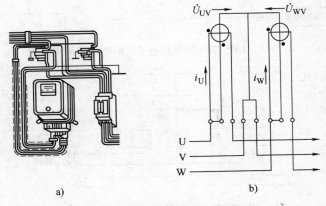

图 7-17　三相三线电能表的接线原理

a）实物　b）接线原理

2. 电子式电能表

由于微电子技术和计算机技术的发展，高精度、高可靠性的电子元器件以及大规模集成电路的大量应用，使得电能表的电子化、微机化成为可能。电子式电能表就是采用微电子技术来计量电能的仪表，如果采用微机芯片也可称为智能化仪表。一般它采用超低功耗大规模集成电路和 SMT 工艺制造，由于没有感应式电能表的电压、电流元件的铁心和线圈，自身重量轻、功率消耗小，这大大提高了产品的节能性、可靠性和使用寿命；而且，它具有补遗、叠加、超容量报警、预警提醒、断电警告、自动拉闸断电、使用各种特殊软件（如防窃电软件）及与计算机直接联网进行远距离抄表等功能，在 20 世纪 90 年代就已经得到了广泛的应用。

　　DDSY283 型单相电子式电能表的原理框图和接线如图 7-18 和图 7-19 所示。

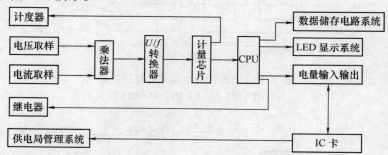

图 7-18　DDSY283 型单相电子式电能表的原理框图

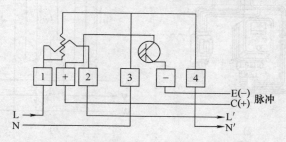

图 7-19　DDSY283 型单相电子式电能表的接线

　　3. 电能表的安装与维护

　　（1）安装　电能表属于在基准法规规范下的测量仪器，它的安装要求如下：

1）电能表在出厂前经检验合格并加铅封。所以，首先应检查铅封是否完好，对于无铅封或铅封已开过的仪表，应请有关部门重新检验后方可使用。

2）安装环境中如有潮湿、污染、振动、机械接触等，可能引起电能表测量功能的损坏，必须对其予以重视，且确实加以防护。

3）电能表的安装地点必须满足特殊需要，原则上不能在起居室、厨房、厕所、浴室与盥洗室、储存间、潮湿房间、地下室、汽车库、油库、具有高温的暖气间、有火灾危险的工作间等处安装，应安装在室内通风干燥的地方。例如，专门的电能表房间，用户引入线的房间、走廊、楼梯间（但不是在梯级上）。尤其是电子式电能表，电子产品对温度、湿度的要求都很高，应该按照有关规定进行安装。

4）电能表用 3 根螺钉固定，底座应固定在坚固、耐火、不易振动的物体上，确保安装使用的安全性、可靠性，在有污秽或有可能损坏仪表的场所，仪表应用保护柜保护。尤其是电子式电能表内部采用插件较多，如果受到剧烈振动，很可能使插件板松动、元器件脱焊、接触不良甚至接线断开等，造成仪表故障。

5）从地面到电能表中部的距离应不小于 1.1m，且不大于 1.85m。

6）为了避免不允许的高温，电能表上部的接线空间不允许作为线路分配器来使用。

7）为了装设必要的过电流保护机构与线路器件，要求有足够的空间和保证损耗热量充分排出。

8）对于灯和电流回路插座的过电流保护机构，应装入导线保护开关。

9）电能表应按接线图正确接线。接线端钮盒的引入线应使用铜线或铜接头，端钮盒内螺钉应拧紧，避免因接触不良或引线太细发热而引起烧毁。

（2）维护

1）在电子式电能表编程中，使用校表台用手持终端编程器时，要关掉校表用的红外线光源及其他红外线光源。在红外通信时，RS—485 接口不能操作；同样，在 RS—485 接口操作时，红外通信也不能同时进行。在对电能表设置计量常数时，不应有电流，否则可能会产生计量误差。不要将所有仪表编为同一编号，否则仪表在一起将无法进行红外线编程，也无法进行远程联网集中抄表。

2）在使用时，应经常有计划周期性地对电能表进行检查。外观检查主要有：外壳、接线柱、表壳玻璃等是否完好；表面是否清洁，连接铜线是否松动，铜线绝缘层是否有烧结的迹象。

4. 电能表常见故障与检修

（1）感应式电能常见故障与检修　感应式电能表常见故障及排除方法见表7-15。

表7-15　感应式电能表常见故障及排除方法

常见故障	可能原因	排除方法
计量电量偏少	1）机械计度器传动比不合理 2）计度器卡字 3）蜗轮、蜗杆和齿轮没有啮合好 4）电压、电流铁心磁极与回磁极间的气隙不合理 5）铝盘和转轴安装不平衡	1）更换符合实际的传动元件 2）检修或更换计度器 3）调整啮合部件，并加适当的润滑油 4）反复调整气隙 5）重新调整铝盘和转轴的平衡度，并加适量的润滑油
计量电量偏多	1）机械计度器传动比不合理 2）计度器字轮损坏 3）电压或电流线圈的匝数不准确 4）制动的永久磁铁失磁 5）电压、电流铁心磁极与回磁极间的气隙不合理	1）更换符合实际的传动元件 2）更换计度器字轮 3）重新调整电压或电流线圈及重新调试 4）更换永久磁铁 5）反复调整其中气隙
电能表反转	单相电进出接线错误，三相电正相序接成逆相序	重新将线接正确
潜动现象造成计量误差	1）装配不当或受振动、冲击 2）校验时错位或调整不当电网三相电压不平衡 3）三相电能表防潜装置安装位置不合理或接线中造成该电压线圈断相 4）电流铁心一边的线圈因各种原因发生短路时，形成对铝盘不对称的电流工作磁通，于是产生不对称的涡流损耗，这就破坏了力矩的平衡关系，其结果使电流线圈短路侧的合成潜动力较大	1）执照要求正确装配，安装在坚固、耐火、不易振动的物体上 2）重新调校电能表 3）重新合理分配三相负载 4）重新安装防潜装置中的电压线圈位置，重新接线。找出故障点，并进行相应处理

（2）电子式电能表常见故障与检修　电子式电能表常见故障及排除方法见表7-16。

表7-16　电子式电能表常见故障及排除方法

常见故障	可能原因	排除方法
计量电量偏少	1）光电头发生故障，不计脉冲 2）光电头灵敏度不够，丢失某些采样 3）光电传感器安装位置松动，使反射信号无法接收 4）反射标志过窄，使光敏传感器来不及反应 5）反射标志颜色过浅，使光敏传感器无法识别 6）传输电路或插件接触不良 7）单片机死机 8）电压过低	1）更换光电头 2）调整光电头灵敏度 3）重新安装光电头传感器，调试使其处于适当位置 4）加宽反射标志 5）采用深黑色反射标志 6）查找接触不良位置，重新连接或换用新的插件 7）将所有电源断开，过一段时间再起动，使单片机复位，或更换单片机 8）换用电压工作范围宽的电子元器件
计量电量偏多	1）转盘不洁，造成光电头误将杂物当成反射标志 2）反射标志有疵点，造成连读 3）开关闭合时产生脉冲毛刺，造成脉冲数多计量	1）清洁或更换转盘 2）重新涂抹反射标志 3）加强表的抗干扰性能，电路中增加门电路
显示故障	1）显示驱动电路故障 2）相关管脚虚焊 3）数码管或液晶片本身的缺陷	1）找出故障点，并进行相应处理 2）虚焊部分重新焊接 3）更换数码管或液晶片
电源电路故障	1）交流部分无电压，接线断开 2）变压器、压敏电阻、滤波电容器、稳压二极管虚焊或已损坏	1）找出故障点，将进行相应处理 2）虚焊部分重新，损坏部分更换
剩余电量为零时不断电	1）继电器或断路器损坏 2）断电驱动电路损坏	1）更换继电器或断路器 2）找出故障点，并进行相应处理

（续）

常见故障	可能原因	排除方法
表不认IC卡	1）插入时间过短 2）卡座故障 3）IC 卡未插到位，使卡座上的引脚与簧片接触不良 4）RS—485 通信故障	1）适当延长 IC 卡插入时间 2）更换卡座 3）重新插入，且要到位 4）重新插入接口，且要到位
红外读数故障	1）距离或位置不对 2）电池不足 3）红外线接收器或发射器故障	1）调整和缩短抄表位置 2）更换电池 3）更换故障元件
超限定功率不跳闸	1）整机抗干扰性能差 2）继电器损坏使之不跳闸	1）送厂家维修或换一种产品 2）更换继电器
继电器跳闸后不能恢复	1）设计时起动电压过高 2）继电器损坏	1）更换继电器 2）更换继电器

第八章　照明装置和照明线路的安装与维修

　　照明电源线取自三相四线制低压线路上的一根相线和中性线。我国照明电路统一的电压标准为 220V。

第一节　照明装置的安装和维修

一、工厂常用照明灯具类型的选择

　　常用照明灯具的类别和应用见表 8-1。

表 8-1　常用照明灯具的类别和应用

类　别	特　点	应用场所
白炽灯	1）构造简单，使用可靠，价格低廉，装修方便，光色柔和 2）发光效率较低，使用寿命较短（一般仅 1000h）	广泛应用于各种场所
碘钨灯	1）发光效率比白炽灯高 30% 左右，构造简单，使用可靠，光色好，体积小，装修方便 2）灯管必须水平安装（倾斜度不可大于 4°），灯管温度高（管壁可达 500~700℃）	广场、体育场、游泳池，工矿企业的车间、仓库、堆厂和门灯，以及建筑工地和田间作业等场所
荧光灯	1）发光效率比白炽灯高 4 倍左右，寿命长，比白炽灯长 2~3 倍，光色较好 2）功率因数低（仅 0.5 左右），附件多，故障率较白炽灯高	广泛应用于办公室、会议室和商店等场所
高压汞灯 （高压水银荧光灯）	1）发光效率高，约是白炽灯的 3 倍，耐振、耐热性能好，寿命是白炽灯的 2.5~5 倍 2）起辉时间长，适应电压波动性能差（电压下降 5% 可能会引起自熄）	广场、大型车间、车站、码头、街道、露天工厂、门灯和仓库等场所
管形氙灯 （小太阳）	1）功率极大，自几千瓦至数十万瓦，体积小，寿命长 2）灯管温度高，需配用触发装置	大型广场、车站和码头，以及大型体育场和工地等场所

二、白炽灯的安装和维修

1. 开关及插座的安装

根据导线的敷设方式，开关及插座的安装有凸出式和嵌入式两种。

（1）凸出式安装　该方法主要是针对明敷导线的开关和插座的安装，其方法如下：

1）将木台（俗称圆木）固定在混凝土的预埋木砖上或木质墙壁上，若墙中无预埋木砖，可用较大冲击钻头在墙上钻孔，然后将木楔用锤子打入孔中，将穿好导线的木台固定在木楔上。

2）木台固定好后，将开关或插座用木螺钉固定在木台上。在安装时应使开关向上操作为接通，向下操作为断开。对于插座应按规定接线：对单相双孔插座，当双孔竖直排列时，上孔接相线，下孔接零线；当双孔水平排列时，左孔接零线，右孔接相线；而对单相三孔插座，上孔接保护线（接地或接零），左孔接零线，右孔接相线。

（2）嵌入式安装　该方法适用于暗敷导线的开关和插座的安装，它要求在建造房子时应将开关及插座的接线盒预埋到墙体中。对于已建成的墙体采用这种方法安装开关和插座时，因后埋的接线盒不牢固而影响安装质量和用户的正常使用，故很少用。在安装时应注意开关及插座的接线规定要求。

2. 线头与接线柱的连接

1）常用的接线柱有两种形式，即针孔式和螺钉平压式，如图8-1所示。

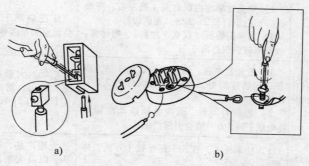

a)　　　　　　　　　　　b)

图 8-1　接线柱形式

a）针孔式　b）螺钉平压式

2）小截面积铝芯导线与接线柱连接时，必须留有能供再剖削2～3次线头的长度，否则线头断裂后无法再与接线柱连接。留出余量的导线，要按图8-2所示盘绕成弹簧状。

3）小截面积导线与平压式接线柱连接时，必须把线头弯成羊眼圈，羊眼圈的弯曲方向应与螺钉拧紧方向一致，如图8-3所示。羊眼圈内径不可太大，以防拧紧时散开。

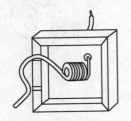

图 8-2　余量导线的处理方法　　　图 8-3　羊眼圈的安装

4）较大截面积导线与平压式接线柱连接时，线头必须装上接线耳，由接线耳再与接线柱连接。接线耳与导线的压接方法如图8-4所示。

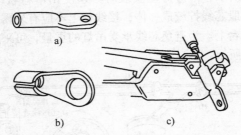

图 8-4　接线耳与导线压接方法

a）大载流量用接线耳　b）小载流量用接线耳　c）铝芯线与接线耳的压接方法

5）芯线线头与针孔的直径不相配时，横截面积过小的单股芯线，按图8-5所示方法折弯。

6）软线线头与接线柱连接时，不允许有芯线松散和外露现象。在平压式接线柱上连接时，应按图8-6所示方法进行连接，以保证连接牢固。

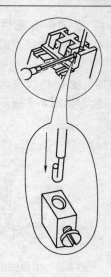

a)

线头
压入

b)

图 8-5　横截面积过小的
单股芯线处理方法

图 8-6　软线线头的连接方法
a）围绕螺钉后再自缠
b）自缠一圈后线头压入螺钉

3. 螺口灯座安装实例

　　如图 8-7 所示，吊灯灯座安装时必须使用塑料软线（或花线），而且必须把多股芯线拧绞成一体，接线柱上不应有外露芯线，接线盒必须安装在木台上。为避免芯线承受吊灯的重量，可采用线端打结方法，如图 8-8 所示。

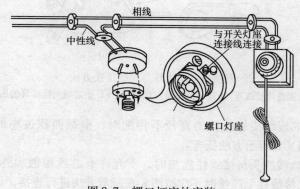

相线

中性线

与开关灯座
连接线连接

螺口灯座

图 8-7　螺口灯座的安装

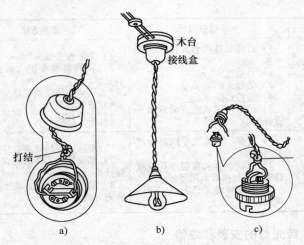

图 8-8 避免芯线承受吊灯重量的方法
a) 接线盒安装 b) 装成的吊灯 c) 灯座安装

4. 白炽灯的常见故障和排除方法（见表 8-2）

表 8-2 白炽灯的常见故障和排除方法

故障现象	可能原因	排除方法
灯泡不发光	1）灯丝断裂 2）灯座或开关触点接触不良 3）熔丝烧毁 4）电路开路 5）停电	1）更换灯泡 2）把接触不良的触点修复，无法修复时，应更换完好的 3）修复熔丝 4）修复线路 5）开起其他用电器加以验明，或观察邻近不是同一个进户点用户的情况加以验明
灯泡发光强烈	灯丝局部短路（俗称搭丝）	更换灯泡
灯光忽亮忽暗或时亮时暗	1）灯座或开关触点（或接线）松动，或因表面存在氧化层（铝质导线、触点易出现） 2）电源电压波动（通常由附近有大容量负载经常起动引起） 3）熔丝接触不良 4）导线连接不妥，连接处松散	1）修复松动的触点或接线，去除氧化层后重新接线，或去除触点的氧化层 2）更换配电变压器，增加容量 3）重新安装或加固压接螺钉 4）重新连接导线

（续）

故障现象	可能原因	排除方法
不断烧断熔丝	1）灯座或挂线盒连接处两线互碰 2）负载过大 3）熔丝太细 4）线路短路 5）胶木灯座两触点间胶木严重烧毁	1）重新接妥线头 2）减轻负载或扩大线路的导线容量 3）正确选用熔丝规格 4）修复线路 5）更换灯座
灯光暗红	1）灯座、开关或导线对地严重漏电 2）灯座、开关接触不良，或导线连接处接触电阻增加 3）线路导线太长太细、线压降太大	1）更换完好的灯座、开关或导线 2）修复接触不良的触点，重新连接接头 3）缩短线路长度，或更换较大截面的导线

三、荧光灯的安装和维修

1. 荧光灯的组成

荧光灯是应用比较广泛的一种光源，由灯管、辉光启动器、镇流器、灯架和灯座等组成，如图 8-9 所示。

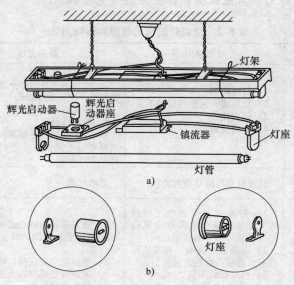

a)

b)

图 8-9　荧光灯

a）组成部件和布线　b）弹簧式灯座

2. 荧光灯的安装

荧光灯的安装分吸顶式、吊链式及钢管悬吊式等，前两种比较普遍，使用时应注意镇流器的型号及接线，特别是带有副线圈的镇流器，应严格按照说明书接线，因镇流器是一个大电感，功率因数低，必要时在荧光灯的相线及中性线上配用一只 $220V/4.75\mu F$ 的电容器，以提高功率因数，其接线如图 8-10 所示，开关一定接在相线侧。

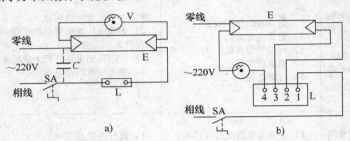

图 8-10　荧光灯的接线

a）典型接线　b）四插头镇流器的荧光灯接线

E—荧光灯管　L—镇流器　V—启动器　SA—开关

3. 荧光灯故障的维修

荧光灯的常见故障比较多，其常见故障现象、可能原因和排除方法，见表 8-3。

表 8-3　荧光灯常见的故障现象、可能原因和排除方法

故障现象	可能原因	排除方法
灯管不发亮	1）无电源 2）灯座触点接触不良，或电路线头松散 3）启动器损坏 4）镇流器绕组或管内灯丝断裂或脱落	1）验明是否停电，或熔丝烧断 2）重新安装灯管，或重新连接已松散线头 3）先旋动启动器，试看是否发光；再检查线头是否脱落，排除后仍不发光，应更换启动器 4）用万用表低电阻档测量绕组盒灯丝是否通路；20W 及以下灯管一端断丝，可把两脚短路，仍可使用

（续）

故障现象	可能原因	排除方法
灯管两端发亮，中间不亮	启动器接触不良，或内部小电容击穿，或基座线头脱落；或启动器已损坏	检查小电容击穿，可剪去后复用
起辉困难（灯管两端不断闪烁，中间不亮）	1）启动器配用不成套 2）电源电压太低 3）环境气温太低 4）镇流器不配套 5）灯管老化	1）换上配套的启动器 2）调整电压或缩短电源线路，使电压保持在额定值 3）可用热毛巾在灯管上来回烫熨 4）换上配套的镇流器 5）更换灯管
灯光闪烁或管内有螺旋形滚动光带	1）启动器或镇流器连接不良 2）镇流器不配套 3）新灯管暂时现象 4）灯管质量不佳	1）接好连接点 2）换上配套的镇流器 3）使用一段时间会自行消失 4）无法修理，更换灯管
镇流器过热	1）镇流器质量不佳 2）起辉情况不佳 3）镇流器不配套 4）电源电压过高	1）正常温度以不超过 65℃ 为限，过热严重的应更换 2）排除起辉系统故障 3）换上配套的镇流器 4）调整电压
镇流器异声	1）铁心叠片松动 2）铁心硅钢片质量不佳 3）绕组内部短路 4）电源电压过高	1）紧固铁心 2）更换硅钢片 3）更换绕组或镇流器 4）调整电压
灯管两端发黑	1）灯管老化 2）起辉不佳 3）电压过高 4）镇流器不配套	1）更换灯管 2）排除起辉系统故障 3）调整电压 4）换上配套的镇流器
灯管光通量下降	1）灯管老化 2）电压过低 3）灯管处于冷风直吹场合	1）更换灯管 2）调整电压，或缩短电源线路 3）采取遮风措施

四、其他灯具安装时的注意事项

1. 高压汞灯

首先弄清楚高压汞灯是否需要配置镇流器，在安装过程中，高压汞灯要垂直安装，且其外玻璃壳的温度很高，必须装有散热良好的灯具，在外玻璃壳破碎后，为防止大量紫外线对人体的伤害，必须立即更换高压汞灯。

2. 碘钨灯

碘钨灯要求电压波动不宜超过 2.5%；需水平安装时，由于灯管的温度较高（近 600℃），一定要加灯罩，并且与易燃结构的厂房保持一定的距离，其灯脚引线必须采用耐高温的导线，不得用普通导线，也正因为温度高，抗振性能差，故不能作为移动光源使用。

3. 金属卤化物灯

金属卤化物灯有钠铊铟灯及镝灯，使用时通常都需要附加镇流器，其接线与高压汞灯类似，在使用时应严格按照说明书的要求进行。

金属卤化物灯对线路电压要求较高，电压一般控制在 5% 范围内，在使用时还必须配置玻璃罩，以防止紫外线辐射伤害人体，若无玻璃罩，悬挂高度不低于 14m。管形镝灯安装方法有三种：即水平安装；垂直安装且灯头在上；垂直安装且灯头在下。在安装时若将垂直点燃的灯水平安装，灯很容易爆裂；而将灯头方向调错，则光色将会偏绿。与碘钨灯一样金属卤化物灯的玻璃壳温度很高，必须考虑散热条件。

4. 低压安全灯

一般工作环境的照明采用 220V 的灯具，但在工作环境恶劣的场所，局部照明采用电压为 24V 以下的低压安全灯，对于井下、工作地点狭窄、金属内工作的场所，其携带式照明灯不高于 12V，通常采用 6V 的照明，电源由专用的行灯变压器供给，该行灯变压器必须是双绕组变压器，保证一次绕组、二次绕组之间只有磁联系而不存在直接电联系，同时要求该变压器的高压侧必须装设熔断器。

对于携带式低压安全灯，安装及使用时必须注意以下几点：

1）灯体及手柄使用坚固的耐热及耐湿绝缘材料制成。

2）灯体、灯座、灯泡安装可靠，不允许出现转动及松动情况。

3）灯泡应该设有可靠保护网罩，一般选用金属保护网，且保护网的上端应固定在灯具的绝缘部分上，保护网必须用专用工具方可取下。

4）电源导线应选用软电缆，禁止用带开关的灯头。

五、照明配线的一般要求

照明电路属于室内配线，分为明配线和暗配线两种。明配线是指导线沿墙壁、天花板、木桁架及柱子等明敷设；暗配线是指导线穿管埋设在墙内、地坪内进行敷设。

照明配线的一般要求如下：

1）所使用导线的额定电压应大于线路的工作电压。

2）配线时应尽量避免导线有接头。

3）明配线路在建筑物上应水平或垂直敷设。水平敷设时，导线距地面不小于 2.5m；垂直敷设时，导线距地面不小于 2m。若不满足上述条件，导线应穿钢管。

4）导线穿过楼板时，穿钢管的长度应从楼板 2m 高处到楼板下出口处为止。

5）导线穿过墙壁时要用瓷套管保护，且瓷套管两端分别超出墙面不小于 10cm。

6）当导线互相交叉时，为避免碰线，在每根导线上套上绝缘套管，并将管固定牢靠，不使其移动。

第二节　导线规格及选用

一、导线的型号

1. 绝缘导线的型号

导线可按其导电材料、绝缘材料、保护层材料、线芯形状、外形、敷设条件及使用范围等进行分类。目前我国对绝缘导线型号的规定如下：

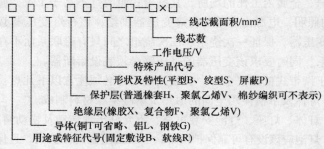

$$
\square\ \square\ \square\ \ \square\ \square\ \ \square—\square—\square\times\square
$$

- 线芯截面积/mm²
- 线芯数
- 工作电压/V
- 特殊产品代号
- 形状及特性(平型B、绞型S、屏蔽P)
- 保护层(普通橡套H、聚氯乙烯V、棉纱编织可不表示)
- 绝缘层(橡胶X、复合物F、聚氯乙烯V)
- 导体(铜T可省略、铝L、钢铁G)
- 用途或特征代号(固定敷设B、软线R)

例如：RX—250—3 × 2.5 表示额定电压 250V、线芯截面积 2.5mm² 、橡胶、绝缘棉纱编织铜软线。

2. 裸导线的型号

裸导线用于 6kV 及以上的高压架空线路，其相间及对地绝缘水平由固定导线的绝缘子的工作电压决定。其型号有 3 种：铝绞线（LJ）、铜绞线（TJ）及钢芯铝绞线（LGJ）。目前，我国对裸导线型号规定如下：

LJ 或（TJ、LGJ）—导线截面积（mm²）

例如：LT—95 表示截面积为 95mm² 的铝绞线，LGJ—95 表示截面积为 95mm² 的钢芯铝绞线。

需要说明的是，对于钢芯铝绞线，其截面积是指铝绞线部分的截面积，不包括钢芯截面积。上面提到的 LGJ—95，"95" 表示铝绞线部分的截面积是 95mm² 。

二、导线的选用

由于导线都有一定的电阻，当有电流通过时，该电阻就会消耗电能，从而使导线的温度升高。当导线温度升高到超过规定的限度时，轻则加速绝缘材料的老化，缩短使用寿命，重则损坏绝缘，甚至造成事故。通常将各种导线长期最大允许通过电流称为"载流量"。

1. 导线类型的选择

在选用导线时应根据特定的使用场合和各类导线的使用范围、具体性能而定，而导线的截面积主要根据通过电流的大小来确定。

在需要移动的场合，应选用软线，不应采用单芯线；而固定不动的场合应选用单芯线。

2. 导线截面积的选择

确定导线截面积的方法有多种，常用"按发热条件"和"按电压损失条件"两种方法来确定导线的截面积，对于架空线，还应作其机械强度的校验。

（1）根据发热条件选择导线截面积

1）导线和电缆必须满足的发热条件：电流通过导线时，在导线里因电阻损耗而产生热量，导线的温度就会升高。温度过高时，将使其绝缘损坏，甚至引起失火。同时，还会使导线接头处氧化加剧，增大接触电阻，使之进一步氧化，甚至发展到断线。

为了防止导线的绝缘材料因过热而受损，以及防止导线连接点氧化或融化，规定导线的最高允许温度为：橡胶绝缘导线为 55℃，裸导线为 70℃。

根据规定的导线最高允许温度和周围环境及敷设条件，对一定型号导线的每一种标准截面积，规定了最大允许持续电流 I，如果导线最大负荷电流为 I_c，则按下式选择导线截面积，即

$$I \geqslant I_c$$

由于铝的电阻率是铜的 1.69 倍，在相同的环境条件下，等截面积铜导线的载流量是铝导线的 1.3 倍；若以通过电流来考虑，则相同负载电流铝导线的截面积是铜导线的 1.69 倍。

2）中性线截面积的选择：三相四线制线路中的中性线，由于正常情况下通过的电流为三相不平衡电流或零序电流，通常较小，因此规定，中性线截面积不得小于相线截面积的 50%。

但是对于三次谐波电流相当突出的三相四线制电路和单相线路的中性线，由于其中通过的电流接近或者与相线电流相等，故中性线截面积应与相线截面积相等。

（2）根据允许电压损失选择导线截面积　各种负载都是按一定的额定电压 U_N 设计的。但实际上线路有电压损失，负载端电压 U_2 不一定等于它的额定电压，并且还会随着负载大小而变化。所谓线路上的电压损失，就是指线路始端电压 U_1 与末端电压 U_2 间的差值，即

$$\Delta U = U_1 - U_2$$

电压损失通常用相对值 ΔU 来表示，即

$$\Delta u = \Delta U / U_N \times 100\%$$

电压损失应有一定的允许值，对于电动机负载，不得超过 5%。

三、导线的检查与保存

1. 检查

1）购买导线时，应先检查产品合格证及相关技术证件是否齐全，产品型号、规格与说明书是否一致等。

2）导线盘装整齐，外表光滑，成色一致，粗细均匀，绝缘层均匀，无擦伤、划痕、起皮、毛刺、粗糙及发霉等现象。

2. 保存

对于暂时不用的导线，存放时应注意如下几点：

1）仓库应保持阴凉、干燥、通风、无日光直射、无有害气体，温度一般应控制在 10～35℃。

2）堆放时下边应适当垫高，以便底层通风良好，且堆层不宜太高，以免底层导线久压变形。

3）聚氯乙烯绝缘导线还应设有防鼠咬措施。

4）对于发霉绝缘导线，应放于通风处阴干后再用毛刷刷去霉迹。

5）导线的保管期限不应超过生产厂的保证期，最长不得超过18个月。

第三节　照明线路的安装

一、接户线的一般要求

1）接户线是指一端接于低压架空线路电杆，另一端接于用户的墙檐下第一支持物的这一段导线。由此至电能表的一段导线称为入表线。接户线长度不得超过30m，当大于30m或因用户墙屋檐过低，不宜安装接户线的支持绝缘子时，必须增设接户线杆。

2）接户线杆埋深应为全长的1/6，但不应小于1.2m。杆梢倾斜度不超过梢径的1/2。土质松软的地方深埋应适当增加或用卡、底盘稳定电杆。

3）接户线一般应使用绝缘导线。接户线的最小截面积规定为：铜芯绝缘导线不得小于2.5mm²；铝芯绝缘导线不得小于4mm²。跨越交通要道的架空接户线，铜线为6mm²，铝线为10mm²。

4）接户线进入墙壁屋檐时，墙外应留有防水弯。

5）接户线应在相线上加装熔断器。

6）接户线对房屋最突出部分的水平距离应不小于200mm，垂直距离应不小于250mm。

7）接户线距离窗户上沿应不小于300mm，距离窗户下沿应不小于500mm，距离窗户侧面应不小于750mm，楼房阳台上面不得横跨接户线。

8）接户线和弱电线路交叉时，垂直距离应不小于600mm。

二、入表线的安装

1）入表线必须采用绝缘线，不可用软线，中间不可有接头。进户线安全载流量应满足的要求是：导线安全载流量要大于所有用电器具的额定电流之和。进户线的截面积应按照规定选用。但对进户线的最小截面积规定为：铜芯绝缘导线不得小于 $1.5mm^2$；铝芯绝缘导线不得小于 $2.5mm^2$。

2）进户线在安装时应有足够的长度，户外一端应保持如图 8-11 所示的松弛度。

3）进户管是用来保护进户线的，分有瓷管、钢管和硬塑料管 3 种。各种进户管的规格和安装要求如下：

① 瓷管：进户线的截面积小于 $50mm^2$ 时，采用弯口瓷管；大于 $50mm^2$ 时，采用反口瓷管。一般规定是一根导线单独穿一根瓷管；否则会因瓷管破碎时损坏导线绝缘而造成短路事故。按导线粗细来选配时，一般以导线（包括绝缘层）占瓷管有效截面积的 40% 左右为选用标准，但是最小的管径不可小于 13mm。

② 钢管或硬塑料管：应把所有的进户线穿在同一根管内，管径大小应根据导线的粗细和根数选用，选用时可查表 8-4 所列数据。在安装前，钢管应经过防锈处理，如镀锌或涂漆。管内和管口处不能存有毛刺。管子伸出户外的一端应制成防雨弯，如图 8-12 所示。钢管的两端管口皆应加装护圈。进户钢管的管壁厚度不应小于 2.5mm，进户硬塑料管的管壁厚度不应小于 2mm。

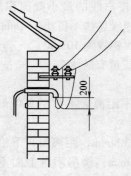

图 8-11　进户线的松弛度

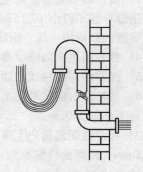

图 8-12　进户管的防雨弯

表 8-4　钢管和硬塑料管的选用

导线标称截面积/mm²	导 线 根 数								
	2	3	4	5	6	7	8	9	10
	电线管的最小管径/mm								
1	13	16	16	19	19	25	25	25	25
1.5	13	16	19	19	25	25	25	25	25
2	16	16	19	19	25	25	25	25	25
2.5	16	16	19	25	25	25	25	25	32
3	16	16	19	25	25	25	25	32	32
4	16	19	25	25	25	25	32	32	32
5	16	19	25	25	25	25	32	32	32
6	16	19	25	25	25	32	32	32	32
8	19	25	25	32	32	32	38	38	38
10	25	25	32	32	38	38	38	51	51
16	25	32	32	38	38	51	51	51	64
20	25	32	38	38	51	51	51	64	64
25	32	38	38	51	51	64	64	64	64
35	32	38	51	51	64	64	64	64	76
50	38	51	64	64	64	64	76	76	76
70	38	51	64	64	76	76	76		
90	51	64	64	76	76				

三、护套线线路的安装

护套线分为塑料护套线、橡套线和铅包线 3 种。铅包线价格较贵，目前普遍采用塑料护套线。护套线线路适于户内外，具有耐潮性能好、抗腐蚀能力强、线路整齐美观和线路造价（指塑料护套线）较低等优点，故在照明电路上已获得广泛应用。但导线的截面积较小，大容量电路不能采用。

1. 护套线线路安装注意事项

护套线线路安装时，应遵守以下规定：

1) 护套线芯线的最小截面积规定为：户内使用时，铜芯的不得小于 0.5mm²，铝芯的不得小于 1.5mm²；户外使用时，铜芯的不得小于 1.0mm²，铝芯的不得小于 2.5mm²。

2）护套线敷设在线路上时，不可采用线与线的直接连接，应采用接线盒或借用其他电气装置的接线柱来连接线头。接线盒由瓷接线桥（也叫作瓷接头）和保护盖等组成，如图 8-13 所示。瓷接线桥有单线、双线、三线和四线等多种，按线路要求选用。

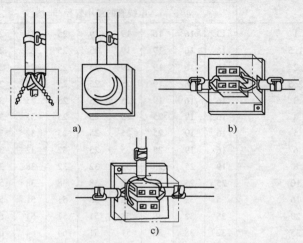

图 8-13　护套线接头的连接方法

a）在电气装置上进行中间或分支接头

b）在接线盒上进行中间接头　c）在接线盒上进行分支接头

3）护套线必须采用专用的金属轧片支持，金属轧片应能防锈。金属轧片的规格有 0 号、1 号、2 号、3 号和 4 号等多种。号码越大，长度越长，可按需要选用。金属轧片的形

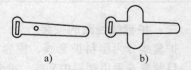

图 8-14　支持护套线用的金属轧片

a）铁钉固定式　b）胶水粘贴式

状有用小铁钉固定的和用胶水粘贴的两种，如图 8-14 所示。

4）护套线支持点的定位有以下规定：直线部分，两支持点之间的距离为 0.2m；转角部分，转角前后各应安装一个支持点；两根护套线十字交叉时，叉口处的 4 个方向应各安装一个支持点，共 4 个支持点；进入木台前应安装一个支持点；在穿入管子前或穿出管子后，均需安装一个支持点。护套线线路支持点的定位如图 8-15 所示。

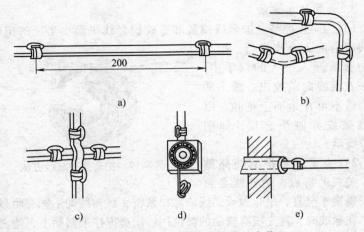

图 8-15   护套线线路支持点的定位

a) 直线部分   b) 转角部分   c) 十字交叉   d) 进入木台   e) 进入管子

5) 护套线在同一墙面上转弯时,必须保持垂直。转角处还应保持适当的曲率半径 R,其数值一般应是护套线宽度 d 的 $3 \sim 4$ 倍。若宽度太小会损伤芯线(尤其是铝芯线),太大影响线路美观。护套线转弯时的曲率半径如图 8-16 所示。

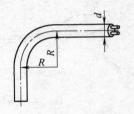

图 8-16   护套线转弯时的曲率半径

6) 护套线线路离地面的最小距离不得低于 0.15m;在穿越楼板的一段以及距离地面 0.15m 以下的导线,应加钢管(或塑料管)保护,以防导线遭受损伤。

7) 采用铅包线时,整个线路的铅皮要连成一体,并应接地。

2. 敷设护套线

1) 标划线路走向,同时标出所有线路装置和用电器具的安装位置,以及导线的每个支持点。

2) 用冲击钻钻出整个线路所有支持点的孔洞及穿越孔,并嵌入木榫,为钉金属轧片固定护套线准备。

3) 木榫上钉各支持点的金属轧片。

3. 放线施工方法

1）为防止把整盘护套线搞乱和造成护套线平面小半径的扭曲，放线应由两人合作进行。把整盘护套线套入一人的双手中；另一人将线向前拉出。放出的护套线不可在地面上拖拉，以免擦破或弄脏护套层，如图8-17所示。

图 8-17　护套线的放线方法

2）为了达到护套线路整齐、美观的特点，护套线必须敷设得横平竖直，平行敷设的线应靠得紧密，线与线间不能有明显空隙。在敷线时，首先把有弯曲的部位用纱团裹捏住来回勒平，使之挺直。然后，收紧导线，并用已钉装好的金属轧片逐一扎紧，如图8-18所示。

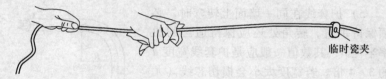

临时瓷夹

图 8-18　护套线的勒直方法

四、线管配线

将绝缘导线穿在线管内进行敷设称为线管配线。这种配线方式既安全可靠，又可避免腐蚀性气体的侵蚀、光照和遭受机械损伤。它分为明配和暗配两种。

1. 线管配线的基本要求

明配时要求线管横平竖直、整齐美观；暗配时则要求管路短、弯头少，便于施工和穿线。

2. 线管配线的操作过程

（1）线管的选择　线管选择包括选择线管类型和选择线管管径。常用的线管有黑铁电线管、镀锌水煤气管及硬塑料管等，目前市场上出现了阻燃性能优越的 PVC 工程塑料管。黑铁电线管一般用于照明；水煤气管一般用于有腐蚀性气体的场所；硬塑料管的耐腐蚀性好，但机械强度差，一般用于暗敷，当用于明敷时，支持点要多一些。

线管的型号选好后，再选择合适的管径。它是根据导线的截面积和根数来选择的。一般按管内导线的总截面积（包括绝缘层）不超过线管内孔截面的40%为宜。

（2）防锈措施 对于钢质线管，应进行除锈和涂漆（或涂沥青）工作。

（3）锯管、套螺纹及弯管 对于钢质及铁质线管，锯削后还必须进行套螺纹，保证接头处连接平滑，穿线时不会发生卡线现象。在线管拐弯处，可以根据长度进行锯削、套螺纹，再配以合适的弯头（带内螺纹）；也可以根据长度在需要处进行弯管。对于钢管及黑铁电线管的弯曲，可用弯管器（＜50mm）或弯管机（＞50mm）。对于塑料管，直接配置合适尺寸的管接头（平接头、弯接头、三通接头）而无需弯管。

（4）固定 对于暗配管，可用铁丝将管子绑扎在钢筋上，用碎石将管子垫高15mm以上，然后进行浇注。对于明配管，可采用支架或膨胀管卡固定，明配管应与水管、暖气管道保持一定的距离。

（5）清管穿线 在穿线前应对管路内进行清扫。清扫时可用2.5×10Pa的压缩空气对已敷设好的管道进行吹气。

3. 穿线的要求（钢管和塑料管相同）

为了避免穿线困难，应按下列规定在管路中加装接线盒及分线盒。钢管的接线盒布线如图8-19所示。

1）当管子长度超过60m而无弯曲时，中途加装一个接线盒。

2）管子全长超过40m而有一个弯时，加装一个接线盒。

3）管子全长超过30m而有两个弯时，加装一个接线盒。

4）管子全长超过15m而有三个弯时，加装一个接线盒。

5）多根导线穿管时，导线总截面积不超过管内面积的40%，一根管内穿线不准超过10根。穿线时，一般用铁丝或钢丝先穿入管中作为引线，无论导线根数多少，应该同时一次拉入，将要穿管的导线绝缘层剥去，然后将导线绑扎在钢丝引线上，一边拉钢丝引线，一边同时往里送线，直到线头被拉出管口。为了减小穿线阻力，可在导线上撒一些滑石粉，但应注意绝不可用润滑油。

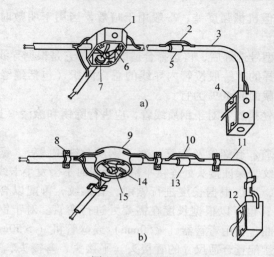

图 8-19　钢管布线

a）钢管暗布线　b）钢管明布线

1、9—灯头接线盒　2、10—跨接地线　3、11—钢管　4、12—开关接线盒
5、13—管箍　6、15—导线　7—锁母　8—管子卡　14—导线接头

6）对于不同变压器的电源线、工作照明线与事故照明线，不能穿入同一根钢管内，而且不同电压等级的线路也不得装入同一根管内。

7）穿进钢管内的导线，必须整条完好无损，即管内不允许有接头，所有接头和分支均应在接线盒中进行。接头需用黄蜡布、橡胶布带扎好，而后涂一层沥青漆加强绝缘。

8）为了达到密封的目的，与出线盒、电气用具连接的管口，都要用绝缘填料（温度不超过 65℃）灌封，长度为 20～30mm。

五、线路质量检验

1. 安装质量的检验

通常采用人工复查和复测的方法。如检验导线规格时，可在线路装置中将所露线芯进行复测；检验支持点是否牢固时，往往用手拉攀检查；检验明敷的线路时，一般都通过检查导线的走向及连接位置来判断接线是否错误；检验暗敷的线路时，一般通过检验线头标记或导线绝缘层色泽来判断接线是否正确。

2. 绝缘电阻的检验

用绝缘电阻表测量。具体测量方法是：在单相线路中，需要测量两线间的绝缘电阻（即相线和中性线），以及相线和大地之间的绝缘电阻；在三相四线制线路中，需要分别测量四根导线中的每两线间的绝缘电阻，以及每根相线和大地之间的绝缘电阻。

测量前，应卸下线路上的所有熔断器插盖（或熔管），同时，凡已接在线路上的所有用电设备或器具也均需脱离（如卸下灯泡）。然后，在每段线路熔断器的下接线柱上进行测量，如图 8-20 所示。

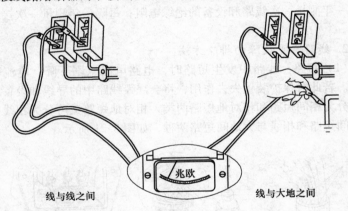

线与线之间　　　　　　　　　　　　　　　　线与大地之间

图 8-20　导线绝缘电阻的测量方法

六、线路维修

1. 线路的维护和保养

线路的维护和保养可分为日常的和定期的两类。

（1）日常的维护和保养

1）在整个线路内有否盲目增加用电装置，或擅自拆卸用电设备、开关和保护装置等。

2）有否擅自更换熔体的现象，有否经常烧断熔体或保护装置不断动作的现象。

3）各种电气设备、用电器具和开关保护装置结构是否完整，外壳有否破损，运行是否正常，控制有否失灵，以及是否存在过热现象等。

4）各处接地点是否完整，连接点有否松动或脱落，接地线有否发热、断裂或脱落。

5）整个线路内的所有电气装置和设备，是否存在受潮和受热现象。

6）在正常用电情况下，是否存在耗电量明显增加，建筑物和设备外壳等是否存在带电现象。

7）经常用钳形电流表测量导线的载流量，通过检查用电设备每相的耗电情况，从而判断运行是否正常。

（2）定期的维护和保养　其中应包括定期检查项目，如每隔半年或一年测量一次线路和设备的绝缘电阻；每隔一年测量一次接地电阻等。

2. 线路常见故障的排除方法

（1）短路　线路中发生短路时，电路电阻急剧下降，电流骤然增大。若此时保护装置失去作用，将会烧毁线路中的导线和设备。短路可分为相间短路和相对地短路两类，相对地短路又可分为相线与中性线间短路和相线与大地间短路两种，如图8-21所示。

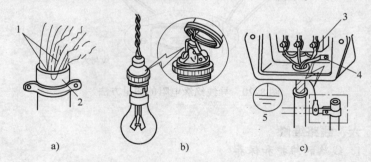

图 8-21　线路短路情况

a）相线与相线间　b）相线与中性线间　c）相线与大地间

1—相线　2—钢管　3—相线头　4—接地线头　5—接地

对于采用绝缘导线的线路，线路本身发生短路的可能性较少。而往往是由于用电设备、开关装置和保护装置内部发生相间碰线或绝缘损坏而发生短路。因此，检查和排除短路故障时，应先把故障区域内的用电设备脱离电源线路，试看故障是否能够解除，如果故障依然存在，再逐个检查开关和保护装置。

管线线路和护套线线路往往因为线路上存在严重过载和短路等故障，使导线长期过热，破坏了导线的绝缘性能，或因受外界机械损伤而破坏了导线绝缘层，都会引起线路的短路。所以要定期检查导线的绝缘电阻和绝缘层的结构状况，发现绝缘电阻下降，或绝缘层出现破裂，则应予以更换。

（2）开路　线路存在开路，电流就不能形成回路，线路不能正常运行。造成线路开路故障的原因通常有以下几方面：

1）导线线头连接点松散或脱落。

2）较小截面积的导线被老鼠咬断。

3）导线因受外物撞击或拉钩等机械损伤而断裂。

4）较小截面积导线因严重过载或短路而烧断。

5）单股小截面积的导线因质量不佳或因安装时受到损伤，在绝缘层内部的芯线断裂。

6）活动部分的连接线因机械疲劳而断裂。

（3）漏电　若线路中部分绝缘体有较轻程度的损坏就会形成程度较轻的漏电短路。漏电也可分为相间和相地间两类。存在漏电故障时，在不同程度上会反映出耗电量的增加。随着漏电程度的加深，会出现类似过载和短路故障现象。如熔体经常烧断、保护装置容易动作及导线和设备过热等。

引起漏电的主要原因有：

1）线路和设备的绝缘老化或损坏。

2）线路装置安装不符合技术要求。

3）线路和设备因受潮，受热或遭受化学腐蚀而降低了绝缘性能。

4）恢复的绝缘层不符合要求，或恢复层绝缘带松散。

（4）发热　线路导线发热或连接点发热的故障原因通常有以下几个方面：

1）导线选用不符合技术要求，若截面积过小，则会出现导线过载发热。

2）用电设备的容量增大而线路导线没有相应增大截面积。

3）线路、设备和各种装置存在漏电现象。

4）单根载流导线穿过具有环状的磁性金属，如钢管之类。

5）导线连接点松散，因接触电阻增加而发热。

上述故障现象比较明显，造成故障的原因也较简单，针对故障原因予以排除。

3. 部分线路的增设和拆除

（1）部分线路的增设 增设线路所需要的新支线，一般不允许在原有线路末端延长或在原有线路上任意分支，而应在配电总开关出线端（或总熔断器出线端）引线，也可从干线熔丝盒的出线端引接，成为新的分路。

如果增设的分路，其负荷已超过用电申请的裕量，应重新申请增加用电量，不可随意增设分支扩大容量。

如果增设的用电设备台数较少，而容量也较小，原有线路能承受所增负荷，则允许在原线路上分接支线。

（2）部分线路的拆除 拆除个别用电设备，不能只拆除设备，而在原处留下电源线，应把这段电源线全部拆除至干线引接处，并恢复好干线的绝缘。如拆除整段支线，应拆至上一级支干线的熔断器处，不可只在分支处与干线脱离，在原处留下支线，而应把所拆支线全部卸除。

在照明电路上，拆除个别灯头或插座时，应把灯座的电源引线从接线盒上拆除，将开关线头或插座线头恢复绝缘层后埋入木台内，切不可让线头露在木台之外。

第九章 变压器

第一节 变压器的结构与工作原理

变压器是利用电磁感应原理从一个电路向另一个电路传递电能或传输信号的一种电器，它所传输的电能或信号具有相同的频率但有不同的电压和电流。

一、变压器的工作原理

变压器的主要部件是一个铁心和套在铁心上的两个绕组。这两个绕组一般有不同的匝数，且互相绝缘。

实际上，两个线圈套在同一个铁心柱上，以增大其耦合作用。为了简明起见，常把两个线圈画成分别套在铁心的两边。与电源相连的线圈，接收交流电能，称为"一次绕组"；与负载相连的线圈，送出交流电能，称为"二次绕组"。若为信号变压器，则相应称为输入绕组和输出绕组。

下面以电力变压器为例，阐明变压器的工作原理，如图 9-1 所示。

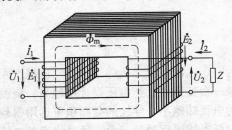

图 9-1 变压器的工作原理

根据电磁感应定律可知：
一、二次绕组感应电动势为

$$E_1 = 4.44 f W_1 B_m S \times 10^{-10}$$

$$E_2 = 4.44 f W_2 B_m S \times 10^{-10}$$

式中　E_1——一次绕组感应电动势（V）；

　　　E_2——二次绕组感应电动势（V）；

　　　B_m——铁心中最大的磁通密度（T）；

　　　S——铁心截面积（m^2）；

　　　f——电源频率（H_z）；

　　　W_1——一次绕组的匝数；

　　　W_2——二次绕组的匝数。

将两式相除可得

$$E_1/E_2 = W_1/W_2$$

由此可见，一、二次电动势之比等于一、二次绕组匝数之比。由于绕组本身有阻抗压降，实际上一次电压 U_1 略大于 E_1，二次电压 U_2 略小于 E_2，如果忽略此压降，则可认为 $E_1 \approx U_1$，$E_2 \approx U_2$，于是有

$$\frac{U_1}{U_2} = \frac{W_1}{W_2}$$

这种关系说明了一、二次电压之比近似等于一、二次绕组匝数之比。这个比值称为变压器的电压比。

由能量守恒定律可知，变压器的输出功率应等于输入功率，即

$$U_2 I_2 = U_1 I_1$$

或

$$U_1/U_2 = I_2/I_1$$

于是有

$$\frac{I_1}{I_2} = \frac{W_2}{W_1}$$

即变压器的一、二次电流之比等于一、二次绕组匝数的反比。

总之，如果一台变压器工作电压设计得越高，绕组匝数就要绕得越多，而通过的电流却越小，导线的截面积可选用得越小。反之，工作电压设计得越低，绕组匝数就越少，通过绕组的电流则越大，导线截面积就要选得越大。

可以说，变压器是一种可将一种电压的交流电能（或信号）变换为同频率的另一种电压的交流电能（或信号）的静止电磁装置。

二、变压器的分类和结构

1. 变压器的分类

变压器一般分为电力变压器和特种变压器两大类。电力变压器

是电力系统中输配电力的主要设备。按用途分，电力变压器可分为升压变压器、降压变压器、配电变压器和厂用变压器（供发电厂自用电用）等几种。它还可以按绕组数、相数、冷却介质、冷却方式、铁心结构及调压方式等分类。特种变压器是根据冶金、矿山、化工、交通等部门的不同要求，提供各种特种电源或用作其他用途，主要有：整流变压器、电炉变压器、高压试验变压器、小容量控制变压器、矿用变压器、船用变压器等。另外，还有互感器、调压器和电抗器等。

2. 变压器的结构

尽管变压器的类型很多，它们在结构和运行性能上各具特点，但其基本结构却都相同，都是由铁心和绕组两个基本部分组成的。

铁心是变压器中主要的磁路部分。为了减少铁心内的磁滞损耗与涡流损耗，铁心通常用含硅量较高、厚度为 0.35mm 或 0.5mm，表面涂有绝缘漆的热轧或冷轧硅钢片叠装而成。

铁心分为铁心柱和铁轭两部分，铁心柱上套装有绕组，铁轭则作为闭合磁路之用。

铁心结构的基本形式有心式和壳式两种。图 9-2 和图 9-3 分别为三相和单相心式变压器的铁心及绕组。这种铁心的特点是：铁轭靠着绕组的顶面和底面，而不包围绕组的侧面。它的结构较为简单，绕组的装配及绝缘也较为容易，因而绝大多数国产的变压器均采用心式结构。图 9-4 所示为单相壳式变压器的铁心和绕组。这种铁心结构的特点是：铁轭不仅包围绕组的顶面和底面，而且还包围着绕组的侧面。由于其制造工艺复杂，使用的材料较多，因此，目前除了容量很小的电源变压器以外，很少采用壳式结构。

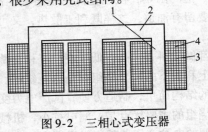

图 9-2　三相心式变压器

1—铁心柱　2—铁轭　3—高压绕组　4—低压绕组

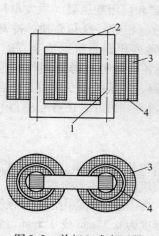

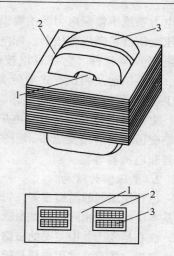

图 9-3　单相心式变压器
1—铁心柱　2—铁轭
3—高压绕组　4—低压绕组

图 9-4　单相壳式变压器
1—铁心柱　2—铁轭　3—绕组

绕组是变压器的电路部分，它是用纸包的绝缘扁线或圆线绕成的。其中接于高压电网的绕组称为高压绕组，接于低压电网的绕组称为低压绕组。从高、低压绕组之间的相对位置来看，变压器绕组可布置成同心式或交叠式两类。

同心式绕组是指高、低压绕组同心地套装在铁心柱上，如图9-2和图9-3所示。为了便于绝缘，一般低压绕组套在里面，高压绕组套在外面。但对于大容量、低电压、大电流变压器，由于低压绕组引出线在工艺上存在一定的困难，往往把低压绕组套在高压绕组的外面。高、低绕组之间要留有油道，这样既利于散热，又可作为两绕组之间的绝缘。

交叠式绕组都做成饼式，高、低压绕组互相交叠地放置。为了便于绝缘，一般最上和最下的两个绕组都是低压绕组。

同心式绕组的结构简单，制造方便，国产电力变压器均采用这种结构。而交叠式绕组的主要优点是：漏电抗小，机械强度高，引线方便。因此，较大型的电炉变压器就通常采用交叠式结构。

3. 变压器主要的额定值

（1）额定容量 S_N　是指变压器视在功率，是指变压器在稳定负载和额定使用条件下，施加额定电压、额定频率时输出额定电流而不超过温升限值的容量。通常把变压器一、二次绕组的额定容量设计得相等。

（2）额定电压 U_N　是指变压器各绕组在额定情况下端子间电压的保证值，对于三相变压器来说，额定电压是指线电压。

（3）额定电流 I_N　是指变压器的额定容量除以各绕组的额定电压所计算出来的线电流值。

单相变压器的一、二次绕组有：

$$S_N = U_{1N}I_{1N} = U_{2N}I_{2N}$$

三相变压器的一、二次绕组有：

$$S_N = \sqrt{3}U_{1N}I_{1N} = \sqrt{3}U_{2N}I_{2N}$$

（4）额定频率 f_N　我国规定标准工业用电的频率为50Hz。

第二节　变压器绕组的极性测定

在使用变压器或者其他有磁耦合的互感线圈时，要注意线圈的正确连接。例如，一台变压器的一次绕组有两个相同的绕组，如图9-5所示。

当两个绕组串联，即2、3连接在一起，可接220V电源，当两个绕组并联，即1、3连接在一起，同时2、4也连接在一起，只能接110V的电源。如果连

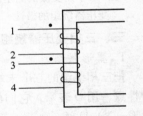

图9-5　两绕组的同极行端

接错误，例如：将2和4两端连接在一起，而将1和3两端接电源，这样两个绕组的磁动势就会互相抵消，铁心中不产生磁通，绕组中也就没有感应电动势，绕组中将流过很大的电流，把变压器烧毁。

若两个绕组的磁动势在磁路中的方向一致，则这两个绕组的电流流进端或流出端就称为同极性端。绕组的同极性端用标有圆点的记号"·"表示。同极性端和线圈绕向有关。只要知道线圈线方向，同极性端就不难确定，但是，已经制成的变压器由于经过浸漆或其工艺处理，从外观上无法看出。此时，就要用实验的方法来测定同极性端

了。通常可采用下面两种实验方法。

一、交流法

用交流法测定绕组极性的电路如图9-6所示。将两个绕组的任意两端（如2和4）连接在一起，在其中一个绕组的两端（如1和2）施加一个比较低的测量电压。用伏特计分别测量1、3两端的电压和两绕组电压 U_{12} 及 U_{34}。如果 U_{13} 的数值是两绕组电压之差，则1和3是同极性端。如果 U_{13} 是两绕组电压之和，则1和4是同极性端。

二、直流法

如图9-7所示，当开关S闭合瞬间，如果毫安计的指针正偏，则1和3是同极性端；反向偏转时则1和4是同极性端。

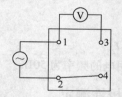 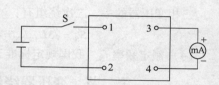

图9-6　用交流法测定 　　　　图9-7　用直流法测定
　变压器绕组的极性 　　　　　　变压器绕组的极性

三、三相变压器绕组的联结

1. 星形联结

把三相绕组的三个末端 X，Y，Z 连接在一起，这个连接点称为中性点，用 O 表示，它们的首端 A，B，C 连接电源或负载，便构成星形（Y）联结。

2. 三角形联结

把一相绕组的末端和另一绕组的首端依次连接在一起，形成闭合线路，便构成三角形（D）联结。

我国生产的三相电力变压器常用 Y/Y_0、Y/D、Y_0/D、D/Y 联结。

第三节　变压器的运行与维护

为保证变压器能安全可靠地运行，当变压器发生异常情况时，应该能够及时发现问题，并及时处理问题，将故障消除在萌芽状态，以防事故的发生与扩大。

一、变压器运行中的检查

1. 监视仪表的监察

变压器控制盘上的仪表，如电压表、电流表、功率表等指示变压器的运行情况和电压质量等。因此，必须经常监察，并应每小时抄表一次；在过负载下运行时则应每隔半小时抄表一次。

另外，还应测量变压器的三相负载是否平衡；检查电压是否经常超过允许范围；对变压器的温度和油温都应记录。

2. 现场检查

电力变压器应定时进行外部检查，每天应至少检查一次。如无固定值班人员时，应至少每个月检查两次。特殊情况下可增加检查的次数。

3. 定期检查

1）检查电力变压器的高、低压套管是否清洁，有无裂纹、放电痕迹及其他异常现象。

2）检查油箱各部是否渗油，漏油现象。

3）检查油位是否正常，一般不应低于油面线，油色是否正常。

4）检查油温是否正常，上层油温是否超过 85℃。

5）检查外壳接地是否良好，接地线有无断股和接触不良现象。

6）检查变压器有无异常响声或响声较前增大。

7）检查防爆管的玻璃是否完好，有无渗油、冒油等现象。

8）检查气体继电器油面高度是否符合规定。

9）检查干燥剂是否失效。

10）检查室内设备是否完整良好。

二、电力变压器的运行故障分析及排除方法

检查与分析故障前应了解的情况有：

1）变压器的运行记录，如负载性质及过载状况等。

2）故障前后的气候与环境，如有无雷、电与雨、雪等。

3）继电器动作的性质，以及在哪一相动作。

4）其他外界因素。

电力变压器的运行故障分析及排除方法如下：

1. 异常响声

变压器加上电源后，由于励磁电流及磁通的变化，铁心、绕组会振动而发出均匀的嗡嗡声，俗称交流声，这是正常的。

若有较大而均一的响声时，可能是电压过高。如果出现大而嘈杂的声音，则说明内部振动或结构松动。

若有吱吱声时，说明表面有闪络，要检查套管，是否太脏或有裂纹。若套管无闪络，则可能是变压器问题。

当发现声响特大，而且很不均匀或有爆裂声时，说明表面有击穿现象。如果绕组的绝缘损坏，导致短路，应立即停电修理。

2. 油位不正常

油位上升，主要是变压器内部温度过高引起的。

油位下降，主要是由于油箱渗油或气温降低收缩所致。

3. 油温过高

油温过高时，应首先检查并校对温度表指示是否正确，并检查变压器冷却系统是否有故障，以及变压器室通风是否良好。若因负载过大造成油温过高，应降低负载。若因三相负载不平衡，则应调整三相负载的分配。若负载及冷却系统均正常，而温度继续上升，则要考虑是否因为变压器内部故障，如绕阻有匝间短路，油路堵塞等。

4. 防爆膜破裂

变压器内部故障引起油及绝缘分解而产生大量气体，压力增加，致使防爆管的薄膜破裂。这时应停电修理。但要注意，薄膜是否系外力所破。若是，则不需要停电修理。

5. 气体继电器动作

变压器内部有严重故障时，油温剧烈上升，分解出大量气体，使油快速流向储油柜，使气体继电器动作，变压器退出运行，应进行检查与修理。

故障较轻时，气体继电器只有信号接点动作，应将继电器中的气体放出检查，如系无色、不可燃的空气，变压器可继续运行；若系有色、可燃性气体，则立即停电检查。

第四节　　特殊用途的变压器

一、自耦变压器

图 9-8 所示为一种自耦变压器，其结构特点是二次绕组是一次绕组的一部分，一、二次电压之比和电流之比分别是：$U_1/U_2 = N_1/N_2 = K_V$ 和 $I_1/I_2 = N_2/N_1 = 1/K_V = K_I$。

实验室中常用的调节器就是一种可改变二次绕组匝数的自耦变压器，一般绕组做成圆形。调节器有三相和单相两种。自耦变压器不允许作为安全变压器使用，这是因为高、低压绕组有电方面的连通。

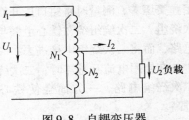

图 9-8　自耦变压器

二、互感器

1. 电流互感器

它是根据变压器原理制成的，主要用来将大电流转换为一定数值的小电流，一般为 5A 或 1A，以供测量和继电保护之用。电流互感器的接线如图 9-9 所示，一次绕组的匝数很少（只有一匝或几匝），它串联在被测电路中。二次绕组的匝数较多，它与安培表、其他仪表或继电器线圈相连接。

根据变压器原理可认为

$$I_1/I_2 = N_2/N_1 = K_I$$

$$I_1 = (N_2/N_1) I_2 = K_I I_2$$

式中，K_I 是电流互感器的电流比。

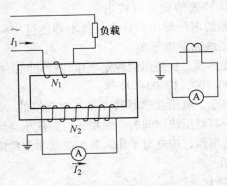

图 9-9　电流互感器的接线

利用电流互感器可将大电流变换成小电流，安培表的读数 I_2 乘上电流比 K_I 即为被测的大电流 I_1。

钳形电流表是电流互感器的一种变形，它的铁心如同一把钳子，用弹簧压着，测量时将钳口压开而引入被测导线。这时该导线就是一次绕组，二次绕组绕在铁心上并与安培表接通，这样就可不断开被测电路，而将一次绕组串接进去。

在使用电流互感器时，二次绕组电路是不允许断开的，如果断开二次绕组电路，一方面会使铁心发热到不允许的温度；二是电压过高。

此外，为使用安全起见，电流互感器的铁心及二次绕组的一端应该接地。

2. 电压互感器

电压互感器主要用于扩大交流伏特表的量程，它的工作原理与普通变压器空载情况相似，使用时，应把匝数较多的高压绕组并接在需要测量的供电线路上，而匝数较少的低压绕组与伏特表相连接，如图9-10所示。

由此可知，高压线路的电压等于二次侧所测得的电压与变压器电压比的乘积。伏特表的刻度可按电

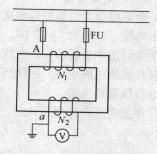

图9-10　电压互感器的接线

压互感器高压测的电压标出，这样，就不必经过中间运算，而直接从表中读出高压线路的电压值。

通常电压互感器二次绕组的额定电压均设计同一标准值为100V，电压比可为6000/100、10000/100等。

为了工作安全，电压互感器铁壳及二次绕组的一端都必须接地。如不接地，万一高低压绕组间的绝缘损坏，则低压绕组和测量仪表对地将出现一个高电压，这是对工作人员来说是非常危险的。

三、电焊机

1. 交流电焊机

单相交流电焊机具有结构简单（没有旋转部分）、使用年限长、维护方便、效率高、节省电能和材料、焊接时不产生磁偏等优点，因此得到了广泛的应用。图9-11所示为交流电焊机的工作原理。

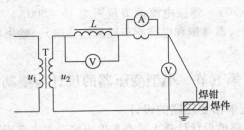

图 9-11 交流电焊机的工作原理

它由变压器 T、电抗器 L、引线电缆及焊钳等组成。变压器的作用是将电网电压降到 60 ~ 70V 的低压，供安全操作用，电抗器 L 用来调节焊接电流。当焊条接触焊件的瞬间，焊钳与焊件之间的电压由 60 ~ 70V 急速下降到零，这时变压

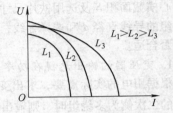

图 9-12 交流电焊机的下降外特性

器、焊钳、焊件和电抗器组成一条闭合回路。电抗器起限流作用。电压与电流间的关系如图 9-12 所示，称为交流电焊机的下降外特性。当焊条以均匀缓慢的速度离开焊件 5mm 左右时应能起弧进行焊接，这时焊钳与焊件间的电压只有 20 ~ 30V。当停止焊接时，电压即回升到 60 ~ 70V。

要改变焊接电流的大小，应该改变电抗器的感抗，通常可调节电抗器的空气隙长度或其线圈匝数来实现，电流随着电抗器空气隙的长度增长而增大。

2. 直流电焊机

与交流电焊机相比较，直流电焊机具有容易引燃（起弧）、电弧稳定、焊接质量可靠、能焊接多种焊条等优点。直流电焊机有两种类型：一种是旋转式，另一种是硅整流式（即弧焊整流器）。

旋转式直流电焊机是由一台直流电焊发电机和一台三相异步电动机组成的，两者装于同一轴上，构成同轴变流机组，它具有调节装置及指示装置。调节装置用以获得所需的输出范围。

应用较广的弧焊整流器是 Z×G—300 型，其空载电压为 70V，工

作电压为 20～70V，焊接电流调节范围为 15～300A。它由三相变压器、三相磁放大器（饱和电抗器和硅整流器组）、输出电抗器通风机及控制系统组成。

第五节　小型变压器的设计与绕制

一、小型单相变压器的设计

小型变压器的设计计算大致有 6 项内容：求出变压器的输出总视在功率 P_S；计算变压器的输入视在功率 P_{S1} 及输入电流 I_1；确定变压器铁心横截面积 S 及选用铁片尺寸；计算每个绕组的匝数 W；计算每个绕组的导线直径 d 和选择导线；计算绕组总尺寸，核算铁心窗口面积是否合适。

1. 变压器的输出总视在功率 P_S 的计算

根据用电的实际需要，求出变压器的输出总视在功率 P_S。若变压器的二次侧为多绕组时，则输出总视在功率为二次侧各绕组输出视在功率的总和。

$$P_S = U_2 I_2 + U_3 I_3 + U_4 I_4 + \cdots U_n I_n$$

式中　　U_2、U_3、$U_4 \cdots$、U_n——一、二次侧各绕组电压的有效值（V）；

I_2、I_3、$I_4 \cdots$、I_n——一、二次侧各绕组电流的有效值（A）。

2. 变压器输入视在功率 P_{S1} 及输入电流 I_1 的计算

变压器负载时，由于绕组电阻发热损耗和铁心损耗，因此变压器输入功率与输出功率之间的关系为

$$P_{S1} = P_S / \eta$$

式中　　η——变压器的效率。

η 总是小于 1，对于功率为 1kV·A 以下的变压器，$\eta = 0.8 \sim 0.9$。

输入电流为

$$I_1 = (1.1 \sim 1.2) P_{S1} / U_1$$

式中　　I_1——一次电压的有效值（V），一般是外加电源电压；

1.1～1.2——考虑到变压器空载励磁电流大小的经验系数。

3. 确定变压器铁心横截面积 S

变压器的铁心尺寸如图 9-13 所示。它的中柱横截面积 S 的大小与变压器的总输出视在功率有关，即

$$S = K_0 \sqrt{P_S} \times 10^{-4}$$

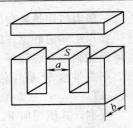

式中 S——中柱横截面积（mm^2）；

       P_S——变压器的总输出功率（$V \cdot A$）；

       K_0——经验系数，K_0 与 P_S 的关系见表

          9-1。

根据图 9-13 可知：

图 9-13   变压器的

$$S = ab$$

铁心尺寸

式中 a——铁心中柱宽度（mm）；

       b——铁心净叠加厚度（mm）。

表 9-1   经验系数 K_0 与 P_S 的关系

$P_S/(V \cdot A)$	$0 \sim 10$	$10 \sim 50$	$50 \sim 500$	$500 \sim 1000$	1000 以上
K_0	2	$2 \sim 1.75$	$1.5 \sim 1.4$	$1.4 \sim 1.2$	1

根据计算所得的铁心截面积 S，还要结合实际情况来确定铁心尺寸 a 与 b 的大小。又由于铁心是用涂刷绝缘漆的硅钢片叠压而成的，考虑到漆面与钢片间隙的厚度，因此实际的铁心厚度应将除以 0.9，使其更大些。

表 9-2 所示为目前小型变压器通用硅钢片的规格，其中各尺寸之间的关系大致如下：

$$c = 0.5a, \ h = 1.5a \ （当 \ a > 64 \ 时，\ h = 2.5a），$$

$$A = 3a, \ H = 2.5a，叠加厚度 \ b \leqslant 2a$$

如所需要的尺寸不符合表 9-2，推荐采用条式拼片。拼片尺寸共有 4 种，如图 9-14b 所示。

4. 计算每个绕组的匝数 W

设 W_0 表示变压器每感应 1V 电动势所需要的匝数，即

$$W_0 = W/E = 10^8/(4.44fB_mS) \ （匝/V）= 4.5 \times 10^5/B_mS \ （匝/V）$$

不同的硅钢片，所允许的 B_m 值也不同。通常情况下，B_m 的取值为

冷轧硅钢片 D310：B_m 可取 $1.2 \sim 1.4T$

热轧硅钢片 D41、D42：B_m 可取 $1 \sim 1.2T$

热轧硅钢片 D43：B_m 取 $1.1 \sim 1.2T$

一般电机用热扎硅钢片 D21 ~ D22：B_m 取 $0.5 ~ 0.7T$

如果不知道硅钢片的牌号，按经验可以将硅钢片扭一扭，如硅钢片薄而脆则磁性能较好（俗称高硅），B_m 可取大些；若硅钢片厚而软，则磁性能较差（俗称低硅），B_m 可取小些。一般 B_m 可取在 $0.7 ~ 1T$。

根据计算所得值 W_0 乘以每个绕组的电压，就可以算出每个绕组的匝数 W，即

$$W_1 = U_1 W_0；W_2 = U_2 W_0；W_3 = U_3 W_0；\cdots；W_n = U_n W_0$$

其中二次绕组应都增加 5% 的匝数以补偿负载时的电压降。

表 9-2   小型变压器通用硅钢片的规格 （单位：mm）

a	c	h	A	H
13	7.5	22	40	34
16	9	24	50	40
19	10.5	30	60	50
22	11	33	66	55
25	12.5	37.5	75	62.5
28	14	42	84	70
32	16	48	96	80
38	19.0	57	114	95
44	22	66	132	110
50	25	75	150	125
56	28	84	168	140
64	32	96	192	160

5. 计算绕组的导线直径 d

先选取电流密度 j，再求出各绕组的横截面积 S_t，即

$$S_t = I/j$$

然后根据绕组的横截面积选择相应的线径，再根据线径选择漆包线带漆膜后的线径 d'。

其中电流密度一般选用 $j = 2 ~ 3A/mm^2$，变压器短时工作时可以取 $j = 4 ~ 5A/mm^2$。

6. 核算

根据已知绕组的匝数、线径、绝缘厚度等来核算变压器绕组所占

铁心窗口的面积，它应小于铁心实际窗口（见图9-14）面积（$h \times c$），否则绕组有可能放不下。

根据选定的窗高 h，计算绕组每层可绕的匝数 N_i，即

$$N_i = 0.9[h - (2 \sim 4)]/d'$$

式中 d'——包括绝缘厚的导线外径（mm）；

0.9——考虑绕组框架两端各空出约5%不绕线。

因此每组绕组需绕的层数为 $m_i = W/N_i$

如图9-15所示，变压器绕组的绕制情况是：变压器铁心中柱外面套上由青壳纸做的绕组框架或弹性纸框架，包上两层电缆纸与两层黄蜡布，厚度为 B_0。在框架外面每绕一层绕组后就得包上层间绝缘，其厚度为 δ。对于较细的导线，如0.2mm 以下的导线，一般采用厚度为0.02 ~ 0.04mm 的透明纸；对于较粗的导线，如0.2mm 以上的导线，则采用厚度为0.05 ~ 0.07mm 的电缆纸（或牛皮纸）；对再粗的导线，则可用厚度为0.12mm 的青壳纸（或牛皮纸）。当整个一次绕组绕完后，还需在它的最外面裹上厚度为 γ 的绕组之间的绝缘纸。当电压不超过500V时，可用厚度为0.12mm 的青壳纸或2 ~ 3层电缆纸夹两层黄蜡布等。因此一次绕组厚度为

$$B_1 = m_1(d' + \delta) + \gamma$$

式中 d'——绝缘导线的外径（mm）；

δ——绕组层间绝缘的厚度（mm）；

γ——绕组间绝缘的厚度（mm）。

同样，可求出套在一次绕组外面的各个二次绕组的厚度 B_2、B_3、

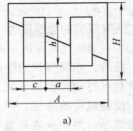

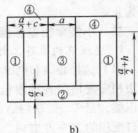

图9-14 硅钢片尺寸
a) 通用拼片 b) 条式拼片

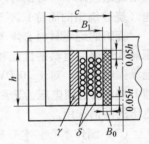

图9-15 变压器绕组
层间绝缘方法

B_4、…、B_n

所有绕组的总厚度为

$$B = (B_0 + B_1 + B_2 + B_3 + \cdots + B_n) \times (1.1 \sim 1.2)$$

显然，如果得到的绕组厚度 B 小于铁心窗口宽度 c 的话，这个设计是可行的。但如 B 大于 c 的话，有两种方法：一是加大铁心叠厚，使绕组匝数降低，但一般选厚 $b' = (1 \sim 2)$ a 比较合适，不能任意加厚；另一种就是重选硅钢片的尺寸，按原法计算和核算到合适为止。

二、小型单相变压器的绕制

1. 绕线前的准备工作

（1）选择导线和绝缘材料　根据计算出的匝数和导线横截面积，选用相应规格的各种漆包线。经验表明，对小型低压（500V 以下）变压器，当一、二次绕组裸线横截面积乘以相应匝数，所得总面积占窗口面积的 30% 左右时，一般是能绕下的，也是比较适当的。如经核算后，超过以上数值范围时，则可考虑把匝数多的，总截面积大的那组绕组改用小一号的导线，或者改用性能较好的绝缘材料，这样线包（绕好绕组的简称）不至于因装不进铁心而返工。

绕组的绝缘材料必须考虑耐压要求和允许厚度，表 9-3 列出了变压器常用绝缘材料的性能和用途。层间绝缘厚度应按两倍层间电压的绝缘强度选用。对于 1000V 以内要求不高的变压器也有用电压峰值，即 1.414 倍层间电压为选用标准。对铁心绝缘及绕组间绝缘，按对地电压的两倍选用。

（2）制作木心　木心是用来套在绕线机转轴上支撑绕组骨架的，以进行绕线。通常用杨木或杉木按铁心尺寸制作，木心的横截面积稍比铁心中心柱横截面积大一些，以便于镶插硅钢片。木心的长度应比铁心窗口高度大一些，木心的中心孔直径为 10mm，必须钻得比较直，木边四边亦互相垂直。木心的边角需用砂纸磨圆，以便套进骨架，绕好后取出也容易。

（3）制作骨架（绕组架）　绕组骨架除起支撑作用外，还起对地绝缘作用。因此，要求它既具有一定机械强度，还应具有一定的绝缘强度。对容量为 1kV·A 以下的变压器，多采用纸芯无框骨架。

对容量较大（1～5kV·A）或高压等绝缘性能要求较高的变压器，可以采用有框骨架。框架可用钢纸以及玻璃纤维板等材料做成。

2. 绕线

首先裁剪好各种绝缘纸（布），它们的宽度应等于骨架的长度，而长度应稍大于骨架的周长，但需计入绕组逐渐绕大后所需的裕量。一般电压在500V以下的变压器，层间绝缘按导线直径粗细而有所不同，例如线径大于0.2mm的多采用电缆纸或牛皮纸；线径小于0.2mm的多采用透明纸。对铁心绝缘（对地绝缘）则采用两层电缆纸和两层黄蜡布。绕组间绝缘与铁心绝缘相同。

开始绕线前，先在套好木心的骨架上垫好对铁心的绝缘，用胶水粘牢。然后将木心中心孔穿入绕线机轴并固紧。起绕时，在导线引线头（或结束时在线尾）压入一条黄蜡布的折条（10mm宽）以便抽紧起始线头（或线尾）。起绕时，导线不可过于靠近骨架边沿，留出2～3mm的空间，以免绕线时漆包线滑出或插片时碰伤导线绝缘。

表9-3　变压器常用绝缘材料

品名	颜色	常用规格		特点	用途	备注
		厚度/mm	耐压强度/V			
电话纸	白色	0.04 0.05	400	坚实、不易破裂	线径小于0.4mm的漆包线的层间绝缘垫纸	代用品：相应厚度的打字纸，描图纸或胶版纸
电缆纸	土黄色	0.08 0.12	300～400 800	柔顺、耐拉力强	线径大于0.5mm的漆包线的层间绝缘垫纸，低压绕组间的绝缘（2～3层）	代用品牛皮纸
青壳纸	青褐色	0.25	1500	坚实、耐磨	线包外层绝缘（2～3层）	
电容器纸	白色 黄色	0.03	475	薄、密度高	线径小于0.4mm的漆包线的层间绝缘	

（续）

| 品名 | 颜色 | 常用规格 | | 特点 | 用途 | 备注 |
		厚度/mm	耐压强度/V			
聚酯薄膜	透明	0.04 0.05 0.10	3000 4000 9000	耐温140℃	层间绝缘	
玻璃漆布	黄色	0.15 0.17	2000～3000	耐温好	绕组间绝缘	
聚四氟乙烯薄膜	透明	0.030	6000	耐温280℃耐酸碱	层间绝缘	
压制板	土黄色	1.0 1.50		坚实、易弯曲	线包骨架	又称为弹性纸
黄蜡布	糖浆色	0.14 0.17	2500	光滑、耐压高	高压绕组间绝缘	系凡立水浸渍的棉制品
黄蜡绸	糖浆色	0.08	4000	细薄、少针孔	高压绕组的层间绝缘高压绕组间绝缘(2~3层)	系凡立水浸渍的丝织品
高频漆				粘料	粘合绝缘纸、压制板、黄蜡布、黄蜡绸等	系无水酒精和酚醛树脂溶合泡制代用品：洋干漆
清喷漆	透明			粘料	粘合绝缘纸、压制板、黄蜡布、黄蜡绸等	又名罩光漆、蜡克

绕组层次按照一次侧、静电屏蔽、二次侧高压绕组和二次侧低压绕组依次叠绕。当二次绕组数较多时，每绕好一组后，应用万用表测量是否通路。最后将整个绕组包好对铁心绝缘，用胶水粘牢。当线径大于 0.2mm 时，绕组的引出线可利用原线绞合后引出。当线径小于 0.2mm 时，应采用多股线焊接后引出。引出线的绝缘套管应按耐压等级选用。两导线接头处一定要刮净，然后用松香焊剂焊牢。

3. 绝缘处理的简易方法

为防潮和增加绝缘强度，绕组绕好后，一般应作绝缘处理。在实验室条件下可用"涂刷法"处理，即在绕线过程中，每绕完一层，就涂刷一层绝缘漆，然后垫上绝缘继续绕线，这样有助于粘牢导线。绕组绕好后，通电烘干。其方法是用一个 500V·A 的自耦变压器及交流电流表与被测变压器的高压绕组串联（低压侧短路），逐渐增大自耦变压器的输出电压，使电流达到高压侧规定电流的 2~3 倍，直到烫手为止，通电约 12h。

若条件允许，则采用"浸泡法"处理，即将绕好的线包放在烘箱内预热，加温到 70~80℃，3~5h 取出后立即浸入绝缘漆中半小时左右，取出后放在通风处滴干，然后再进烘箱加温到 80℃烘 12h。

如果没有绝缘漆，也可用"浸蜡法"处理，即把白蜡熔化在容器内，放入已预烘过的绕组浸 15~30min，取出自然干燥即可，不用烘烤。此法只能达到防潮的目的。

4. 铁心镶片

铁心镶片要求紧而牢，否则铁心横截面积达不到计算要求，将造成磁通密度增大而发热，使硅钢片产生振动。

镶片时，在线包的两边，应一片一片地交叉对镶，而在线包中部则应两片一次性交叉对镶。因为当线包中镶满硅钢片时，余下大约 1/6 的硅钢片往往比较难镶，俗称紧片。这部分紧片需撬开每两片一组的硅钢片夹缝才能插入，并用木槌慢慢敲入。在插条形片时，切忌直向插片，以免擦伤线包。这时可将铁心中间柱或两边柱锉小些，也可将线包套在木心上，用两块木板夹住线包两侧，在台虎钳上缓缓压扁一些。镶片完毕后，应把变压器放在平板上，两头用木槌敲打平整，尤其对 E 形两钢片间不能留有空隙。最后用螺钉或夹板固紧铁心，并把引出线焊到焊片上。

5. 成品测试

(1) 绝缘电阻测试　用绝缘电阻表测试各绕组之间和它们对铁心的绝缘电阻，其值应不低于 500MΩ。

(2) 空载电压试验　当一次电压加到额定值时，各相绕组的空载电压允许误差为：二次侧高压绕组误差 5%，二次侧低压绕组误差 5%，中间抽头电压误差为 2%。

(3) 空载电流测试　铁心镶片后的电源变压器，应先用自耦变压器供电，当一次侧输入电压为额定值时，其空载电流为 5%～8% 的额定电流值，而不应大于满载电流的 10%～20%，否则表明绕组有短路现象。如空载电流大于额定电流的 10% 使用，损耗就较大；当空载电流超过额定电流的 20% 时，就不能使用，因为它的温升将超过允许的数值。

第十章 电动机

第一节 三相交流电动机基础知识

交流电机主要有同步电机与异步电机两种。如果电机转子的转速 n 与定子电流的频率 f_1 满足 $n = 60f_1/p$，则这种电机叫作同步电机。其中 p 是极对数。如果不满足这种关系，就叫作异步电机。同步电机主要用作发电机。现代各国的电力系统的电能基本上都是由同步发电机产生的。当然，同步电机也可作为电动机运行，或作为调相机使用。

异步电机主要用作电动机，去拖动各种生产机械。异步电动机又有三相和单相两种。异步电动机结构简单，工作可靠，维修方便，使用年限长而成本低，因此是目前应用最广泛的一种电动机。但异步电动机也有一些缺点，主要是不能经济地实现范围较广的平滑调速，必须从电网吸取滞后的励磁电流，使电网的功率因数变坏。异步电动机通常做成三相的，1kW 以下的异步电动机也有做成单相的，这里主要介绍三相异步电动机。

一、三相异步电动机的结构形式

根据不同的冷却方式和保护方式，异步电动机有开启式、防护式、封闭式和防爆式等几种。

防护式异步电动机能够防止外界的杂物落入电动机内部，并能在与垂直线成 45°的任何方向防止水滴、碎屑等掉入电动机内部，这种电动机的冷却方式是在电动机的转轴上装有风扇，冷空气从端盖的两端进入电动机，冷却了定子、转子以后再从机座旁边流出。

封闭式异步电动机是指电动机内部的空气和机壳外面的空气彼此相互隔开，电动机内部的热量通过机壳的外表面散发出去，为了提高散热效果，在电动机外面的转轴上装有风扇和风罩，并在机座的外表面铸出许多冷却片，这种电动机用在灰尘较多的场所。

防爆式异步电动机是一种全封闭的电动机，它把电动机内部和外界的易燃、易爆气体隔开，多用于有汽油、酒精、天然气、煤气等易爆性气体的场所。

二、三相异步电动机的铭牌数据

三相异步电动机的铭牌数据见表10-1。

表10-1　三相异步电动机的铭牌数据

接法：	额定值		编号 6044	3PHASE	4POLES
Z—X—Y	电压 380V	频率 50Hz	防护等级 IP44	绝缘 B 级	35kG
U　V　W	电流 29.4A	转速 2930r/min	功率 15kW	工作制 SI	
↑　↑　↑	标准编号 JB/T9610—1999		2003 年 12 月		

Y 系列为小型笼型全封闭自冷式三相异步电动机，可用于金属切削机床、通用机械、矿山机械等；也可用于拖动静止或惯性较大的机械，如压缩机、传送带、粉碎机、小型起重机和运输机械等。

JQ_2 和 JQO_2 系列是高起动转矩异步电动机，用在起动静止或惯性负载较大的机械上。JQ_2 是防护式，JQO_2 是封闭式的。

JS 系列是中型防护式三相笼型异步电动机。

JR 系列是防护式三相绕线转子异步电动机。用在电源容量小，不能用同功率笼型异步电动机起动的生产机械上。

JSL_2 和 JRL_2 系列是中型立式水泵用的三相异步电动机，其中 JSL_2 是笼型电动机，JRL_2 是绕线转子电动机。

JZ 和 JZR 系列是起重和冶金用的三相异步电动机，JZ 是笼型电动机，JZR 是绕线转子电动机。

BJO 系列是防爆式笼型异步电动机。

JPZ 系列是旁磁式制动异步电动机。

JZT 系列是电磁调速异步电动机。

三、三相异步电动机的基本结构

三相异步电动机由定子、转子两大部分和其他附件所组成，如图10-1 所示。

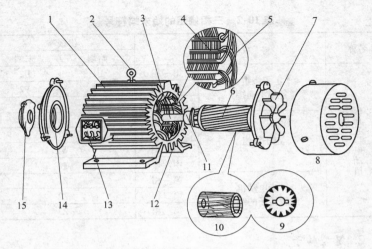

图 10-1　三相异步电动机的结构

1—散热肋　2—吊环　3—转轴　4—定子铁心　5—定子绕组
6—转子　7—风扇　8—罩壳　9—转子铁心　10—笼型绕组
11—轴承　12—机座　13—接线盒　14—端盖　15—轴承盖

1. 定子

定子是由定子铁心和定子绕组组成。为了减少磁滞和涡流损耗，环形定子铁心由冲了槽的硅钢片叠压而成，铁心槽内嵌放三相定子绕组，三相绕组的 6 个出线头固定在机座外壳的接线盒内，线头旁边标有各相绕组的始末端符号，见表 10-2。三相定子绕组可接成星形联结或三角形联结，如图 10-2 所示。

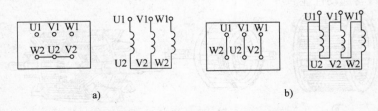

a)　　　　　　　　　　　　　　　b)

图 10-2　三相异步电动机的定子绕组

a) 星形联结　b) 三角形联结

表 10-2　三相绕组的始末端符号

名称	绕组名称		出线端	
			始端	末端
三相异步电动机	定子绕组（各相不连接）	第一相	U1	U2
		第二相	V1	V2
		第三相	W1	W2
	定子绕组	第一相	U1	
		第二相	V1	
		第三相	W1	
		中性点	N	
	异步电动机绕线转子的绕组	第一相	Z1	
		第二相	Z2	
		第三相	Z3	

2. 笼型转子

转子铁心由硅钢片叠成并压装在转轴上，硅钢片上冲有均匀分布的槽，槽内嵌放转子绕组，转子按其绕组的构造可分成笼型转子及绕线转子两种。

对于旧式大型的异步电动机，其转子槽内放置绝缘铜条，铜条两端用短路环焊接起来如笼型。近年来生产的中小型电动机，转子冲片间不涂绝缘漆，转子槽内导体和两端短路环连同风扇叶片一起用铝铸成整体，如图 10-3 所示。为了改善起动特性，笼型转子一般都采用斜槽结构，此外，也有用双笼型和深槽结构的。双笼型转子上有内外两个笼型结构，外笼导体采用电阻率较大的黄铜条，内笼导体采用电阻率较小的纯铜条。深槽转子绕组是利用狭长的导体产生集肤效应，来改善起动性能。

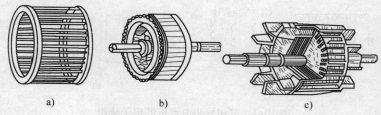

a)　　　　　　　b)　　　　　　　c)

图 10-3　异步电动机的转子

a）笼型转子绕组　b）铜导条笼型转子　c）铸铝笼型转子

3. 绕线转子

绕线转子与定子绕组相似，采用绝缘导线绕制三相绕组。转子绕组的相数、极对数和定子绕组相同。三相转子绕组一般都接成星形（Y），三根引出线连接到固定在转轴上的三个集电环上，由一组支持在端盖上的电刷将集电环与外电路（如起动或调速用电阻）接通，所以绕线转子又叫作集电环式转子，如图10-4所示。

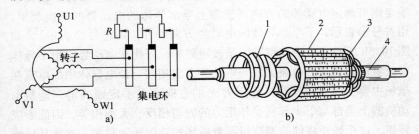

a)   b)

图 10-4 绕线转子

a）绕线转子异步电动机的接线 b）绕线转子的外形

1—集电环 2—转子铁心 3—转子绕组 4—轴

4. 空气隙

为了减少励磁电流，提高功率因数，异步电动机定子与转子间的空气隙尽可能做得小些，但是允许的最小气隙是受转子安装的偏心值所限制，还要考虑轴承的磨损，单边磁拉力以及附加损耗等因素。异步电动机的气隙值，见表10-3。

表 10-3 异步电动机的气隙值

极数 \ 机座号	3	4	5	6	7	8	9
2	0.3	0.5	0.6	0.7	0.8	1.1	1.6
4	0.28	0.3	0.4	0.5	0.6	0.7	0.9
6		0.3	0.4	0.5	0.5	0.6	0.65
8		0.3	0.4	0.45	0.5	0.6	0.65

5. 其他附件

其他附件包括机座、端盖、风扇等。机座是由铸铁或钢板制成的，用于支撑定子和保护外壳。端盖是由铸铁制成的，在其中心孔内装有轴承以便支持转子。电动机的通风冷却由风扇及外风罩组成。

四、三相异步电动机的运转原理

图 10-5 所示为异步电动机的工作原理。在一个可旋转的马蹄形磁铁中，放置一只可自由旋转的笼型短路绕组。当转动马蹄形磁铁时，笼型绕组就会跟着向相同的方向旋转。这是因为磁铁转动后，它的磁力线切割笼型导体，在导体中产生感应电动势，根据右手定则可确定电动势的方向（笼型上半部导体的电动势的方向朝里，用符号⊕表示，下半部导体的电动势方向朝外，用符号⊙表示），如图 10-5b 所示。由于笼型导体是被短路的，因此在电动势作用下导体中就有电流流通，电流方向与电动势方向相同。带电导体中的电流在磁场中要受到力的作用，作用力 F 的方向由左手定则决定，笼型电动机的上半部与下半部所受作用力的方向相反、大小相等，因此形成转矩。这个转矩将使笼型绕组顺着磁场的转向转动起来，这就是异步电动机的工作原理。

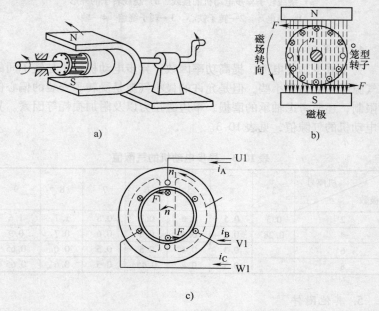

a)

b)

c)

图 10-5　异步电动机的工作原理
a）手摇旋转磁场模型　b）电磁关系　c）三相旋转磁场异步电动机

实际上三相异步电动机是利用定子三相绕组通入三相平衡电流，在电动机空气隙中产生了一个旋转磁场，如图10-5c所示。这个磁场的转速n_1称为同步转速，它由电源频率f以及定子绕组的极对数p来决定，即$n_1 = 60f/p$。

必须注意，笼型转子的转速n总是低于旋转磁场的同步转速n_1。因为只有当转子与旋转磁场之间存在相对运动时，转子导体才能切割磁力线，产生感应电流，并产生转矩。所以电动机的转速与旋转磁场转速的差异是保证电动机运转的因素，这就是异步电动机"异步"二字的由来。由于异步电动机的运转是以电磁感应为作用原理的，因此俗称"感应电动机"。

第二节 单相异步电动机的基本结构与工作原理

只由单相电源供电，只具有一相主定子绕组的异步电动机，叫作单相异步电动机。与相同功率的三相异步机相比，单相异步电动机体积大，工作性能也差一些，在工农业生产中，单相异步电动机远不如三相电动机应用广泛。但是，由于单相异步电动机所用电源是单相交流电源，这就使它在家用电器、医疗器械中用得很多，如电风扇、洗衣机、电冰箱、吸尘器等电器中，都用到单相异步电动机。单相电动机的功率较小，一般都不到1kW。

一、基本结构

从结构上看，它由转子和定子两部分组成。单相异步电动机的转子和三相异步电动机的转子相同，转子铁心用硅钢片叠压而成，套装在转轴上。转子铁心槽内装有笼型转子绕组。

二、工作原理

使单相异步电动机起动运转的关键就是要设法建立旋转磁场。不同类型的单相异步电动机，产生旋转磁场的方法也不同，常见的是电容起动式单相异步电动机。

这种电动机的定子中装有两相绕组：一相叫主绕组，一相叫副绕组。主绕组直接与电源相连接，副绕组与一个电容器串联后与主绕组并联接入电源，如图10-8所示。两个绕组由同一单相电源供电，由于副绕组支路中串联电容器，故两个绕组中的电流相位不同。如果电容器选择合适，可以使两个电流的相位差90°。图10-6中画出了相差

90°的两个正弦交流电分别通入在空间互差 90°的两个绕组中产生旋转磁场的情况（实际上，两个绕组中的电流如果有一定的相位差，便可以产生旋转磁场，并不一定准确相差 90°才可）。

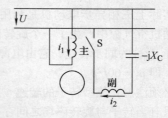

图 10-6　电容起动式单相异步电动机

有了旋转磁场就能产生起动转矩，电动机仍可自行起动。

电动机起动后，借助离心开关 S，自动把起动绕组的电源切断，电动机进入正常运行。

"两相"电流所生旋转磁场的转速（同步转速），和三相旋转磁场一样，可由下式决定，即

$$n_1 = 60f/p = 3000/p$$

式中　f——电源频率；

　　　p——极对数。

电容起动式单相异步电动机具有较好的运行特行，其功率因数、效率、过载能力均比其他单相异步电动机高，并能产生较大转矩。若要改变电动机的转动方向，也很容易实现。家用电器风扇、洗衣机中普遍采用这种电动机。

如果把起动绕组支路中的电容器换成电感器或电阻器（实际上常采用更换细导线增大电阻的办法，而不额外加串电阻元件），同样可以使两个绕组中的电流不同向，从而得到旋转磁场，这就成为电感或电阻起动式电动机了。它们和电容起动式电动机都称为分相起动式电动机。

第三节　三相异步电动机的运行和维护

一、电动机起动前的准备和检查

1）新的或长期不用的电动机，使用前都应检查一下电动机绕组间和绕组对地的绝缘电阻。对绕线转子电动机，除检查定子绝缘外，还应检查转子绕组及集电环对地和集电环之间绝缘。绝缘电阻 1kV 工作电压不得小于 1MΩ。通常对 500V 以下电动机用 500V 绝缘电阻表测量，对 500～3000V 电动机用 1000V 绝缘电阻表测量，对 3000V

以上电动机用 2500V 绝缘电阻表测量，一般电源为三相交流 380V 电动机的绝缘电阻应大于 0.5MΩ 方可使用。

2）检查铭牌所示电压、频率、接法与电路电压等是否相符，接法是否正确。

3）检查电动机内部有无杂物。用干燥的压缩空气（不大于 2 个大气压）吹净内部，也可使用吹风机等来吹，但不能碰坏绕组。

4）检查电动机的转轴是否能自由旋转，对于滑动轴承，转子的轴向油量每边为 2 ~ 3mm。

5）检查轴承是否有油，一般高速电动机应采用高速机油，低速电动机应采用机械油，将其注入轴承内，并达到规定的油位。

6）检查电动机接地装置是否可靠。

7）对于绕线转子电动机，还应检查集电环上的电刷表面是否全部贴紧集电环，导线是否相碰，电刷提升机构是否灵活，电刷的压力是否正常（一般电动机工作表面上的压力为 0.15 ~ 0.25kgf/cm^2）。

8）对于不可逆转的电动机，应检查运转方向是否与该电动机运转指示箭头方向相同。

9）对新安装的电动机，还需检查接地螺栓及底脚和轴承螺母是否拧紧，以及机械方面是否牢固。同时，还要检查电动机机座的接地情况。

经过上述准备工作及检查后方可起动电动机。电动机起动后应空转一段时间，在这段时间内应注意轴承温升，不得超过规定温升，而且注意是否有不正常噪声、振动、局部发热等现象，如有不正常现象需消除后才能运行。

二、电动机运行中的维护

1）应经常保持清洁。不允许有水滴、油污或飞尘落入电动机内部。

2）注意负载电流不能超过额定值。

3）经常检查轴承发热、漏油等情况。

4）检查电动机各部分最高允许温度和允许温升，根据电动机绝缘等级和类型而定。

5）电动机在运转中不应有摩擦声、尖叫声或其他杂声，如有不正常声音，应及时停机检查，消除故障后方可继续运行。

6) 对绕线转子电动机应检查电刷与集电环间的接触情况与电刷磨损情况。如有火花时应清理集电环表面，可用 0 号砂布磨平集电环，并校正电刷弹簧压力。

7) 各种型式电动机都应通风良好。电动机的进风口与出风口必须保证畅通无阻。

三、三相异步电动机的故障及处理方法

三相异步电动机的故障一般可分为电气和机械两部分。电气故障包括各种类型的开关、按钮、熔断器、电刷、定子绕组、转子绕组及起动设备等，机械故障包括轴承、风叶、机壳、联轴器、端盖、轴承盖和转轴等。

当电动机发生故障时，应仔细观察所发生的现象，如转速快慢程度、温度变化，以及是否有不正常响声和剧烈振动。另外，还要检查开关和电动机绕组内是否有火花、冒烟及焦熏味等，根据故障现象分析原因和作出判断，以至找出和排除故障，见表10-4。

表 10-4 电动机的故障及处理方法

故障现象	可能原因	处理方法
不能起动且没有任何声响	1) 电源未接通 2) 熔丝熔断两相以上 3) 电源线有两相或三相断线或接触不良 4) 开关或起动设备有两相以上接触不良 5) 绕线转子电动机起动误动作 6) 过电流继电器整定值调得太小 7) 负载过大或转动部分被卡住 8) 控制接线错误	1) 开关、熔丝、各对触点及电动机引出线头故障，将故障处查出修理 2) 查出烧断原因，排除故障，然后按电动机规格配上新熔丝 3) 找出故障处，重新刮净并接好 4) 检查出接触不良处，予以修复 5) 检查集电环短路装置及起动变阻器的位置。起动时应分开短路装置，串接变阻器 6) 适当调高 7) 选择较大功率的电动机或减轻负载；如转动机器被卡住，应检查机器，消除故障 8) 校正接线

（续）

故障现象	可能原因	处理方法
电动机带负载运行时转速低于额定值	1）电源电压过低 2）笼型转子断条 3）绕线转子一相断路 4）绕线转子电动机起动变阻器接触不良 5）电刷与集电环接触不良 6）负载过大	1）用万用表检查电动机输入端电源电压 2）重新铸铝或更换转子 3）用校验灯或万用表等检查断路处，排除故障 4）修理变阻器接触点 5）调整电刷压力及改善电刷与集电环接触面 6）选择较大功率电动机或减轻负载
电动机空载或负载时电流表指针来回摆动	1）绕线转子电动机一相电刷接触不良 2）绕线转子电动机的集电环短路装置接触不良 3）笼型转子断条 4）绕线转子一相断路	1）调整电刷压力及改善电刷与集电环接触面 2）修理或更换短路装置 3）重新铸铝或更换转子 4）用校验灯或万用表等检查短路处，排除故障
接地失灵，电动机外壳带电	1）电源线与接地线接错 2）电动机绕组受潮、绝缘老化或引出线与接地盒碰壳	1）校正接线 2）电动机绕组干燥处理，绝缘老化者要更换绕组，整理接地线
电动机运转时声音不正常	1）定子与转子相擦 2）电动机两相运转有嗡嗡声 3）转子风叶碰壳 4）转子摩擦绝缘纸 5）轴承严重缺油 6）轴承损坏	1）锉去定转子硅钢片突出部分；轴承如有走内圆或外圆，可采取镶套办法，或更换端盖，或更换转轴 2）检查熔丝及开关触头，排除故障 3）校正风叶，旋紧螺钉 4）修剪绝缘纸 5）清洗轴承加新油，润滑油的容量不宜超过轴承内容积的70% 6）更换轴承
电动机振动	1）转子不平衡 2）传动带盘不平衡 3）传动带盘轴孔偏心 4）轴头弯曲	1）校动平衡 2）校静平衡 3）车正或镶套 4）校直或更换转轴。弯曲不严重时，可车去1~2mm，然后配上套筒（热套）

（续）

故障现象	可能原因	处理方法
轴承过热	1）轴承损坏 2）轴承与轴配合过松或过紧 3）轴承与端盖配合过松或过紧 4）润滑油过多、过少或油质不好 5）传动带过紧或联轴器装得不好 6）电动机两侧端盖或轴承盖未装平	1）更换轴承 2）过松时转轴镶套；过紧时重新加工到标准尺寸 3）过松时端盖镶套；过紧时重新加工到标准尺寸 4）加油或换油，润滑油的容量不宜超过轴承内容积的 70% 5）调整传动带张力，校正联轴器转动装置 6）将端盖或轴承盖止口装进装平，旋紧螺钉
电动机温升过高或冒烟	1）负载过大 2）两相运转 3）电动机风道阻塞 4）环境温度增高 5）定子绕组匝间或相间短路 6）定子绕组通地 7）电源电压过低或过高	1）选择较大功率的电动机或减轻负载 2）检查熔丝、开关触头，排除故障 3）清除风道油垢及灰尘 4）采取降温措施 5）查找匝间或相间短路处，并予修复 6）设法调整电压或等线路电压正常时再使用 7）用万用表检查电动机输入端电源电压
绕线转子集电环火花过大	1）电刷牌号及尺寸不合适 2）表面有污垢杂物 3）电刷压力太小 4）电刷在刷握内卡住	1）更换合适电刷 2）用 0 号砂纸磨光集电环并擦净污垢，痕重时应车一刀 3）调整电刷压力 4）磨小电刷

第四节　电动机的拆装

修理或维护保养电动机时，需要把电动机拆开，如果拆得不好，会把电动机拆坏，或使修理质量得不到保证。因此必须掌握正确拆卸和装配电动机的方法。

一、拆卸前的准备工作

拆卸前应准备好工具，以及做好拆卸前的记录和检查工作，然后进行正确的拆卸。

二、拆卸方法和步骤

1）拆除电动机的所有引线。对于绕线转子异步电动机来说，还应抬起或拿出电刷。

2）拆卸带轮或联轴器。先将带轮或联轴器上的固定螺钉或销子松脱或取下，再用专用工具——抓手（也叫作拔子）把带轮或联轴器慢慢拉出，如图 10-7 所示。

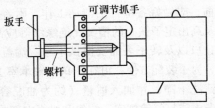

图 10-7 抓手拆卸带轮

使用抓手时要顶正，抓手螺杆中心线要对准电动机轴的中心线，并注意抓手和带轮或联轴器的受力情况，不要将轮缘拉裂或抓手扳裂。如遇拆不下来时，可以渗些煤油再拉，或用喷灯加热，乘热迅速拉下。加热时应当用石棉包住轴，并浇凉水，以防止热量传到电动机内，损坏其他部件。不需清洗轴承或有轴承套的电动机，有时可不拆卸带轮或联轴器。

3）拆卸风扇或风罩。封闭式电动机在拆卸带轮后，就可把风罩卸下来。然后，取下风扇上的定位螺栓，用锤子轻敲风扇四周，卸下风扇。有的风扇是塑料的，内孔有螺纹，可以用热水使塑料风扇膨胀后拆卸下来。小型电动机的风扇也可不拆，随转子一起从定子中抽去。

4）拆卸轴承盖和端盖。先拆除滚动轴承的外盖，再拆端盖。端盖与机座的接缝处要做好记号，便于装配。一般小型电动机都只拆风扇一侧的端盖，同时将另一侧的轴承盖、螺钉拆下，然后将转子、端盖、轴承盖和风扇一起抽出。中、大型电动机，因转子较重，可把两侧的端盖都拆下来。卸下后应标注上、下及负荷端和非负荷端。为防止定子、转子发生机械碰伤，拆下端盖后应在气隙中垫以钢纸板。

5）抽出转子。小型电动机的转子可用手将转子、端盖等一起抽出。大型电动机转子较重，可用起重设备将转子吊出，抽转子时，应小心且缓慢，特别要注意不可歪斜，以免碰伤定子绕组，必要时可在线圈端部垫纸板用于保护线圈。

6）拆卸前后轴承和轴承内盖。如果仅是清洗轴承，不一定要将轴承从轴上拆下。若要修理、更换轴承时，则要卸下旧轴承。同时，还要用专用工具"抓子"。

三、电动机的修后装配

1. 装配前的准备

电动机装配前，应做好各部件的清洁工作。附着在定子铁心内径上的油膜脏物以及高出定子铁心的槽契、绝缘纸等应刮平剔净，机座、端盖、轴承盖的止口以及转子表面要擦拭干净。端盖轴承室要用煤油清洗擦净。另外，为了装配方便，可在止口和轴承室上涂抹少许黄油。轴承要在煤油中清洗干净，并加入适量（约为油腔容积的2/3）的黄油。最后，用皮老虎或打气筒把定子绕组和机壳内部吹干净。

2. 装配

电动机装配基本上是电动机拆卸的逆过程。电动机装配是从转子装配开始的，小型电动机一般把轴承内盖、滚动轴承、集电环（绕线转子式）、风扇先装配到转子上，经平衡试验后装入定子，再将端盖装上。应注意拆卸时的记号，使机壳上所有螺孔都相吻合。装端盖时，可用木槌（若用铁锤，则应加垫木板）均匀敲击端盖周围，按对角线均匀对称地拧紧螺钉，不要一次拧到底。

端盖固定后，用手转动电动机转子，转子转动应均匀、灵活、无停滞或偏重现象。确实装配正确后，再装轴承外盖及带轮或联轴器。安装带轮前，先用砂纸将机轴和带轮轴孔打光滑，然后将带轮套在轴上并对准键槽位置，用锤垫着硬木块把键轻轻打入槽内。较大的电动机，可以利用长铜管或起重设备装上转子。

第五节　　三相异步电动机定子绕组故障的检修

绕组是电动机的重要组成部分。由于电动机绝缘材料的老化并受到潮湿腐蚀性气体的浸入，以及机械力和电磁力的冲击等都会造成绕组的伤害，此外不正常的运转，如长期过载、欠电压或两相运行等也会引起绕组故障。

电动机绕组的故障形式多种多样，其原因也各不相同。下面介绍几种常见的绕组故障的检修方法。

一、绕组断路故障的检修

经验表明，断路故障多数发生在电动机绕组的端部、各绕组元件的接线头或电动机引出线端等处。由于绕组端部露在电动机铁心外面，导线易被碰断或接线头因焊接不良，在长期使用中会松脱等，因此首先要检查绕组的端部，如发现断线或接头松脱时，应重新连接焊牢，包上绝缘层再涂上绝缘漆即可使用。

另外，由于匝间短路、接地等故障而造成绕组烧断，则多数需要更换绕组。

单路及小型电动机断路时，可用绝缘电阻表或万用表（放在低电阻档），或校验灯来校验。对于星形联结的电动机，检查时需每相分别测试。对于三角形联结的电动机，检查时必须把三相绕组的接线头拆开后，每相分别测试。

中等功率的电动机绕组大多是采用多根导线并绕和多支路并联，其中如断掉若干根或断开一根时，检查就较复杂。通常采用以下两种方法：

（1）平衡法 对于星形联结的电动机，三相绕组并联后，通入低电压大电流（一般可用单相交流电焊机），如果三相电流值相差5%时，电流小的一相为断路相，如图10-8所示。

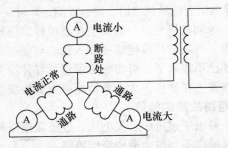

图10-8 用电流平衡法检查多支路并联星形联结绕组断路

对于三角形联结的电动机，先要把三角形的接头拆开一个，然后把电流表接在每相绕组的两端，其中电流小的一相为断路相，如图

10-9 所示。

（2）电阻法　用电桥测量三相绕组的电阻值，如三相电阻值相差大于 5% 时，则电阻较大的一相为断路相。

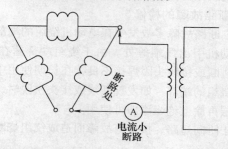

图 10-9　用电流平衡法检查多支路并联三角形联结绕组断路

二、绕组接地故障的检修

电动机绕组接地俗称"碰壳"。电动机绕组受潮、绝缘材料老化以及大修或更换绕组时槽绝缘被损坏或绝缘未垫好，都会造成通地故障。

具体检查方法是：用万用表（低阻档）、校验灯（40W 以下）进行检查与测试。如果电阻较小或校验灯暗红时表示该相绕组严重受潮应进行烘干处理。烘干后用绝缘电阻表测定其绝缘电阻大于 0.5MΩ 时，即可使用。如果电阻为零或灯发亮的相，即为接地相。然后，检查接地相绕组绝缘物，如有破裂及焦痕地方即为接地点。如果很难看到焦痕处，可用绝缘电阻表测量该绕组，如有冒烟，即可发现接地点。

经验表明，电动机接地点一般发生在绕组伸出槽外的交接处。如该处故障不严重，可用竹片或绝缘纸插入铁心与绕组之间，然后按上述方法检查，如已不接地了，可将绝缘带包扎好并涂上自干绝缘漆。

如果接地点发生在槽内，大多数情况必须更换绕组。

三、绕组短路故障的检修

绕组短路一般由于过电压、欠电压、过负载或两相运行等原因造成。更换绕组时操作不当也会造成绕组短路。

检查故障前应先了解电动机是否有过载、过电压或两相运行等异常情况，短路处因电流过大而产生高热，使绝缘出现焦脆现象，应观察电动机绕组有否烧焦痕迹和焦味。

绕组短路的情况有：匝间短路、绕组间短路、极相间短路、相间短路。常见的检查方法有下面几种：

（1）利用绝缘电阻表或万用表检查相间绝缘　用绝缘电阻表或万用表检查任何两相绕组间绝缘电阻，如绝缘电阻很低，就说明该两相短路。

（2）电流平衡法　用图 10-8 及图 10-9 所示方法分别测量三相绕组电流，电流大的相为短路相。

（3）电阻法　用电桥测量三相绕组电阻，电阻较小的一相为短路相。

（4）用短路侦察器检查绕组匝间短路　短路侦察器是利用变压器原理来检查绕组匝间短路的。短路侦察器具有一个不闭合的铁心磁路，上面绕有励磁绕组，相当于变压器一次绕组。将已接通交流电源的短路侦察器放在定子铁心槽口，沿着各个槽口逐槽移动，当它经过一个短路绕组时，这短路绕组成为变压器的二次绕组，如果短路侦察器绕组中串联一只电流表，此时，电流表指示出较大电流。不用电流表，也可用一厚 0.5mm 的钢片或旧锯条放在被测绕组的另一个绕组边所在槽口上面。如被测绕组短路，则此钢片就会产生振动。

必须指出，对于多路绕组的电动机，必须把各支路分开，才能用短路侦察器测试，否则绕组支路上有环流，无法分清哪个槽的绕组是短路的。

如果短路点发生在槽内，将该槽绕组稍微加热软化后翻出受损绕组，换上新的槽绝缘，将导线绝缘损伤的部位用绝缘带包好，再按上述方法检查，然后重新嵌入槽内进行绝缘处理。如导线绝缘损坏较多，包上新绝缘的导线无法嵌进槽内，要拆开重绕。

四、绕组接错与嵌反的检修

若绕组接错或嵌反，电动机起动时，由于绕组中流过的电流方向相反，使电动机的磁动势和电抗发生不平衡，因此引起电动机振动、噪声、三相电流严重不平衡、电动机过热、转速降低，甚至造成电动机不转，熔丝烧断。

绕组接错或嵌反有两种情况：一是绕组外部接线错误，另一种是内部个别绕组或极相组接错或嵌反。

1. 三相绕组首尾接反的检查方法

（1）绕组串联法　如图10-10所示，一相绕组接通36V低电压交流电（对小功率电动机可直接用220V电源，大中型电动机不宜用220V电源），另外两相绕组串联起来接上灯泡，如灯泡发亮，说明三相绕组首尾连接是正确的，作用在灯泡上的电压是两相绕组感应电动势的矢量和。如灯泡不亮，说明两相绕组首尾接反，作用在灯泡上的电压是两相绕组感应电动势之差，正好抵消；应对调后重新测试。

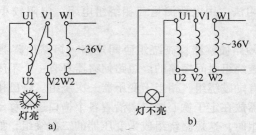

图10-10　用单相电源检查三相绕组首尾接线
a）正确　b）错误

（2）用万用表检查　如图10-11所示，用万用表（毫安档）进行测量，此时转动电动机转子，如万用表指针不动，则说明绕组首尾连接是正确的。如万用表指针转动了，说明绕组首尾连接是不正确的，应对调后重新测试。这一方法是利用转子中剩磁在定子三相绕组内感应出电动势，才能使万用表指示出电流（毫安）读数。

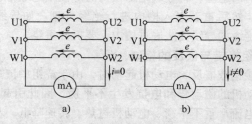

图10-11　用万用表检查绕组首尾接线（一）
a）正确　b）错误

如图10-12所示，当接通开关瞬间，如万用表（毫安档）指针摆向大于零的一边，则电池正极所接线头与万用表负端所接线头同为首或尾，如指针反向摆动，则电池正极所接线头与万用表正端所接线头同为首或尾。再将电池接到另一相的两个线头试验，就可确定各相的首与尾。

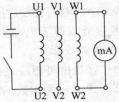

图 10-12　用万用表检查绕组首尾接线（二）

2. 内部个别绕组或极相组接错或嵌反的检查方法

将低压直流电源（一般用蓄电池）通入某相绕组，用指南针沿着定子铁心槽上逐槽检查，如指南针在每极相组的方向交替变化，表示接线正确；如果邻近的极相组指南针的指向相同，表示极相组接错；如极相组中个别绕组嵌反，在本极相组中指南针的指向是交替变化的。这时把绕组故障部分的连接线或过桥线加以纠正。如指南针的方向指不清楚，应加大电源电压，再进行检查。

第六节　定子绕组及下线工艺

定子绕组在绕好线圈下线前，要求知道绕组的排布及连接规律，为此先对三相异步电动机绕组做一简单介绍。

一、异步电动机的绕组和连接

1. 绕组的基本术语

（1）线圈单元　就是组成绕组的基本元件，又称为绕组元件。由一匝或相互绝缘的多匝导线组成，如图 10-13 所示。线圈单元嵌入铁心槽内的直线部分叫作有效边，槽外部分叫作端接部。它有两个引出线端，一个叫作首端，一个叫作尾端。

（2）极对数 p　即电动机主磁场磁极的对数。电动机主磁场沿气隙按 N、S 交替间隔分布。

（3）电角度　一个圆周对应的机械角度为 360°，但从电磁观点看，一对磁极就对应一个交变周期，把一个交变周期定义为 360°电角度。故电角度 = p × 机械角度。

（4）极距　定子绕组一个磁极所占有的定子圆周距离，常以所占定子槽数来表示。若定子槽数为 Z_1，电动机磁极数为 $2p$，则极距 $\tau = Z_1/2p$。

（5）线圈节距 y　指一个线圈两有效边所跨槽数。节距 y 的大小决定线圈的大小，它一般接近或等于电动机的极距。实用中常采用 $y < \tau$ 的短距线圈或 $y = \tau$ 的整距线圈。

（6）每极每相槽数 q　就是指每相绕组在每极下所占有的槽数。可由 $q = Z_1/(2pm)$ 计算，式中 m 为相数。定子绕组每极每相槽数 q 所占有的区域称为相带，用电角度表示。三相单速异步电动机常采用 60°相带。

（7）每槽所占电角度 α　整个定子圆周所具有的电角度为 $p × 360°$，它除以定子槽数 Z_1，即得每槽所占电角度 $\alpha = p × 360°/Z_1$。例如，某三相交流异步电动机 $\alpha = 30°$，U 相的首端在第 1 槽，则因三相交流异步电动机是三相对称绕组（只要了解其中一相绕组情况，就可以知道其他两相的情况），其三相绕组在空间位置上分别互差 120°电角度，故可知 V 相的首端可在第 5 槽，W 相的首端可在第 9 槽。

（8）极相组（线圈组）　凡是一相中形成同一个磁极的线圈（一个或多个）定为一组的叫作极相组（线圈组）。图 10-14 所示为两个线圈定为一组的极相组。

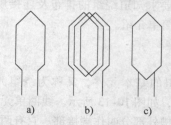

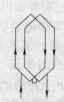

图 10-13　线圈单元　　　　　图 10-14　极相组示意图

a）单匝线圈　b）多匝线圈　c）多匝线圈简化

（9）单层绕组和双层绕组　槽内沿槽深方向只放置一个线圈边的称为单层绕组；沿槽深方向放置两个线圈边的称为双层绕组，10kW 以上的三相异步电动机多采用双层绕组。

（10）绕组的并联支路数 a　即每相绕组中并联的路数。

（11）绕组展开图　电动机的绕组分布在铁心圆柱面上形成圆筒形。设想把定子铁心沿轴向切开并展平，即把圆筒形的定子绕组展开成平面图，这个平面图就叫绕组展开图。

2. 绕组的连接方式

定子绕组的连接方式可分为两种：

（1）显极式连接　如图 10-15a 所示，此种连接中，每个（组）线圈形成一个磁极，相邻线圈（组）间不形成磁级，绕组的线圈（组）数与磁极数相等。此种连接也称为反串连接，即首端与首端相接，尾端与尾端相接。国产电动机大多采用此种连接方式，只有少数小功率电动机例外。

（2）隐极式连接　如图 10-15b 所示，在此种连接方式中，不但每个（组）线圈形成一个磁极，而且相邻线圈（组）间还形成磁极，绕组的线圈（组）数与磁极对数相等，也称为正串连接，即首端与尾端相接。对于进口电动机，不论其功率大小，较多采用此种连接。

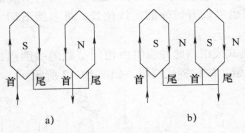

图 10-15　绕组的两种连接方法

a）显极式连接　b）隐极式连接

3. 三相异步电动机定子绕组的排布与连接规律

（1）三相单层绕组的排布与连接规则

1）先将定子槽数按极数均分，再把每极下槽数均分成 3 个相带，每个相带各占 60°电角度。

2）U、V、W 三相相带的分布规律为：V 相带滞后 U 相带 120°电角度；W 相带又滞后 V 相带 120°电角度。相邻的不同极性下的同相相带相差一个极距，即 180°电角度。图 10-16 所示为 $Z_1 = 24$、$p =$

2 的三相电动机相带的划分和排列情况。各相绕组的电源引出线应彼此间隔 120°电角度，即三相绕组中的 3 个首端 U1、V1、W1 各相差 120°电角度。三个尾端 U2、V2、W2 也各相差 120°电角度。

图 10-16　三相电动机相带划分和排列

$Z_1 = 24$、$p = 2$、$\tau = 6$、$q = 2$、$\alpha = 30°$

3) 同一相绕组的各个有效边在同性磁极下的电流方向应相同，而在异性磁极下的电流方向应相反。

4) 同相线圈之间的连接应顺着电流方向进行。

按上述原则可绘制出几种常用的三相单层绕组展开图。图中画出了其中一相绕组的排布，另外两相仅画出了其引出线的位置（其中 W 相的引出线也可以有另外的出线位置，可参阅下面完整的三相展开图）。

① 单层链式绕组。此种绕组由相同节距的线圈组成，线圈是一个环，形如长链，故称链式绕组，如图 10-17 所示。

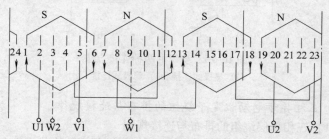

图 10-17　单层链式绕组一相展开图

$Z_1 = 24$、$2p = 4$、并联支路数 $q = 2$、$y = 5$、显极式连接、线圈组数 = 极数

② 单层交叉链式绕组。它是采用不等距线圈组成，主要用于每极每相槽数 $q = 3$（或其他奇数），$2p = 4$ 或 6 的小型异步电动机中，如

图10-18 所示。

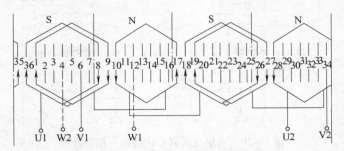

图 10-18 单层交叉链式绕组一相展开图

$Z_1 = 36$、$2p = 4$、并联支路数 $q = 3$、

$y_{大/双圈} = 8$、$y_{小/双圈} = 7$、显极式连接、线圈组数 = 极数

③ 单层同心式绕组。此种绕组的大小线圈的中心重合，故称为同心式绕组，在二极电动机中采用较多，如图10-19所示。对于每极每相槽数 $q = 4$ 的电动机可把4个线圈分成左右两个同心线圈组，形成交叉同心式绕组，如图10-20所示。

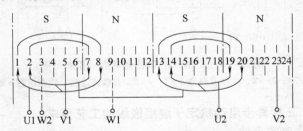

图 10-19 单层同心式绕组一相展开图

$Z_1 = 24$、$2p = 4$、并联支路数 $q = 2$、

$y_大 = 7$、$y_小 = 5$、隐极式连接、线圈组数 = 极对数

（2）双层叠绕组的排布与连接规律 其相带的划分与绕组的连接规律与单层绕组的基本相同，所不同的是它每槽有上、下两层导体，相带是按上层导体来划分的，下层边由线圈的节距决定。双层绕组的节距可采用 $y = \tau$ 的整节距（较少用），也可采用 $y < \tau$ 短节距（常用）。如图10-21所示，图中的虚线表示下层边。

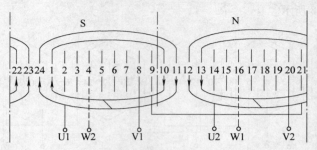

图 10-20 单层交叉同心式绕组一相展开图

$Z_1 = 24$、$2p = 2$、并联支路数 $q = 4$、

$y_大 = 11$、$y_小 = 9$、显极式连接、线圈组数 = 极数

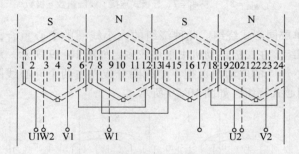

图 10-21 三相短距双层叠绕组一相展开图

$Z_1 = 24$、$2p = 4$、并联支路数 $q = 2$、$y = 5$、显极式连接、线圈组数 = 极数

二、三相异步电动机定子绕组嵌线的工艺要求

1. 清理定子槽

为了不影响槽满率和保证电动机的性能,拆除旧绕组后,必须清理定子槽内残留的绝缘材料和其他杂物。

2. 准备好嵌线工具

小型异步电动机嵌线工具有划线板(又称为理线板)、压线板(又称为压脚)、打板、剪刀、电烙铁和木槌等。划线板如图 10-22a 所示,一般由竹或硬塑料或布纹层压板等做成,要磨得光滑,厚薄适中,要求能划入槽深 2/3 处。压线板由铜或铁做成,宽度应比线槽上部宽小 0.5 ~ 0.7mm,表面要光滑,在压线时不会损伤绝缘,如图 10-22b 所示。打板是嵌完线来整形端部用的。剪刀多用手术弯剪。电烙铁用于小型电动机绕组接头，一般可用功率为 50～100W 的。

3. 准备好槽绝缘、端部相间绝缘、层间绝缘材料和槽楔，以及紧固端部的扎线等

槽绝缘一般用里外两层，小功率电动机可只用一层，槽绝缘的材料可根据电动机绝缘等级选用复合青壳纸或 DMD 或 DMDM 或其他材料，其厚度为 0.2～0.5mm，可根据电动机机座号或功率大小而定。槽绝缘长度一般使它两端各伸出槽外 5～10mm，功率较大电动机还可放长一些，并在两端槽口部分反折加强。外层槽绝缘宽要求左、右、下三面紧贴槽壁，而上面正好比槽口缩进一些，里层槽绝缘宽可按上述要求也可采用左、右、下三面紧贴槽壁，上面再高出槽口 5～10mm 的宽度，以便嵌线时线圈能从高出槽口的两片纸中间滑进槽内，如图 10-23 所示。端部相间绝缘和层间绝缘材料和槽绝缘相同，端部相间绝缘形状尺寸大小视绕组端部而定，层间绝缘长度要求两端各伸出槽外 10～20mm，宽度比槽宽大 5～10mm，以利隔相。槽楔一般用竹片削制而成，槽楔长度较线槽稍长，横截面应是梯形，梯形的高度应以能压紧槽内线圈为准，削制的槽楔要求表面光滑、平直。

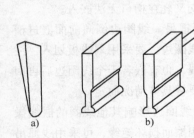

图 10-22　嵌线工具
a) 划线板　b) 压线板

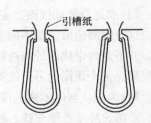

图 10-23　槽绝缘放置示意图

4. 嵌线的工艺

电动机的嵌线过程，一般可按以下几步进行：

(1) 摆放电动机定子位置　将电动机横卧，底座朝向外侧，接线盒朝向内侧。

(2) 线圈整形　右手大拇指和食指捏住线圈一有效边，左手捏

住另一有效边，两手同时用力，
右手向外翻，左手向内翻转，
把线圈尽量捏扁，如图 10-24
所示。

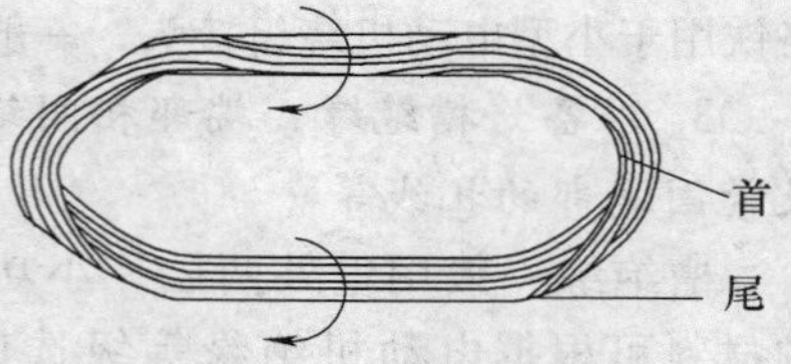

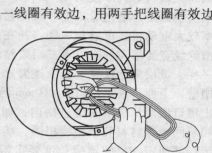

首

尾

图 10-24　线圈整形

（3）嵌入线圈

1）线圈的引线朝向接线盒
的进线孔方向，先嵌靠近身体的一线圈有效边，用两手把线圈有效边
尽量捏扁，将线圈边的左端从
槽口右侧倾斜着嵌进槽里，逐
渐向左移动，边拉边压，来回
滑动，使导线全部嵌入槽内，
如图 10-25 所示。如有小部分
导线压不进槽里，可用划线板
划入。但必须注意，划线板要
从槽的一端一直划到另一端，
并且必须使所划的导线全根嵌
入槽内，然后再划其余导线。

图 10-25　线圈的嵌入

切忌随意乱划或局部撬压，以免导线交叉轧在槽口无法嵌入。

2）靠近身体的线圈边嵌好后，再把另一线圈边倒向前面嵌进槽
里。这一线圈边的嵌法不同于先嵌的线圈边，要采用划线板划入。注
意，并不是每个线圈的两边都同时嵌线，也有嵌若干个线圈边后再回
头嵌原先一个线圈的另一线圈边的，要视具体情况而定。

3）为防止暂时不嵌入槽内的另一线圈边影响其他线圈的嵌线操
作，或防止导线可能与铁心槽口周围相擦而损坏绝缘，可采用线绳吊
起或用厚纸暂时衬垫。这种线圈称为"起把"线圈。

4）单、双层绕组嵌线顺序，一般都是后退（靠身）进行。

5）压实导线。导线全部嵌入槽内，如槽内导线太满，可用压线
板顺定子槽来回压几次，将导线压紧，以利于槽楔顺利插入。

（4）封槽口　将引槽纸齐槽剪平，折合封好，并用压线板压实，
插入槽楔。

（5）端部相间绝缘处理（即隔相）　隔相时应将任两相绕组完

全隔开，不要错隔、漏隔。同时，隔相纸应插到底。

（6）接线 按前面所述绕组连接方法，对照展开图完成接线。

（7）端部整形 把绕组端部整形成外大里小的喇叭口形状。整形方法是用手按压绕组端部内侧，或用橡胶锤垫着竹板轻轻敲打，使端部成形。其直径大小要适当，不可太靠近机壳。

（8）端部包扎 中型电动机可采用玻璃丝布包扎，小型电动机可用扎线或纱带包扎。

三、几种常见三相异步电动机定子绕组下线及连接方法

在双层绕组中，每槽要嵌入两个线圈边，先嵌的在底层（下层），后嵌上去的在上层。在单层绕组中，就没有上、下层之分，但有嵌线先后之分，将先嵌的位置称为外档，后覆盖上去的称为里档。在下面的绕组端部连线图中，图中小圆及数字表明铁心的槽及槽序；空心小圆同时也表示一个或一组线圈的首端，实心小圆还代表一个或一组线圈的尾端。两个单线圈连绕为一组的，为简化起见，在端部接线图中省略了单元线圈间的跨接线，如图10-26所示。

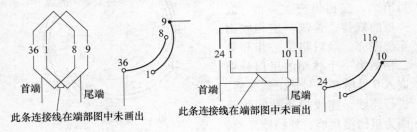

图 10-26 线圈组在端部接线中的画法说明图

1. 单层链式绕组

Y系列铁心外径为260mm及以下电动机绕组，当$q = 2$时采用此种绕组。现以$Z_1 = 24$、$2p = 4$、$q = 2$、$y = 5$、$a = 1$的定子绕组为例来说明其嵌线过程。其绕组展开图如图10-27所示。

嵌线次序如下：

1）将第一相的第一个线圈的一边嵌入1号槽内（此边称为外档），另一边（称为里档）先暂不嵌入6号槽内，这种线圈称为起把线圈。

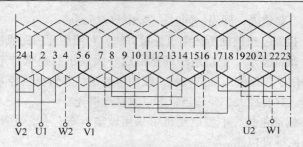

图 10-27 单层链式绕组展开图

2）向后空出 24 号槽，再将第二相的第一个线圈的一边嵌入 23 号槽，另一边暂不嵌入 4 号槽内。

3）再向后空出 22 号槽，将第三相第一个线圈的一边嵌入 21 号槽，另一边按节距 $y=5$ 嵌入 2 号槽内。

4）再向后空出 20 号槽，把第一相的第二个线圈外档嵌19 号槽，里档嵌在 24 号槽，以后第二、三相仍按空一槽、嵌一槽的规律，轮流将三相线圈全部嵌完，最后将第一相和第二相的第一个线圈的里档分别嵌入 6 号槽和 4 号槽。嵌完后，进行连线，连线规律是同相线圈为里档接里档，外档接外档，中间相隔两个线头。最后形成的绕组端部及线圈之间的连接情况如图 10-28 所示。上述嵌线次序见表 10-5。

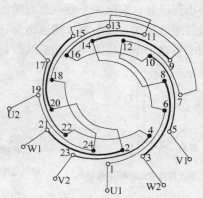

图 10-28 单层链式绕组端部
及线圈之间连接情况

表 10-5 24 槽 4 极单层链式绕组嵌线次序

次序		1	2	3	4	5	6	7	8	9	10	11	12
槽号	外档	1	23	21		19		17		15		13	
	里档				2		24		22		20		18

（续）

次序		13	14	15	16	17	18	19	20	21	22	23	24
槽号	外档	11		9		7		5		3			
	里档		16		14		12		10		8	6	4

可见单层链式绕组的嵌线工艺特点为：

1）起把线圈数为 q。

2）嵌线规律是嵌完一槽，向后退空一槽，再嵌一槽。

3）同相线圈的连接规律是里档接里档，外档接外档。

2. 单层交叉链式绕组

Y 系列铁心外径为 260mm 机座的电动机绕组，当 $q=3$ 时采用此种绕组。现以 $Z_1=36$、$2p=4$、$q=3$、$y_{小/单圈}=7$，$y_{大/双圈}=8$，$a=1$ 的定子绕组为例来说明其嵌线过程。其绕组展开图如图 10-29 所示。

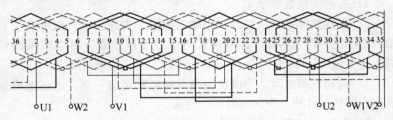

图 10-29　单层交叉链式绕组展开图

嵌线次序见表 10-6。最后形成的绕组端部及线圈间的连接情况如图 10-30 所示。

表 10-6　36 槽 4 极单层交叉链式绕组嵌线次序

次序		1	2	3	4	5	6	7	8	9	10	11	12	13	14	15	16	17	18
槽号	外档	1	36	34	31		30		28		25		24		22		19		18
	里档				3		2		35		33		32		29		27		

次序		19	20	21	22	23	24	25	26	27	28	29	30	31	32	33	34	35	36
槽号	外档		16		13		12		10		7		6		4				
	里档	26		23		20		17		15		14				11	9	8	5

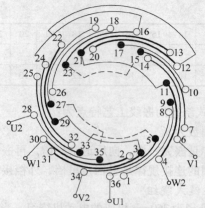

图 10-30　单层交叉链式绕组端部及线圈间的连接情况

可见单层交叉链式绕组的嵌线工艺特点为：

1）起把线圈数等于 q。

2）嵌线规律是一、二、三相轮着嵌放，先嵌双圈，然后退空一槽，嵌单圈，再空两槽，嵌双圈，再空一槽嵌单圈，再空两槽嵌双圈，直至嵌完。

3）同相线圈之间的连接规律与单层链式绕组一样，也是里档接里档，外档接外档，中间相隔两个线头。

3. 单层交叉同心式绕组

Y 系列铁心外径为 260mm 的电动机绕组，当 $q = 4$ 时采用此种绕组。现以 $Z_1 = 24$、$2p = 2$、$q = 4$、$y_大 = 11$、$y_小 = 9$、$a = 1$ 的定子绕组为例，说明其嵌线过程。其绕组展开图如图 10-31 所示。嵌线次序见表 10-7。最后形成的绕组端部及线圈间的连接情况如图 10-32 所示。

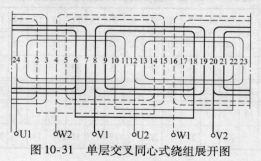

图 10-31　单层交叉同心式绕组展开图

可见单层交叉同心式绕组的嵌线工艺特点为：

1）起把线圈数等于 q。

2）嵌线规律是嵌二槽空二槽。

3）在同一组线圈中嵌线顺序是先嵌小线圈再嵌大线圈。

4）同相线圈的连接规律是里档接里档，外档接外档，中间相隔两个线头。

表 10-7 24 槽 2 极单层交叉同心式绕组嵌线次序

次序		1	2	3	4	5	6	7	8	9	10	11	12
槽号	外档	1	24	21	20	17		16		13		12	
	里档						2		3		22		23
次序		13	14	15	16	17	18	19	20	21	22	23	24
槽号	外档	9		8		5		4					
	里档		18		19		14		15	10	11	6	7

4. 双层绕组

Y 系列铁心外径为 290mm 的交流电动机绕组，基本上采用双层绕组。双层绕组的线圈按极相组绕制，嵌线工艺比较简单，按槽顺序逐槽向后边退边嵌。应注意的是，在开始时有 y 个上层边暂不嵌入槽内（即起把线圈数为 y），等其余线圈的下层边嵌完以后，再嵌入这 y 个线圈的上层边。另外，别忘记上下层之间要垫放层间绝缘。对大多数双层绕组的国产电动机而言，同相线圈的连接规律是上层边接上层边，下层边接下层边。

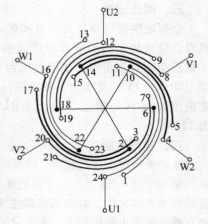

图 10-32 单层交叉同心式绕组端部及线圈间的连接情况

第七节　电动机修复后的试验

一、一般检查

试验前应先检查电动机的装配质量，如出线端是否正确；装配紧固情况；转子转动是否灵活；轴伸径向偏摆情况等。对绕线转子电动机还应检查电刷装配情况，以及电刷与集电环接触情况。

二、绝缘电阻的测定

绝缘电阻测定分为热态测定和冷态测定两种。在修复试验中，一般只测量冷态绝缘电阻。绕线转子电动机还应测量转子绕组的绝缘电阻。多速多绕组的电动机各绕组对机壳的绝缘电阻必须逐个测量，并逐个测量绕组间的绝缘电阻。

测量时，对于500V以下的电动机用500V的绝缘电阻表；对于500~3000V的电动机用1000V的绝缘电阻表；对于3000V以上的电动机用2500V的绝缘电阻表。

对于500V以下的电动机，其绝缘电阻值一般应不低于0.5MΩ，全部更换绕组修复后的电动机的绝缘电阻一般应不低于5MΩ。

三、耐压试验

全部更换绕组修复后的电动机，如有条件的话，应进行绕组对机壳及绕组相互间的绝缘强度试验。绕组应能承受为时1min的耐压试验而不发生击穿。试验电压为交流50Hz，对额定电压为380V、额定功率为1kW及以上的电动机，试验电压有效值为1760V；对额定电压为380V、额定功率小于1kW的电动机，试验电压有效值为1260V。

四、空载试验

电动机经过上述检验后，应在电动机定子绕组上加以三相平衡的额定电压空转0.5h以上。在运行中测量三相电流是否平衡；空载电流是否太大或太小，电动机空载电流与额定电流的百分比见表10-8，如空载电流超出范围很多，表示定子与转子之间的气隙可能超出允许值，或定子绕组匝数太少。如空载电流太低，表示定子绕组匝数太多，或三角形联结误接成星形联结，或两路改接成一路等。根据修理经验，笼型异步电动机空载电流太大或太小，相应调整定子绕组匝数的比例见表10-9。

表10-8　电动机空载电流与额定电流百分比

百分比(%) 极数	0.125kW	0.5kW 以下	2kW 以下	10kW 以下	50kW 以下	100kW 以下
2	70 ~ 95	45 ~ 70	40 ~ 55	30 ~ 45	23 ~ 35	18 ~ 30
4	80 ~ 96	65 ~ 85	45 ~ 60	35 ~ 55	25 ~ 40	20 ~ 30
6	85 ~ 98	70 ~ 90	50 ~ 65	35 ~ 65	30 ~ 45	22 ~ 33
8	90 ~ 98	75 ~ 90	50 ~ 70	37 ~ 70	35 ~ 50	25 ~ 35

注：表中空载电流指三相平均值。

表10-9　当电动机空载电流太大或太小时，
定子绕组匝数相应要增加或减少的比例

空载电流变化（ ±ΔI_0）	15% ~ 20%	30%	50%
定子绕组匝数变化（ ±Δω）	5%	10%	20%

此外，还应检查铁心是否过热或发热；轴承的温度是否过高；轴承运转是否有异常声音等。绕线转子电动机空转时，应检查电刷有无冒火花、过热等现象。

第八节　直流电动机

直流电动机和直流发电机工作是可逆的，结构基本相同。此处仅介绍直流电动机。

一、直流电动机的基本结构

直流电动机主要由两大部分组成，静止部分叫作定子，转动部分叫作转子，又叫作电枢。图10-33所示为直流电动机的基本结构。

1. 定子

它由机座、主磁极、换向磁极、电刷装置和端盖等部件组成，如图10-34所示。

（1）机座　由铸铁或铸钢制成。其作用有两个：一是构成直流电动机磁路的一部分；二是用来固定主磁极和换向磁极。

（2）主磁极　其作用是产生一个恒定的主磁场。主磁极由铁心及励磁绕组组成。铁心是用硅钢片叠压紧固后，再将绕制好的励磁绕

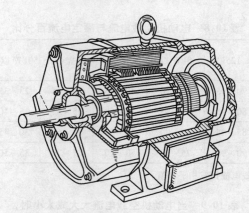

图 10-33 直流电动机的基本结构

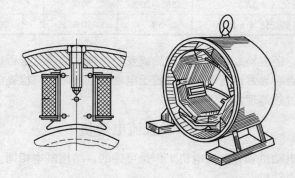

图 10-34 直流电动机的定子

组套在铁心外边，整个磁极用螺钉固定在机座上。励磁绕组的两个出线端引到接线盒上，以便外接直流励磁电源的正负极。改变励磁电流的方向，就能够改变主磁场的方向。

（3）电刷装置　其作用是通过固定不动的电刷和旋转的换向器之间的滑动接触，将外部直流电源与直流电动机的电枢绕组连接起来。电刷放在电刷的刷握内，并用弹簧压紧在换向器上，使电刷与换向片紧密接触。电刷上有软导线接到固定接线盒内，作为电枢绕组的接线端子，以便与直流电源相连接。

（4）端盖 机座的两边各有一个端盖，它的中心部分装有轴承，用来支持电枢的转轴，电刷架也固定在端盖上。

2. 转子

直流电动机的转子部分由电枢铁心、电枢绕组、换向器、风扇和转轴等组成，如图10-35所示。

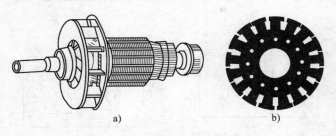

图 10-35 直流电动机的转子
a）转子主体 b）电枢钢片

（1）电枢铁心 为减小涡流损耗，电枢铁心由硅钢片叠压而成，并固定在转轴上。它的作用是：一是在铁心槽内嵌放电枢绕组；另一个作为电动机磁路的组成部分。

（2）电枢绕组 实际的电枢绕组由多个线圈按一定的规律连接而成，组成线圈的各个导体嵌放在电枢铁心槽内。线圈的数目越多，换向片的数目也就越多。

（3）换向器 电枢转轴的一端装有换向器。换向器由许多铜质换向片组成一个圆柱体。换向片之间为云母绝缘。电枢绕组的每一个线圈两端分别接至两个换向片上。换向器是直流电动机的重要部件，它的作用是将加于电刷之间固定极性的直流电流变换成为绕组内部的交流电流以便形成固定方向的电磁转矩。

二、直流电动机的励磁方式

有些小型直流电动机的磁场是由永久磁铁供给的，这种获得磁场的方式叫作永磁式，一般直流电动机多用电磁铁提供磁场。电磁铁线圈称为励磁绕组。如果励磁绕组和电枢绕组分别由两个电源供电，叫作他励式；如果励磁绕组和电枢绕组并联，由同一电源供电，则叫作并励式。此外，还有串励式、复励式等不同的励磁方式。几种励磁方式的接法如图 10-36 所示。

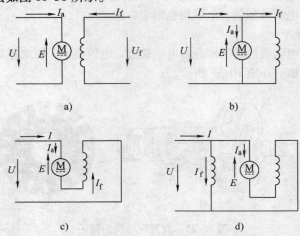

图 10-36　直流电动机的接线
a）他励式　b）并励式　c）串励式　d）复励式

三、直流电动机的维护保养

1. 直流电动机使用前的准备与检查

1）用压缩空气吹净电动机内部灰尘、电刷粉末等，清除污垢杂物。

2）拆除与电动机连接的一切接线（包括变阻器仪表等），用 500V 绝缘电阻表，测量绕组对机壳的绝缘电阻，若小于 0.5MΩ 时，则必须按"绕组的干燥法"进行处理。

3）检查换向器表面是否光洁，如发现有机械损伤或火花灼痕，应该按"换向器的保养"进行处理。

4）检查电刷是否磨损得太短，刷握的压力是否适当，刷架的位置是否符合规定的标记，其具体要求按"电刷的使用和研磨"进行处理。

5）电动机在额定负载下，换向器上不得有大于 1.5 级的火花出现，火花等级可参阅"直流电动机火花等级的鉴别"。

6）电动机运转时，应注意轴承温度，听其转动声音，如有异声可按交流电动机维护中轴承的保养方法进行处理。

2. 直流电动机使用中的维护保养

（1）换向器的保养　换向器表面应很光洁，不得有机械损伤或火花灼痕。如有轻微的灼痕时，可用 0 号砂布在旋转着的换向器上细细研磨。如果换向器表面出现严重的灼痕或不平，表面不圆或有局部凹凸现象时，则应将电枢进行重车。通常要求换向器的表面粗糙度在 $Ra1.60 \sim Ra1.80\mu m$，越光越好。车削时，速度不大于 $1.5m/s$，最后一刀的切削进给量不大于 $0.1mm$。车完后，用挖沟工具将片间云母下刻 $1 \sim 1.5mm$。清除换向器表面的切屑及毛刺等杂物，最后将整个电枢吹净装配。

换向器在负载下长期运转后，表面会产生一层坚硬的薄膜，这层薄膜能保护换向器不受磨损，因此要保存这层薄膜，不应磨去。

(2) 电刷的使用及研磨 电刷与换向器工作面应有良好的接触，正常的电刷的压力为 $0.15 \sim 0.25kgf/cm^2$，电刷与刷握框的配合不宜过紧，必须留有不大于 $0.15mm$ 左右的间隙。

电刷磨损或碎裂时，必须换以相同规格的电刷，新电刷装配好后应研磨光滑，以达到与换向器相吻合的接触面。

研磨电刷的接触面，必须用 0 号砂布，砂布的宽度为换向器的长度，砂布的长度为换向器的周长，然后再找一块橡皮胶，橡皮胶一半贴住砂布的一端，橡皮胶的另一半按转子旋转方向贴在换向器上，然后转动转子即行。

用这种方法研磨电刷，一般接触面可达 90% 以上。

(3) 绕组的干燥处理 电动机的绝缘电阻如果低于 $0.5M\Omega$ 时，需进行干燥处理。

这里介绍电流干燥法。打开机盖上各通风孔，拆开并励绕组出线头，将电枢绕组、串励绕组、换向极绕组接成串联，通入直流电，且电流的大小不超过铭牌标出的额定电流的 50% ~ 60%，此时所加的电压一般为额定值的 3% ~ 6%，一般加热温度不超过 70℃。

对他励电动机如采用这种方法时，应事先用外力阻止轴的转动。因为励磁电源虽已切断，但由于还有剩磁，所以容易造成高速运转。

四、直流电动机的起动与停车

1. 起动

1) 检查线路情况（接线及测量仪表的连接等），检查起动器的弹簧是否灵活，以及转动臂是否在开断位置。

2) 若为变速电动机，则将调速器调节到最低转速位置。

3) 合上线路开关，在电动机负载下，开动起动器，在每个触点上停留约 2s，直到最后一点，转动臂被低压释放器吸住为止。

4）若为变速电动机，可调节调速器，直到转速达到所需的数值。

2. 停机

1）若为变速电动机，先将转速降到最低。

2）移去负载（除串励电动机外）。

3）切断线路开关，此时起动器的转动臂应立即被弹到开断位置。

五、直流电动机火花等级的鉴别

电动机在运转时，在电刷和换向器之间有时很难完全避免火花的发生。在一定程度内，火花并不影响电动机的连续工作，若火花无法清除可允许其存在。如果所发生的火花大于某一规定限度，尤其是放电性的红色电弧火花，则将产生破坏作用，必须及时加以纠正。

根据电动机的火花鉴定等级（见表 10-10），确定电动机是否能继续工作。

对于 1¼、1½ 级火花，其对电刷与换向器的连续工作实际上并无损害。因此在正常连续工作时，可允许其存在。观察火花时，必须遮住外来的光线，对于不宜直接看到的电刷，可用小镜反照观看。

表 10-10　电动机的火花鉴定等级

火花等级	电刷下的火花程度	换向器及电刷的状态	允许的运行方式
1	无火花		
1¼	电刷边缘仅小部分有微弱的点状火花，或有非放电性的红色小火花	换向器上没有黑痕及电刷上没有灼痕	允许长期连续运行
1½	电刷边缘全部或大部分有轻微的火花	换向器上有黑痕出现，但不发展，用汽油擦其表面即能除去，同时在电刷上有轻微灼痕	

（续）

火花等级	电刷下的火花程度	换向器及电刷的状态	允许的运行方式
2	电刷边缘全部或大部分有较强烈的火花	换向器上有黑痕出现，用汽油不能擦除，同时电刷上有灼痕。如短时出现这一级火花，换向器上不出现灼痕，电刷不致被烧焦或损坏	仅在短时过载或短时冲击负载时允许出现
3	电刷整个边缘较强烈的火花即环火，同时有大火花飞出	换向器上有黑痕相当严重，用汽油不能擦除，同时电刷上有灼痕。如在这一火花等级下短时运行，则换向器上将出现灼痕，同时电刷将被烧焦或损坏	仅在直接起动或逆转的瞬间允许存在，但不得损坏换向器及电刷

第十一章　常用低压电器

第一节　低压电器的基本知识

能根据外界信号自动或手动接通和断开电路，从而断续或连续地改变电路参数或状态，实现对电路或非电对象的切换、控制、保护、检测和调节用的电气设备，统称为电器。

低压电器通常是指工作在交流电压小于 1200V，直流电压小于 1500V 的电路中起通断、保护、控制或调节的电气设备。

一、低压电器的分类

低压电器的种类繁多，用途很广。其分类方法见表 11-1。

表 11-1　低压电器的分类方法

分类方法	分类名称	主要产品
按用途	低压配电电器	刀开关、负荷开关、转换开关、熔断器和断路器等
	低压控制电器	接触器、控制继电器、起动器、控制器、主令电器和电磁铁等
按动作方式	自动切换电器	接触器、继电器等
	非自动切换电器	按钮、刀开关等
按作用	执行电器	电磁铁、电磁离合器等
	控制电器	接触器、继电器等
	主令电器	按钮、行程开关等
	保护电器	熔断器、热继电器等

二、低压电器的基本组成部分

低压电器的组成及作用见表 11-2。

表 11-2　低压电器的组成及作用

组成	作用
感受部分	用来感受外界信号并根据外界信号作特定的反应与动作
执行部分	根据感受机构的指令，对电路进行通断操作
灭弧机构	用于熄灭电弧的机构

三、电磁式低压电器的基本组成

电磁式低压电器一般由电磁机构、触头系统和灭弧机构组成。

1. 电磁机构

电磁机构的主要作用是将电能转换成机械能，带动触头动作，从而完成电路的接通或断开。它主要由吸引线圈、铁心、衔铁组成，有直动式和拍合式两种，如图 11-1 所示。

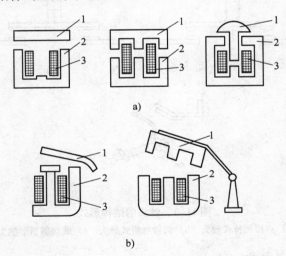

图 11-1　电磁机构

a）直动式　b）拍合式

1—衔铁　2—铁心　3—线圈

2. 触头系统

触头是电器的执行部分，起接通或断开电路的作用。触头一般有点接触、线接触、面接触三种接触形式，如图 11-2 所示。触头的结构形式有桥式和指形两种，如图 11-3 所示。

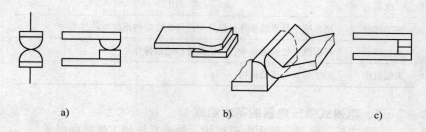

图 11-2　触头的接触形式

a）点接触　b）线接触　c）面接触

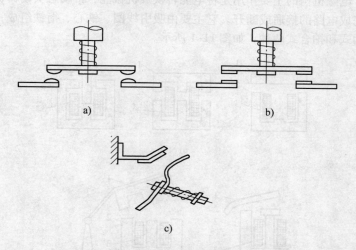

图 11-3　触头的结构形式

a）点接触桥式触头　b）面接触桥式触头　c）线接触指形触头

3. 灭弧机构

（1）灭弧的基本原理

1）拉长电弧，从而降低电场强度。

2）用电磁力使电弧在冷却介质中运动，降低弧柱周围的温度。

3）将电弧挤入由绝缘壁组成的窄缝中以冷却电弧。

4）将电弧分成许多串联的短弧，增加维持电弧所需的临界电压降。

（2）常用的灭弧装置

1）电动力吹弧，如图 11-4 所示。

2）磁吹灭弧，如图 11-5 所示。

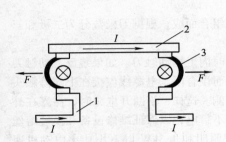

图 11-4　双断口电动力吹弧原理

1—静触头　2—动触头　3—电弧

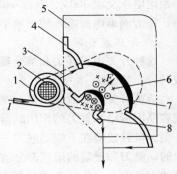

图 11-5　磁吹灭弧原理

1—磁吹线圈　2—铁心　3—导磁夹板
4—引弧角　5—灭弧罩　6—磁吹线圈
磁场　7—电弧电流磁场　8—动触头

3）栅片灭弧，如图 11-6 所示。

4）窄缝灭弧，如图 11-7 所示。

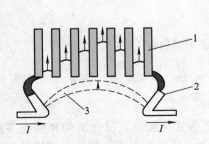

图 11-6　栅片灭弧原理

1—灭弧栅片　2—触头　3—电弧

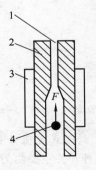

图 11-7　窄缝灭弧原理

1—纵缝　2—介质
3—磁性夹板　4—电弧

第二节　开关电器

一、低压刀开关

常用的低压刀开关有开启式负荷开关、封闭式负荷开关等。适用于额定电压交流 380V、直流 440V，额定电流 1500A 以下的配电设备中，作为隔离电源或不频繁地手动接通和切断小功率电路之用。

1. 开启式负荷开关

这种开关由刀开关和熔断器组合而成，根据刀极数分为二极和三极两种，如图 11-8 所示。

负荷开关安装时应该是合闸时向上推动触刀。如果装反，动触刀就容易因振动和重力的作用跌落而误合闸。电源线应接在上端静触头一侧，负载线接在下端动触刀一侧。这样，当断开电源时，裸露在外面的动触刀和下端的熔丝部分均不带电，以保证维修设备和换装熔丝时的人身安全。负荷开关可用于照明和 4.5kW 以下小功率电动机通断，其额定电流应为电动机额定电流的 2～3 倍。

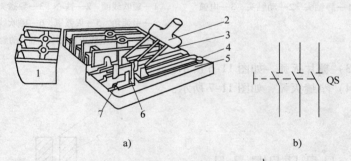

a)　　　　　　　　　　　　　　　　b)

图 11-8　开启式负荷开关

a) 结构　b) 符号

1—胶盖　2—瓷柄　3—动触刀　4—出线端　5—瓷座　6—静触头　7—进线端

2. 封闭式负荷开关

这种开关主要由刀开关、瓷插式熔断器、操作机构和铁壳等组成，如图 11-9 所示。为保证安全，开关上有联锁装置，使箱盖打开时不能合闸，合闸后箱盖不能打开。安装时铁壳应可靠接地，以防止因漏电引起操作者触电。

封闭式负荷开关常用于不频繁地接通、分断电路，或作为电源的隔离开关，也可用来直接起动小功率电动机。

二、转换开关

如图 11-10 所示，转换开关用动触片向左、右旋转来代替动触刀的推合和拉开，结构较为紧凑。转换开关通常是不带负荷操作的，以防止触头因电流过大产生电弧。所以在机床上转换开关用作电源引入开关时，标牌一般注明"有负荷不准断开"；也可用来控制切削液电动机或机床照明灯等电流很小的负载。

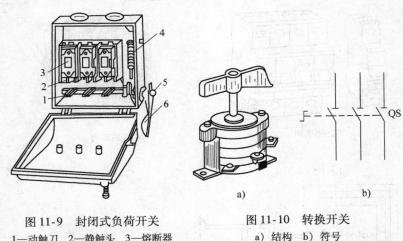

a)　　　　　　　b)

图 11-9　封闭式负荷开关

1—动触刀　2—静触头　3—熔断器
4—速断弹簧　5—转轴　6—手柄

图 11-10　转换开关

a）结构　b）符号

三、断路器

断路器是具有多种功能的组合开关，可用来分断和接通电路以及作为电气设备的过载、短路及欠电压保护，常用作线路主开关，也可用于 40～100kW 电动机的全压起动、停止及过载与短路保护。图 11-11 所示为低压断路器的外形、工作原理和图形符号。低压断路器既能在正常情况下手动切断负载电流，又能在发生短路故障时自动切断电源。一般低压断路器装有电磁脱扣器，用作短路保护，当短路电流达到 30 倍的额定电流时，电磁脱扣器瞬时动作，通过机构迅速分断。断路器还装有热脱扣器，主要保护电器的过载，其工作原理也是靠双金属片受热弯曲而动作。低压断路器触头处还装有灭弧罩以熄灭触头电弧。

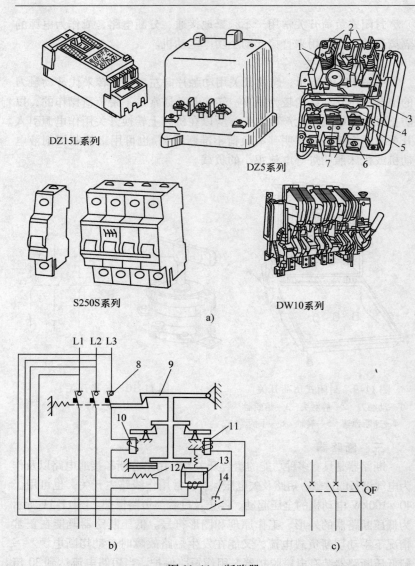

图 11-11　断路器

a）外形　b）工作原理　c）图形符号

1、14—按钮　2—过电流脱扣器　3、9—自由脱扣器　4—动触头　5—静触头

6—接线　7、12—热脱扣器　8—主触头　10、11—分励脱扣器　13—欠电压脱扣器

第三节 熔 断 器

熔断器在低压配电线路中主要起短路保护作用。其熔体（或熔丝）用低熔点的金属丝或金属薄片制成。当发生短路或严重过载时，熔体因电流过大而过热熔断，自动切断电路，起到保护作用。熔体在熔化时往往产生强烈的电弧并向四周飞溅，为此，通常把熔体装在壳体内，并采取其他措施（如将壳体内装填石英砂），快速熄灭电弧。熔断器按结构可以分为开启式、半封闭式和封闭式三大类。封闭式又分为无填料封闭管式、有填料封闭管式和有填料螺旋式等类别。常见的几种熔断器的外形和符号如图 11-12 所示。

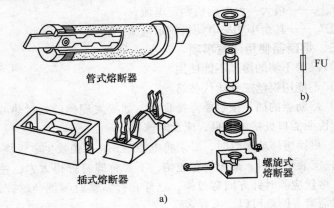

图 11-12　熔断器
a）外形　b）符号

一、熔断器的主要参数

（1）额定电压　从灭弧角度出发，规定熔断器所在电路工作电压的最高限额。

（2）额定电流　指熔座的额定电流，是由熔断器长期工作所允许的温升决定的电流值。

（3）熔体的额定电流　熔体长期通过此电流而不熔断的最大电流。

二、熔体电流的选择

1）对于电阻性负载，熔体的电流应满足

$$I_{FU} = 1.1I_N$$

式中　I_{FU}——熔丝额定电流；

　　　I_N——负载额定电流。

2）单台电动机，熔体的电流应满足

$$I_{FU} \geqslant (1.5 \sim 2.5)I_N$$

式中　I_{FU}——熔丝额定电流；

　　　I_N——负载额定电流。

3）多台电动机，熔体的电流应满足

$$I_{FU} \geqslant (1.5 \sim 2.5)I_{Nmax} + \sum I_N$$

式中　I_{FU}——熔丝额定电流；

　　　I_{Nmax}——最大一台电动机额定电流；

　　　$\sum I_N$——其余小功率电动机额定电流之和。

三、熔断器使用注意事项

1）品牌不清的熔丝不能使用。

2）不能用铜丝或铁丝代替熔丝。

3）熔断器的插片接触要保持良好。如要发现插口处过热或触头变色，说明插口处接触不良，应及时修复。

4）更换熔体或熔管时，必须将电源断开，以免发生电弧烧伤。

5）安装熔丝时，避免把它碰伤，不要将螺钉拧得太紧，使熔丝扎伤。熔丝应顺时针方向弯过来，这样在拧紧螺钉时就会越拧越紧。熔丝只需弯一圈就可以，不要多弯。

6）如果连接处的螺钉损坏而拧不紧，则应换新的螺钉。

7）对于有指示器的熔断器，应经常注意检查。若发现熔体已烧断，应及时更换。

8）熔断器应安装在线路的各相线上，在三相四线的中性线上严禁安装熔断器。

9）螺旋式熔断器在接线时，为了更换熔管时安全，下线端应接电源，而连接螺口的上接线端应接负荷。

第四节　主令电器

一、按钮

按钮是一种结构简单应用非常广泛的主令电器。一般情况下，它不直接控制主电路的通断，而在控制电路中发出"指令"去控制接触器、继电器等电路，再由它们去控制主电路。按钮触头允许通过的电流很小，一般不超过5A。

复合按钮由按钮帽、复位弹簧、支柱连杆、静触头、动触头及外壳构成，其实质为一对（或几对）常开、常闭触头，如图11-13所示。

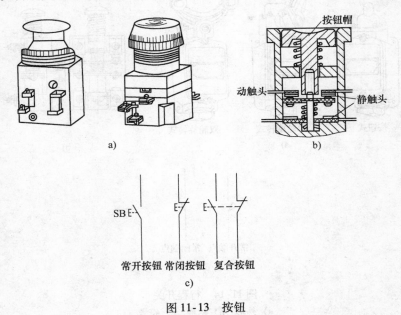

a）外形

b）结构

c）符号

SB

常开按钮 常闭按钮 复合按钮

图 11-13 按钮

a）外形 b）结构 c）符号

安装按钮时应注意以下事项：

1）按钮安装在面板上时，应布置合理，排列整齐。

2）在面板上固定按钮时安装应牢固，停止按钮用红色，起动按钮用绿色或黑色。

二、行程开关

行程开关又称为限位开关或位置开关。它是一种根据运动部件的行程位置而切换电路工作状态的控制电器。行程开关的动作原理与控制按钮相似，在机床设备中，事先将行程开关根据工艺要求安装在一定的行程位置上，部件在运行中，装在其上的撞块压下行程开关顶杆，使行程开关的触头动作而实现电路的切换，达到控制运动部件行程位置保护的目的。

图11-14所示为几种常见的行程开关的外形、结构及符号。

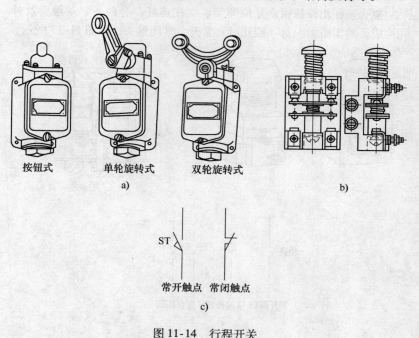

按钮式　　　单轮旋转式　　　双轮旋转式
a)　　　　　　　　　　　　　　　　　　　b)

ST

常开触点　常闭触点
c)

图11-14　行程开关
a) 外形　b) 结构　c) 符号

安装行程开关时应注意以下事项：

1) 安装前应检查所选行程开关是否符合要求。

2) 滚轮位置规定应恰当，有利于生产机械经过预定位置或行程时能较准确地实现行程控制，应注意滚轮方向不能装反。同时，其与生产机械的撞块相碰撞位置应符合线路要求。

第五节　接　触　器

接触器是一种用于频繁地接通和断开交直流主电路的自动切换电器。其功能是：具有远距离操作功能和失电压（或欠电压）保护功能。在继电器—接触器控制系统中，它可以作为输出执行元件，用于控制电动机、电热设备、电焊机等负载。

一、接触器的工作原理

交流接触器常用来接通或断开电动机或其他电气设备的主电路。其结构和符号如图 11-15 所示。

当吸引线圈通电后，线圈电流在铁心中产生磁通，该磁通对衔铁产生电磁吸力，克服弹簧反作用力，使衔铁带动触头动作。触头动作时，常闭触头先断开，常开触头后闭合。当线圈中的电压值降低到某一数值时（一般降至 85% 的线圈额定电压），铁心中的磁通下降，电磁吸力减小到不足以克服恢复弹簧的反作用力时，衔铁在复位弹簧的反力作用下复位，使主、辅触头的常开触头断开，常闭触头恢复闭合。

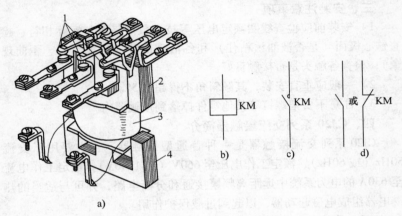

图 11-15　交流接触器

a）结构　b）线圈　c）主触头　d）辅助触头

1—主触头　2—上铁心　3—线圈　4—下线圈

二、接触器的主要参数

（1）额定电压　指主触头能承受的额定电压。通常的电压等级是：直流接触器有 110V、220V 和 440V；交流接触器有 110V、220V、380V 和 500V。

（2）额定电流　指主触头能承受的额定电流，即允许长期通过的最大电流。通常的电流等级是：5A、10A、20A、40A、60A、100A、150A、250A、400A 和 600A 等多个等级。

（3）吸引线圈的额定电压　交流有 36V、110V、220V 和 380V；直流有 24V、48V、220V 和 440V。

（4）电气寿命和机械寿命　以万次表示。

（5）额定操作频率　以次/h 表示，即允许每小时接通的最多次数。

（6）吸引线圈的额定电压选择　与所接控制电路的电压相一致。对简单控制电路可直接选用交流 380V、220V 电压，对结构复杂、使用电器较多的电路，应选用 110V 或更低的控制电压。

（7）触头数量、种类选择　应满足主电路和控制电路的要求。如辅助触头的数量不能满足要求时，可通过增加中间继电器的方法解决。

三、安装注意事项

1）安装前应检查线圈额定电压等技术数据是否与实际相符；检查铁心极面（是否被油污粘住）和各活动部分（应无卡阻、歪曲现象）；检查各触头是否接触良好。

2）一般应垂直安装，其倾斜角不得超过 5°。

3）注意不要把螺钉等其他零件掉落到接触器内。

四、CJ20 系列交流接触器简介

CJ20 系列交流接触器是一种普通型接触器。它主要用于交流 50Hz（或 60Hz）、额定工作电压至 660V（或 1140V），额定工作电流至 630A 的电力系统中远距离频繁接通和分断电路，并可与适当的热继电器组成电磁起动器，以起到过载保护作用。

CJ20 系列交流接触器的型号及其含义如图 11-16 所示。

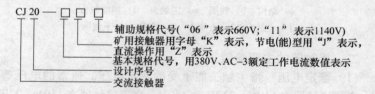

图 11-16　CJ20 系列交流接触器的型号及其含义

CJ20 系列交流接触器的特点如下：

1）接触器可控制三相交流电动机的额定功率见表 11-3。

表 11-3　接触器可控制三相交流电动机的额定功率

额定电压/V		220	380
AC-3 时控制的额定功率/kW	CJ20—10	2.2	4
	CJ20—25	5.5	11

2）接触器主电路基本参数见表11-4。

表 11-4　接触器主电路基本参数

型号	起动容量/V·A	吸持容量/V·A
CJ20—10	65	8.3
CJ20—25	93	13

3）接触器安装地点的海拔不超过2000m。

4）接触器周围空气温度不超过40℃，且24h内平均温度不超过35℃，温度最低值为-5℃。

5）接触器应在无明显冲击、振动的场所使用。

第六节　继　电　器

继电器是一种根据某种输入信号的变化来接通或断开控制电路，实现自动控制和保护的电器。

一、电磁式继电器

其结构和工作原理与接触器大体相同，如图11-17所示。在继电器—接触器控制系统中作为输出执行元件。

1. 电磁式继电器的种类

（1）电磁式电流继电器　与被测线圈串联，反映电路中电流的变化而动作，其线圈匝数少，导线粗，阻抗小。用于按电流原则控制的场合。

（2）电磁式电压继电器　与被测线圈并联，根据所接电路电压值的变化而吸合或释放，其线圈匝数多，导线细，阻抗大。

按动作电压划分，它又可分为过电压、欠电压和零电压继电器。

1）过电压继电器：电路电压正常时释放，发生过电压故障

$(1.1 \sim 1.5)$ U_N 时吸合。

2）欠电压继电器：电路电压正常时吸合，发生欠电压故障 $(0.4 \sim 0.7)$ U_N 时释放。

3）零电压继电器：电路电压正常时吸合，发生零电压故障 $(0.05 \sim 0.25)$ U_N 时释放。

（3）电磁式中间继电器其吸引线圈属于电压线圈，但它的触头数量较多（一般有4对常开、4对常闭共8对）触头容量较大（额定电流为 $5 \sim 10A$）且动作灵敏。它的主要用途是：当其他继电器的触头数量或容量不

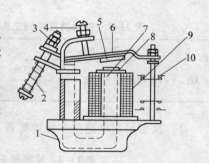

图 11-17　电磁式继电器
1—底座　2—反力弹簧　3、4—调节螺钉
5—非磁性垫片　6—衔铁　7—铁心
8—极靴　9—电磁线圈
10—触头系统

够时，可用它来扩大触头数目或触头容量，起中间转换作用。

2. 电磁式继电器的符号

电磁式继电器的一般图形符号是相同的，如图 11-18 所示。电流继电器的文字符号为 KI，电压继电器的文字符号为 KV，而中间继电器的文字符号为 KA。

3. 电磁式继电器的型号

通用电磁式继电器有：JT3 系列直流电磁式和 JT4 系列交流电磁式继电器（老产品）。

新产品有：JT9、JT10、JL12、JL14（交直流电流继电器）、JZ7（交流中间继电器）。

4. 电磁式继电器的选用

选用时主要依据保护或控制对象继电器的要求，考虑触头的数量、种类、返回系数以及控制电路的电压、电流、负载性质等。

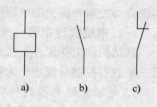

图 11-18　电磁式继电器
一般图形符号
a）线圈　b）常开触头
c）常闭触头

5. 电磁式继电器的整定

1）调整复位弹簧的松紧程度（弹簧调得越紧反作用力越大，则吸引电流或电压和释放电流或电压就越大；反之就越小）。

2）改变非磁性垫片的厚度（非磁性垫片越厚，衔铁吸合后磁路的气隙和磁阻就越大，释放电流或电压也就越大；反之越小，而吸引值不变）。

3）改变初始气隙的大小（在反作用弹簧和非磁性垫片的厚度一定时，初始气隙越大，吸引电流或电压就越大；反之越小，而释放值不变）。

二、时间继电器

它是一种在敏感元件获得信号后，执行元件（触头）要延迟一段时间才动作的继电器。其用于按时间原则控制的场合。

1. 时间继电器的分类

时间继电器按工作原理划分，可分为电磁式、空气阻尼式、晶体管式和数字式4种。

（1）空气阻尼式　利用空气通过小孔时产生阻尼的原理获得延时。由电磁系统、延时机构（气囊式阻尼器）和触头（LX5微动开关）组成，如图11-19所示。

它的电磁机构为双E直动型，可以通直流也可以通交流，可做成通电延时型也可做成断电延时型。其优点是：延时范围大（0.4～180s），结构简单，电磁干扰小，寿命长，价格低。其缺点是：延时误差大（±10%～±20%）无刻度指示，难以精确定时。其主要技术数据有：线圈额定电压、触头数目及延时范围。

（2）晶体管式　利用 RC 电路电容器充电时电容电压不能突变只能按指数规律逐渐变化的原理获得延时。其按输出形式划分，可分为有触头（用晶体管驱动小型电磁式继电器）和无触头（用晶体管或晶闸管输出）两种。

（3）数字式　采用 MOS 大规模集成电路，并采用拨码开关整定延时时间，直观性和重复性都比较好，且延时范围较宽，有些还带有延时时间显示功能。

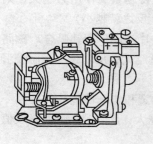
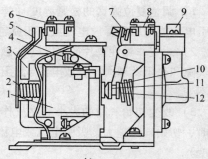

a)　　　　　　　　　　　　b)

图 11-19　空气阻尼式时间继电器

a）外形　b）结构

1—线圈　2—反力弹簧　3—衔铁　4—铁心

5—弹簧片　6—瞬时触头　7—杠杆

8—延时触头　9—调节螺钉　10—推板　11—推杆　12—截锥弹簧

2. 时间继电器的符号

它的文字符号是 KT，其图形符号如图 11-20 所示。

3. 时间继电器的选用

1）按延时方式选用通
电延时型或断电延时型。

2）按延时要求和时间
选用空气阻尼式（时间较
短精度不高）、晶体管式或
数字式（时间较长精度较
高）。

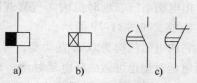

a)　　　　　b)　　　　　c)

图 11-20　时间继电器

a）断电延时线圈　b）通电延时

线圈　c）延时触头

3）按环境条件不同，电源电压波动大的场合采用空气阻尼式比
晶体管式的好，而在温度变化较大处则不宜采用空气阻尼式时间继
电器。

4）其他要求：从控制系统对可靠性、经济性、工艺尺寸等要求
进行选用。

三、热继电器

热继电器是指当电流流过热元件时产生的热量使双金属片发生弯曲而推动执行机构动作的一种保护电器。它可以用在交流电动机的过载保护、断相及电流不平衡运行的保护及其他电气设备发热状态的控制。

1. 热继电器的结构和工作原理

如图 11-21 所示，热继电器由热元件、双金属片、触头、复位弹簧和电流调节装置等部分组成。

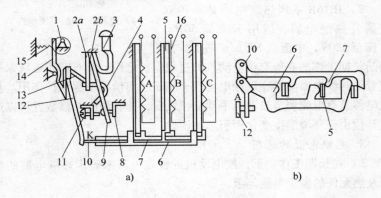

图 11-21　热继电器的结构

a) 结构　b) 差动式断相保护机构

1—电流调节凸轮　2a、2b—簧片　3—手动复位机构　4—弓簧
5—主双金属片　6—外导板　7—内导板　8—常闭静触头
9—动触头　10—杠杆　11—复位调节螺钉　12—补偿双
金属片　13—推杆　14—连杆　15—压簧　16—热元件

电动机定子绕组电流即为热元件上流过的电流，电动机正常运行时热元件产生的热量能使双金属片弯曲但不足以使热继电器动作；电动机过载时流过热元件的电流增大，产生的热量增加使双金属片受热膨胀，弯曲程度加大，最终推动导板使热继电器动作，切断电动机的控制电路，进而使主电路停止工作。

电动机断相是电动机烧毁的主要原因，因此要求热继电器还应具备断相保护功能，如图 11-21b 所示，热继电器的导板采用差动结构，在断相时，其中两相电流增大，一相逐渐冷却，这样可使热继电器的

动作时间缩短，从而更有效地保护电
动机。

　　热继电器有两相或三相结构式的。
热继电器的图形和文字符号如图 11-22
所示。

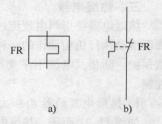

　　2. 热继电器的型号

　　1）JR0、JR2、JR15、JR16 系列热
继电器（带断相保护）。

图 11-22　热继电器的
图形和文字符号
a）热元件　b）常闭触头

　　2）JR16B 系列热继电器是一种双
金属片热继电器，适用于交流 50Hz，
电压至 380V，电流至 160A 长期工作或
间断长期工作的一般交流电动机的过载保护之用，带有断相运转保护
装置的热继电器能够在三相电动机一相断线的情况下起保护作用。热
继电器具有电流调节自动与手动复位装置，并有温度补偿装置可以适
应补偿由于环境温度变化而引起的误差。

　　3. 热继电器的选用

　　1）在长期工作制下，按电动机的额定电流来确定热继电器的型
号及热元件的额定电流等级，即

$$I_{RT} = (0.95 \sim 1.05)I_N$$

式中　I_{RT}——热继电器的额定电流；

　　　　I_N——电动机的额定电流。

　　注意：调节压动螺钉就可整定热继电器的动作电流值，使用时应
将它调整到电动机的额定电流处。

　　2）对于三角形联结的电动机，应选用带有断相运转保护装置的
三相热继电器，其额定电流应大于或至少等于被保护电动机的额定电
流。若电动机的起动时间较长（超过 5s），热元件的额定电流可调节
到电动机额定电流的 1.1 ~ 1.5 倍。

　　四、速度继电器

　　它是一种利用速度原则对电动机进行控制的自动电器。

　　它主要由转子、定子和触头三部分组成。转子的轴与被控制电动
机的轴相连接，定子是一个笼型空心圆环，由硅钢片叠成装有笼型绕
组，空套在转子上，能独自偏摆。

当定子运动到一定角度时，定子轴上的摆锤会推动簧片动作，使常闭触头分断，常开触头闭合，当电动机转速低于某一值时，定子产生转矩减小，触头在簧片作用下复位。

一般速度继电器的动作转速在 120r/min 以上，触头复位转速在 100r/min 以下，转速在 3000～3600r/min 以下能可靠工作，允许操作的频率是每小时不超过 30 次。

速度继电器的结构和符号如图 11-23 所示，常用的有 YJ1 型和 JFZ0 型。

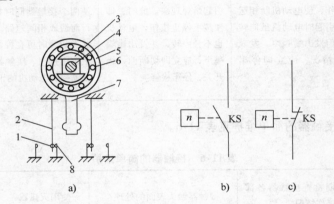

图 11-23　速度继电器的结构和符号

a）结构　b）常开触头　c）常闭触头

1—动触头　2—簧片　3—永磁转子　4—轴　5—定子
6—笼型绕组　7—定子柄　8—静触头

第七节　低压电器故障的排除

电器元件经长期使用，特别是使用在多尘埃、潮气大、有化学腐蚀性气体的场合就更易引起故障。必须根据故障的特征，进行仔细的检查和分析，及时排除故障。

电器元件损坏后，修理固然是必要的，但平时要坚持对电器进行经常的维护，故障将会大大地减少，这既有利于延长电器的使用寿命，又能够提高生产效率。

一、接触器的故障及简单维护

接触器的故障见表 11-5。

表 11-5　接触器的故障

触头断相	触头熔焊	相间短路
由于某相触头接触不好或连接螺钉松脱，造成断相工作，使电动机断相运行，引起时电动机虽能转动，但发出嗡嗡声。发现这种情况，应立即停车检修	交流接触器的一相或三相触头由于过载电流大而引起熔焊现象。此时，即使按下停止按钮，电动机也不会停转，并发出嗡嗡嗡声，应立即切断前一级开关，停车检修	由于接触器的正反转联锁失灵，或因误动作，致使两个接触器同时投入运行而造成相间短路。发现这类故障时可在控制电路上改用按钮、接触器双重联锁控制电动机的正反转

接触器的简单维护见表 11-6。

表 11-6　接触器的简单维护

定期检查接触器各部件的工作情况	接触器触头表面的处理	使用灭弧罩
各部件的工作情况，要求可动部分不卡住，紧固体无松脱，零部件如有损坏应及时修换	接触器触头表面与铁心磁极面经常保持清洁；触头表面因电弧烧灼而形成颗粒时，用小刀铲除（不允许使用砂纸来修磨）；触头严重损坏时，应及时更换	原来带有灭弧罩的接触器决不能不带灭弧罩使用，以防止短路事故

二、热继电器的故障及维修

热继电器的故障及维修见表 11-7。

表 11-7　热继电器的故障及维修

热元件烧断	热继电器误动作	热继电器不动作	注意事项
负载侧发生短路，电流过大使热元件烧断。这时应先切断电源，检查电路，排除短路故障，重新选用合适的热继电器。更换后应重新调整定值	1）整定值偏小，以致未过载就动作 　2）电动机起动时间过长，使热继电器在起动过程中即可能脱扣 　3）操作频率太高，使热继电器经常受起动电流的冲击。处理这些故障的方法是合理调整整定值。调整时只能调整螺钉，绝对不可弯折双金属片	由于热元件烧断或脱焊；或电流整定值偏大，以致过载很久热继电器仍不动作；或由于热继电器触头有灰尘，接触不良，电路接不通等原因，使热继电器不动作以对电动机就不能起到保护作用。可根据以上原因，进行针对性修理	1）热继电器使用日久应定期校验它的动作是否正确可靠 　2）热继电器动作脱扣后，不要立即手动复位，应待双金属片冷却复原后再使常闭触头复位。按复位按钮时，不要用力过猛，否则会损坏操作机构

三、时间继电器的故障及维修

它的电磁系统和触头的故障及维修和接触器相同。对于空气阻尼式时间继电器，主要是空气室造成的故障——延时不准确。空气室如果经过拆卸后再重新装配时，密封不严或者漏气，就会使动作延时缩短，甚至不产生延时。

四、速度继电器的故障及维修

速度继电器发生故障后一般表现为电动机停车时不能制动停转。

这种故障除了触头接触不良之外，有时因为胶木柄断裂，无论定子怎样转动，触头都不会动作。出现这种情况时可照原样更换一个胶木柄。

第十二章 电气控制的基本规律及基本环节

第一节 安全操作规定及工艺要求

一、安全操作规定

1）凡高血压、心脏病、气喘者不准参加电工工作。参加人员应穿戴工作服和安全鞋，女职工应戴工作帽。

2）操作低压刀开关时，操作者应站在开关手柄的右侧，面对电动机和拖动机械，双目注视合闸后电动机的起动、传动装置的转动和被拖动机械的转动情况，发现异常应立即拉闸停机，切勿推上闸后离开操作位置。

3）电动机运行时，机身上不可搁置异物，风道内不准有任何杂物以防堵塞，周围环境应保持清洁，不可浇水或油进行冷却。

4）电动机及其起动装置等，应与可燃物保持一定距离，使起动装置和电动机散发的热量及偶然发生的火花、电弧不致引起火灾。

5）电源控制开关，应有明显表示分开、闭合的标志以使检修人员和操作者看到停送电的状态。

6）电动机、控制板（盘）操作按钮以及其他控制开关的金属外壳均应可靠接零（地）保护。

7）新安装的电动机在通电使用前，应进行相间及对地的绝缘电阻测试，电压在 1kV 以下、功率在 1000kW 以下的绝缘电阻值不低于 1MΩ。

8）电动机通电使用前，应认真检查电源电压与电动机铭牌上的额定电压是否相符，以及电动机绕组接线是否正确，各接线螺钉是否紧固。

9）电动机使用前应认真检查电动机转动是否灵活，有无较劲和卡住现象，转动有无噪声，各紧固螺钉是否松动，风扇是否完好，轴承是否正常。

10）电动机投入运行后，三相电源电压的波动不得超过额定值

的 -10% ~ +5% ，即三相电压不平衡不得超过 5% ，三相电流不平衡不得超过 10% ，不符合上述条件时，应当立即停车进行检查。

11）带灭弧罩的控制设备或元器件未装好灭弧罩，严禁通电试机，否则将会造成严重弧光短路事故。

12）一般全压起动的电动机功率不得超过电源变压器容量的 15% ~20% ；一般超过 10kW 的电动机应装设减压起动设备，使其起动电流不超过额定电流的 2.5 倍。

13）电动机使用低压断路器保护时，开关的脱扣器瞬时动作电流规定为：DW 型断路器可选用 1.35 倍，DZ 型断路器可选用为 1.7 倍。延时动作电流数值，应能在正常起动时不动作，过负载时能可靠地动作，断路器额定电流一般为额定电流的 1.2 倍。

14）中小型电动机的短路保护和过载保护不可互相代替。

15）电动机离控制点较远时，应在电动机工作点附近装设事故紧急停机装置，以保证设备及操作者的安全。

16）操作人员不能判断控制装置的分合状态或远方操作时应装设信号灯，以指示电动机的运行状态和停止状态。

17）电动机可能与人接触的旋转部分和转动部分，都应装设防护罩，或保持不小于 1m 的安全距离。

18）刀开关手柄向上应为合，以免因自重垂下发生误合闸事故。各种开关控制设备、元件保护电器都应垂直安装或竖直放置使用。

19）功率在 7kW 以下的电动机可以使用刀开关控制。一般刀开关切断感性电流以不超过 15A 为宜，最多不超过 20A 。

20）表箱、表板、配电箱、开关板、控制柜等，应牢固安装在干燥、明亮、无振动以及便于抄表、操作和使用维护之处。

21）安装于墙上的配电箱中心距地面高度应为 1.6 ~1.8m ，明装在墙上的配电板中心距地面高度为 1.8 ~2m 。

22）由于直流电弧的熄灭比较困难，其控制开关应留有较大的裕度，而且要加强维修。

23）直流设备在维修之前，应进行放电。

24）电源引线及电动机引线如穿金属护线管时，两端应接零（地）或加穿一根不小于相线截面积 1/2 的导线作为中性（地）线且管内穿线中间不得有接头。

二、板前布线安装工艺规定

1) 在电气电路上编号，可遵循以下规则：

① 主电路三相电源相序依次编写为 L1、L2、L3，电源控制开关的出线柱按三相电相序依次编号为 L11、L21、L31。电动机三根引线按相序依次编号为 U、V、W，从下至上每经过一个电器元件的接线桩后，编号要递增，如 U1、V1、W1、U2、V2、W2，…，没有经过接线柱的编号不变。

② 控制电路与照明、指示电路，从左至右（或从上至下）只以数字编号，以一个串联回路内电压最大的元件线圈为中心，左侧用单号，右侧用双号（或上侧用单号，下侧用双号），号码自小排起，每经过一个接线柱编号要递增，6 号和 9 号应尽量不同时用在一个控制电路中，以免造成混乱不便判断。

2) 布线前根据电气控制原理图绘出电气设备及电器元件布置与电气接线图。

3) 根据电气控制原理图中电动机功率，选择出所用电气设备、电器元件、安装附件、导线等进行检查。

4) 在控制板上应依据布置图安装元器件，并按电气控制原理图上的符号，在各电器元件的醒目处，贴上符号标志。

5) 所有的控制开关、安装的控制设备和各种保护电器元件，都应垂直安装或竖直放置，断路器和电磁开关以及插入式熔断器等应装在振动不大的地方。

6) 板前布线工艺应注意：

① 布线通道尽可能少，同路并列的导线按主、控制电路分类集中，单层密排，紧贴安装面布线。

② 同一平面导线不能交叉，非交叉不可时只能在另一导线因进入接点而抬高时，从其下空隙穿越。

③ 布线要横平竖直，弯成直角，分布均匀和便于检修。

④ 布线次序一般是以接触器为中心，由里向外，由低至高。先控制电路，后主电路，主电路和控制电路上下层次分明，以不妨碍后续布线为原则。

7) 接头、接点处理应做到：

① 给剥去绝缘层的线头两端套上标有与原理图编号相符的号码

套管。

②不论是单股芯线还是多股芯线的线头，插入连接端的针孔时，必须插入到底。多股导线要绞紧，同时导线绝缘层不得插入接线板的针孔，而且针孔外侧导线裸露不能超过心线外径。螺钉要拧紧不可松脱。

8）线头与平压式接线桩的连接应注意：

①单股芯线的线头连接时，将线头按顺时针方向弯成平压圈，导线裸露不超过导线心线外径。

②软线头绞紧后以顺时针方向，圈绕螺钉一周后，回绕一圈，端头压入螺钉。外露裸导线，不超过所使用导线的芯线外径。

③每个电器元件上的每个接点不能超过两个线头。

9）控制板与外部连接应注意：

①控制板与外部按钮、行程开关、电源负载的连接应穿护线管，且连接线用多股软铜线。电源负载也可用橡皮电缆连接。

②控制板或配电箱内的电器元件布局要合理，这样既便于接线和维修，又保证安全和整齐好看。

三、塑料槽板布线工艺规定

1）较复杂的电气控制设备还可采用塑料槽板布线，槽板应安装在控制板上，要横平竖直。

2）槽板拐弯的接合处应呈直角，要结合严密。

3）将主电路和控制电路导线自由布放到槽内，将接线端的线头从槽板侧孔穿出至电气控制设备、电器元件的接线桩，布线完毕后将槽盖板扣上，槽板外的引线也要力求完美、整齐。

4）导线选用应根据设备容量和设计要求，采用单股芯线或多股软芯线均可。

5）接头、接点工艺处理均按板前布线安装要求进行。

四、线束布线工艺规定

1）较复杂的电力拖动控制设备，按主电路和控制路线路走向分别排成线束（俗称打把子线）。

2）线束（把子线）中每根导线两端分别套上与原理图相同的导线编号。

3）从线束（把子线）中到各接线桩，均应横平竖直、弯成直角，接头、接点工艺处理均按板前布线安装的要求进行。

第二节　电气控制电路的绘制

常用的电气控制系统图有电气原理图、电器布置图与安装接线图。

一、电气原理图

电气原理图是用来表示电路各电气元件中导电部件的连接关系和工作原理的。图 12-1 所示为 CW6132 型卧式车床电气原理图。

1. 绘制电气原理图的原则

1）电气原理图中所有的元器件都应采用国家统一规定的图形符号和文字符号。

2）电气原理图由主电路、控制电路和辅助电路组成。

3）电源线的画法，原理图中交流电源线一般用水平线画在图样的上部。相序自上而下按 L1、L2、L3 排列，中性线和保护接地线排在相线之下；直流电源线的正极一般画在图样的上方，而负极画在图样的下方。

4）原理图中元器件的画法：必须按国家标准规定的图形符号画出，并用文字符号标明；对于几个相同的元器件，在表示名称的文字符号之后加上数字序号以示区别。

5）电气原理图中电气触头的画法：原理图中的电气触头均按没有外力作用或线圈未通电时触头的自然状态画出。当电气触头的图形符号水平放置时，以"上闭下开"的原则绘制。

6）原理图的布局：原理图一般把主电路放在图样的左半部分，辅助电路放在图样的右半部分，同一功能的元件集中在一起，尽可能按动作顺序排列整齐。

7）线路连接点、交叉点的绘制：原理图中对于需要测试和拆接的外部引线的端子，采用"空心圆"表示，有直接电联系的导线连接点，用"实心圆"表示，无直接电联系的导线交叉点不画黑圆点。

8）原理图的绘制要层次分明，各电器元件及触头的安排要合理，既要做到所用元件、触头最少，耗能最少，又要保证电路运行可靠，节省连接导线以及安装、维修方便。

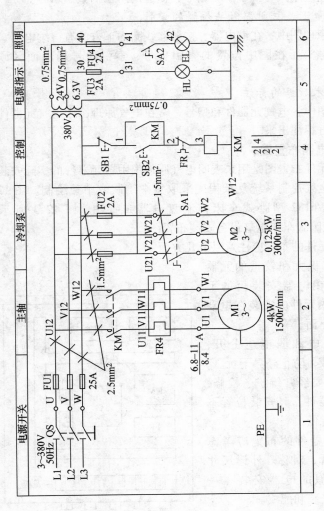

图 12-1 CW6132 型卧式车床电气原理图

2. 电气原理图图面区域的划分

为了便于确定原理图的内容和组成部分在图中的位置，常在图样上分区。竖边用大写拉丁字母编号，横边用阿拉伯数字编号。

3. 继电器、接触器触头位置的索引

电气原理图中，在继电器、接触器线圈的下方注有该继电器、接触器相应触头所在图中位置的索引代号，索引代号用图面区域号表示。

4. 技术数据的标注

电气图中各电气元器件和型号，常在电气原理图中电气元器件文字符号下方标注出来。

二、电器布置图

电器元件布置图是用来表明电气原理图中各元器件的实际安装位置，可视电气控制系统复杂程度采取集中绘制或单独绘制。图 12-2 所示为 CW6132 型卧式车床控制盘电器布置图，图 12-3 所示为 CW6132 型卧式车床电气设备安装布置图。

电器元件的布置应注意以下几方面：

1）体积大和较重的元器件应安装在电器安装板的下方，而发热元件应安装在电器安装板的上面。

2）强电和弱电应分开，弱电应屏蔽，防止外界干扰。

3）需要经常维护、检修、调整的元器件，其安装位置不宜过高或过低。

4）元器件的布置应考虑整齐、美观、对称。外形尺寸与结构类似的电器安装在一起，以利安装和配线。

5）元器件布置不宜过密，应留有一定间隔。如用走线槽，应加大各排电器间距，以

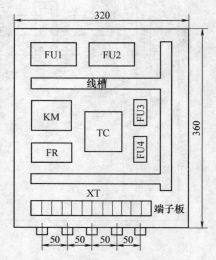

图 12-2　CW6132 型卧式车床控制
盘电器布置图

利布线和维修。

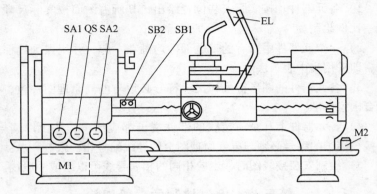

图 12-3 CW6132 型卧式车床电气设备安装布置图

三、安装接线图

安装接线图主要用于电器的安装接线、线路检查、线路维修和故障处理，通常接线图与电气原理图和元件布置图一起使用。图 12-4 所示为 CW6132 型卧式车床电气安装接线图。

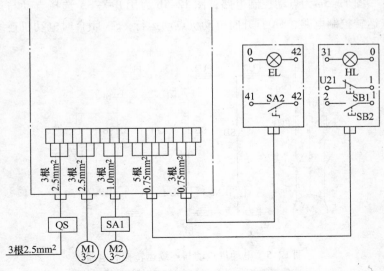

图 12-4 CW6132 型卧式车床电气安装接线图

电气安装接线图的绘制原则是：

1）各元器件均按实际安装位置绘出，其所占图面按实际尺寸以统一比例绘制。

2）一个元器件中所有的带电部件均画在一起，并用点画线框起来，即采用集中表示法。

3）各元器件的图形符号和文字符号必须与电气原理图一致，并符合国家标准。

4）各元器件上凡是需接线的部件端子都应绘出，并予以编号，各接线端子的编号必须与电气原理图上的导线编号相一致。

5）绘制安装接线图时，走向相同的相邻导线可以绘成一股线。

第三节　电气控制的一般规律

对于由继电器和接触器所组成的电气控制电路，其基本控制规律有点动与连续运转控制、自锁与互锁控制、多地联锁控制、顺序控制与自动往复循环控制等。

一、点动与连续运转控制

图 12-5a 为点动控制电路；图 12-5b 为用开关 SA 选择点动与连续运转控制电路，SA 打开时电动机点动运行，SA 闭合时电动机连续

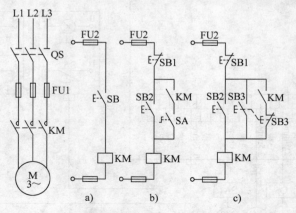

图 12-5　电动机点动与连续运转控制电路

a）点动控制电路　b）、c）点动与连续运转控制电路

运转；图 12-5c 为用两个按钮实现点动与连续运转的控制电路，按下 SB2 电动机连续运转，按下 SB3 电动机点动运行。

二、自锁与互锁控制

自锁与互锁的控制统称为电气联锁控制，在电气控制电路中应用十分广泛，是最基本的控制。

如图 12-6 所示，图中 KM 常开辅助触头为自锁触头，当按下按钮 SB2 时，因为 KM 线圈得电而闭合，这时即使放开按钮 SB2，KM 线圈仍继续得电，形成自锁。

对于电动机 M 来，其工作原理如下：

（1）起动　按下 SB2→KM 得电（自锁）→M 起动。

（2）停车　按下 SB1→KM 失电（解除自锁）→M 停止。

当电动机在运行中过载时，热继电器 FR 的发热元件受热变形，使它的常闭触头断开，使接触器线圈 KM 断电而自动跳闸，保证电动机不致烧毁。再次起动时，需按一下 FR 的复位按钮，使动作机构回到原来的位置。由于热继电器的发热元件串联在电源线上，而避免了电动机单相运行引起的严重故障。

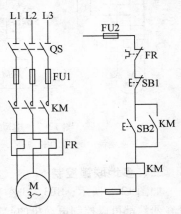

图 12-6　三相异步电动机
全压起动控制电路

互锁常用在电动机正反转控制电路中，在图 12-7b 中，可以实现正反转，没有互锁保护，必须保证正转时不能反转，反转时也不能正转，即正反转要互相锁定，从而防止相间短路。在图 12-7c 中，KM1 和 KM2 的常闭触头分别串接在 KM2 和 KM1 的线圈电路中形成互相锁定，常被称为电气互锁。在图 12-7d 中，按钮 SB1、SB2 的常闭触头分别和 SB2、SB1 的常开触头串接形成互相锁定，常被称为机械互锁。

图 12-7d 的工作过程如下：

1）合上刀开关 QS。

2）按下 SB1→KM1 得电（常闭触头同时断开 KM2 电路即互锁）

→M 正转。

3）按下 SB2→KM1 失电→M 停止正转→KM2 得电→M 反转。

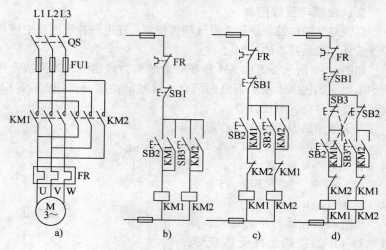

图 12-7　电动机正反转互锁电路

a）主电路　b）无互锁电路　c）电气互锁电路　d）双重互锁电路

三、多地联锁控制

如图 12-8 所示，SB3、SB4 和 SB5、SB6 分别装在两个地点，实现在两地都可以控制电动机的起动和停止运行。

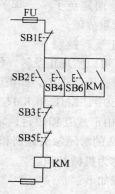

图 12-8　多地联锁控制电路

四、顺序控制

1）两台电动机顺序控制电路如图 12-9 所示。

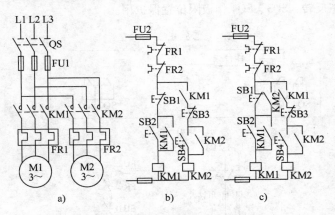

图 12-9　两台电动机顺序控制电路

a）主电路　b）按顺序起动电路　c）按顺序起动、停止的控制电路

2）用时间继电器控制的顺序起动电路如图 12-10 所示。

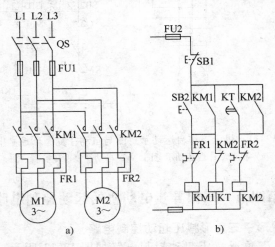

图 12-10　时间继电器控制的顺序起动电路

a）主电路　b）控制电路

五、自动往复循环控制

自动往复循环控制电路如图 12-11b 所示，SQ1、SQ2 控制电动机自动正反转，SQ3、SQ4 作极限位置保护用。

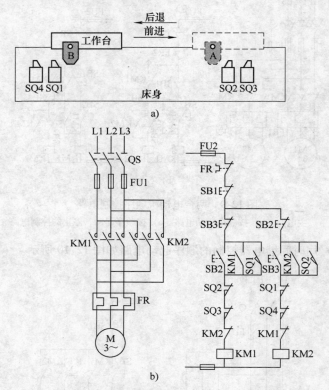

图 12-11　机床工作台运动示意图与自动往复循环控制电路

a）机床工作台运动示意图　b）自动往复循环控制电路

第四节　三相异步电动机的起动控制电路

一、星形－三角形减压起动控制电路

星形－三角形减压起动控制电路如图 12-12 所示，控制过程如下：

按下 SB2→线圈 KM1、KM3、KT 得电→电动机 M 星形起动（延

时一段时间）→线圈 KM3 失电（解除互锁）→线圈 KM2 得电、线圈
KT 失电→电动机 M 三角形运行。

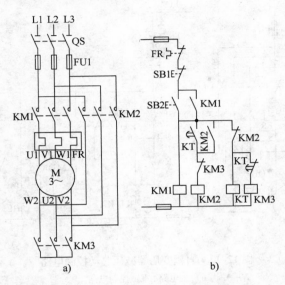

图 12-12　星形－三角形减压起动控制电路

a）主电路　b）控制电路

二、自耦变压器减压起动控制电路

自耦变压器减压起动控制电路如图 12-13 所示。它的工作过程
是：合上电源开关，按下起动按钮 SB2，接触器 KM1 线圈和时间继
电器 KT 线圈通电，KT 瞬时动作的常开触头闭合自锁，接触器 KM1
主触头闭合将电动机定子绕组经自耦变压器接至电源，开始减压起
动。时间继电器经过一定时间延时后，其延时常开触头闭合，其延时
常闭触头打开，使接触器 KM1 线圈断电，KM1 主触头断开，从而将
自耦变压器从电网上切除，而延时常开触头闭合，使接触器 KM2 线
圈通电，于是电动机接到电网运行，完成了整个起动过程。

即按下 SB2→KM1 和 KT 线圈得电（自锁）→M 减压起动→延时
一定时间→KA 线圈得电，KM1 线圈失电→KM2 线圈得电→M 全压
起动。

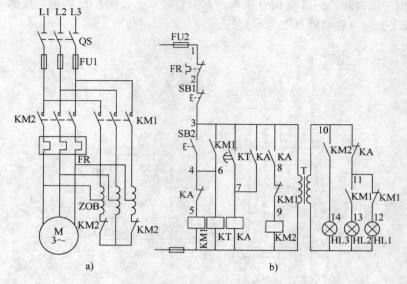

图 12-13　自耦变压器减压起动控制电路
a）主电路　b）控制电路

第五节　三相异步电动机的制动控制电路

三相异步电动机的电气制动方法有能耗制动、反接制动等，这些制动方法各有特点，适用不同的场合。

一、电动机单向运行反接制动控制电路

如图 12-14 所示，图中 KM1 是正向运行接触器，KM2 是反接制动接触器，KS 是速度继电器。该电路的控制过程如下：

1）按下 SB2，KM1 线圈得电且自保持，电动机正转。当电动机正转时，速度继电器 KS 常开触头闭合，为制动做好准备，同时 KM2 因与 KM1 互锁，不能得电。

2）按下 SB1，线圈 KM1 失电，KM1 主触头打开，电动机失电；松开 SB1，电动机依靠惯性仍然在正转，通过 SB1、KS 闭合的常开触头、KM1 常闭触头，使线圈 KM2 得电，电动机定子电源反相序，反接制动，转速下降，当转速接近零速时，KS 闭合的常开触头断开，

KM2 断电释放，反接制动结束。

即按 SB1→KM1 线圈失电（解除互锁）→KM2 线圈得电（KS 接通）→M 反接制动→转速逐渐降至零（KS 断开）→KM2 线圈失电→M 停车。

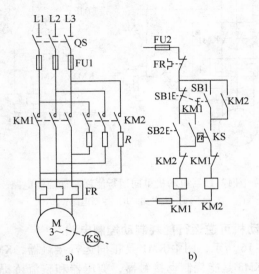

图 12-14　电动机单向运行反接制动控制电路
a）主电路　b）控制电路

二、电动机单向运行能耗制动控制电路

如图 12-15 所示，图中 KM1 是正向运行接触器，KM2 是能耗制动接触器，变压器和整流桥提供能耗制动的直流电源。

1）按下 SB2，KM1 线圈得电且自保持，电动机运转。

2）欲使电动机停止，可以按下 SB1，KM1 线圈失电，同时 KM2 线圈得电，然后 KT 线圈得电，KM2 的主触头闭合，经整流后的直流电压通过限流电阻 R 加到电动机两相绕组上，使电动机制动。制动结束，时间继电器 KT 延时触头动作，使 KM2 与 KT 线圈相继失电，整个电路停止工作，电动机停车。

即按 SB1→KM1 线圈得电→KM2、KT 线圈得电→M 能耗制动（延时一定时间）→KM2、KT 线圈失电→M 停车。

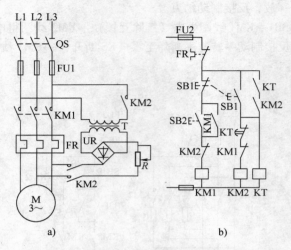

图 12-15　电动机单向运行能耗制动控制电路
a）主电路　b）控制电路

三、电动机可逆运行能耗制动控制电路

如图 12-16 所示，图中 KM1 是正向运行接触器，KM2 是反向运行接触器，KM3 是能耗制动接触器，变压器和整流桥提供能耗制动的直流电源，控制过程如下：

1）按下 SB2，KM1 线圈得电且自保持，电动机正转。当电动机正转时，速度继电器 KS 的正向常开触头 KS－1 闭合，反向常开触头 KS－2 打开，为制动做好准备，同时 KM2 因与 KM1 互锁，不能得电。

2）按下 SB1，KM1 线圈失电，KM1 主触头打开，电动机失电；松开 SB1，电动机依靠惯性仍然在正转，通过 SB1、KS－1 常开触头、KM1 常闭触头、KM2 常闭触头、使 KM3 得电，电动机定子接直流电源，能耗制动，转速下降，当转速接近零速时，KS－1 闭合的常开触头断开，KM3 断电释放，能耗制动结束。同理，可分析反转时的制动。

即按 SB1→KM1 线圈失电（解除互锁）→KM3 线圈得电（KS－1 接通）→M 能耗制动－→转速逐渐降至零（KS－1 断开）→KM3 线

圈失电→M 停车。

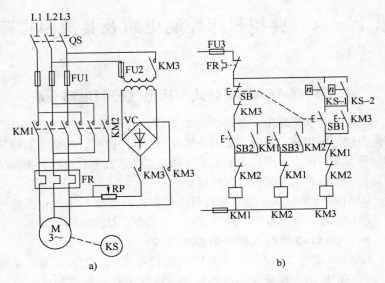

图 12-16　电动机可逆运行能耗制动控制电路

第十三章　典型机床控制电路及其故障排除

第一节　CA6140 型卧式车床电气控制电路分析

在金属切削机床中，车床所占的比例最大，而且应用也最广泛。它能完成车削内圆、外圆、端面、螺纹、钻孔、镗孔、倒角、割槽及切断等加工工序。车床加工的基本运动是主轴通过卡盘或顶尖带动工件旋转，溜板带动刀架进行直线运动。

CA6140 型卧式车床是我国自行设计制造的新型车床。它性能优越，结构先进，操作方便，外形美观，已得到广泛的应用。

一、CA6140 型卧式车床的基本结构

CA6140 型卧式车床的基本外形如图 13-1 所示。它由车身、主轴变速箱、进给箱、溜板及刀架等组成。内部装有三台三相异步电动机，分别拖动主轴、冷却液泵和刀架。主轴电动机通过主轴变速箱的机械传动进行变速。

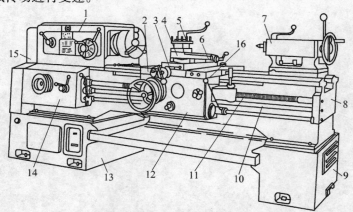

图 13-1　CA6140 型卧式车床的基本外形

1—主轴箱　2—纵溜板　3—横溜板　4—转盘　5—方刀架　6—小溜板
7—尾座　8—床身　9—右床座　10—光杠　11—丝杠　12—溜板箱
13—左床座　14—进给箱　15—挂轮架　16—操纵手柄

二、电气控制电路分析

CA6140 型卧式车床电气控制电路可分为主电路、控制电路及照明电路三部分，如图 13-2 所示。

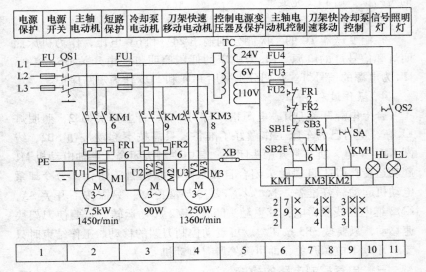

图 13-2 CA6140 型卧式车床电气控制电路

1. 主电路分析

主电路有三台电动机，M1 为主轴电动机。M2 为冷却泵电动机，M3 为刀架快速移动电动机，这三台电动机的功率都小于 10kW，全部采用全压直接起动、停止控制，主轴的正反转也是由摩擦离合器实现的。M2、M3 两台电动机的功率小于 5.5kW。M1、M2 为长期运转的电动机，分别采用热继电器实现过载保护。M3 为短期工作电动机，故未设过载保护。FU1 熔断器作为 M2、M3 的短路保护，主轴电动机 M1 靠车间配电箱内熔断器 FU 作为总的短路保护。FR1 和 FR2 的发热元件分别串接在 M1 和 M2 的主电路中。

2. 控制电路分析

控制电路的电源由控制变压器 TC 二次侧输出 110V 电压提供。主轴电动机的控制采用了具有过载保护全压起动控制的典型环节。冷却泵电动机的控制采用的是两台电动机联锁（顺序控制）的典型控制环节。它满足生产要求使主轴电动机起动后，冷却泵电动机才能起动。当 M1 停止运行时，M2 也自动停止。刀架的快速移动电动机采用的是点动控制环节，其刀架运动的方向由操作手柄控制。控制电路的短路保护由 FU2 完成。

3. 照明与信号灯电路分析

控制变压器 TC 的二次侧分别输出 24V 和 6V 电压，作为机床照明灯和信号灯的电源。EL 为机床的低压照明灯，由开关 QS2 控制；HL 为电源的信号灯。它们分别采用 FU4 和 FU3 作为短路保护。

4. 操作过程

合上电源开关 QS1，电源指示灯 HL 亮，合上开关 QS2，照明灯 EL 亮。这时已为车床工作做好了准备，只需按下起动按钮 SB2，线圈 KM1 得电，所有常开触头闭合，其中主触头闭合，主轴电动机 M1 起动运转；KM1 自锁触头闭合自锁；KM1 联锁触头闭合，为冷却泵电动机起动做好准备。这时若需要冷却液冷却，只需按下开关 SA，KM2 继电器线圈得电，其主触头闭合，M2 起动运转。若要使刀架快速移动，只要按 SB3 按钮，就可点动控制刀架的移动。工作结束时只要断开 QS1 电源开关，即可关停所有电动机。

三、电气控制电路的检修

电气设备的故障检修包括检测和修理。检测的目的是判断故障的部位，修理是对故障部位进行修复。为了能尽快完成检修任务，检修人员必须具有敏锐的观察力、正确的逻辑思维和综合判断能力。此外，对工作原理的熟悉和丰富的工作经验对快速准确地判断故障起着关键的作用。下面就 CA6140 型车床出现的几种故障进行分析。

（1）主轴电动机 M1 不能起动　造成这种故障的可能原因有：电源故障、主电路故障和控制电路故障。

1）检查电源。在合上 QS1 后看 HL 是否点亮。若亮，则再按下按钮 SB3 点动控制 M3 电动机，看 M3 是否正常。若正常，则说明电源没问题；反之，应详细检查电源电路。

2）检查主接触器 KM1 吸合情况。在电源正常的情况下，点按 SB2 看 KM1 吸合是否正常。如果吸合，就有响亮而清脆的"咔嚓"声，如果这时电动机不起动，就应立即按下停止按钮 SB1，以免造成电动机的损坏。这时可基本断定造成 M1 不能起动的原因在主电路中，或是断相或是 KM1 主触头接触不良。这时，可先拆除 M1 的接线，分别用万用表测量 KM1 主触头进、出线上的三相电压及电动机 M1 的三相绕组的电阻来确定故障部位。若接触器 KM1 不吸合，则故障检查重点应放在控制电路中各触头的接触情况及电磁线圈是否断线。

（2）主轴电动机 M1 只能点动　按下 SB2，M1 能起动，但放开 SB2，M1 又停转，则问题多在 KM1 的自锁触头或其连接线接触不良。

（3）主轴电动机在运行过程中自动停转　先检查热继电器 FR1、FR2 的状况。电动机在运行过程中自动停止的故障通常是热继电器动作所致。这时，可在电动机运行时，用钳形电流表测量电动机 M1 及 M2 的定子电流，而后判断发生故障的原因，并进行排除。

1）若电动机定子电流达到或超过额定值的 120%，则电动机为过载运行，应减小负载。

2）若电动机定子电流接近或稍大于额定值，使热继电器动作，这是因为电动机运行时间过长、环境温度过高或机床有振动的缘故，从而使热继电器产生误动作。

3）若电动机定子电流小于额定值，则可能是热继电器的整定值过小。这时可拆下热继电器，送有关部门进行校验。

（4）一按起动按钮熔丝即爆断　这种故障往往是电路短路或电动机短路所致。可切断总电源，拆去电动机 M1、M2 接线盒中的连接导线（注意：自始至终要确保设备无电），进行检查。

1）对地短路故障点的检查。用绝缘电阻表测量电路对地和线间的绝缘电阻，发现短路点后修复。要求所检查的线段到接触器 KM1 及熔断器 FU2 的进线处为止。

2）电动机转子是否堵转的检查。电动机转子堵转也能造成电源熔丝在电动机起动瞬间立即爆断。检查时先切断电源，再用人工转动电动机转轴。电动机应能转动。若一点儿都不动，则为电动机转子卡死或传动机构卡死，若传动机构卡死，则应由钳工修理。电动机转子本身卡死（卧式车床用的电动机都用滚动轴承，所以卡死的可能性不大，但对于采用滑动轴承的其他设备，则有可能使电动机转轴卡死），其原因大多是因为轴承磨损或滚珠碎裂后造成的，可拆开电动机，更换轴承。

3）电动机定子绕组是否短路的检查。电动机短路故障的检测及修理方法可参考电动机一章的有关内容。

（5）主轴电动机不能停转　车床需要停车时，按下停止按钮，主轴电动机不能停转，故障原因一般是接触器的三对主触头熔焊造成。这时只有切断电源开关，电动机才能停转。这种故障只有更换触头或接触器才能修复。

其他电路的故障检查方法与上述大同小异。只要熟练掌握和领会上述的检修过程，其他故障一般都可解决。

第二节　Z3040 型摇臂钻床电气控制电路分析

钻床是一种用途广泛的通用机床，有立式钻床、卧床钻床、深孔钻床、多钻头钻床及专用钻床等。钻床用于钻孔、扩孔、铰孔及攻螺纹等基本加工，增加某些辅助设备，还可以镗孔。

Z3040 型摇臂钻床是最常用的立式钻床，适用于成批生产加工多种孔径的大型零件。

一、Z3040 型摇臂钻床的基本结构

摇臂钻床一般由底座、内外立柱、摇臂、主轴箱和工作台等部件组成，如图 13-3 所示。内立柱固定在底座上，外立柱套在内立柱外，可绕内立柱回转 360°。摇臂用套筒与外立柱配合，共同绕内立柱转动。同时借助丝杠的作用，摇臂可沿外立柱上下移动。根据需要调整钻头相对工件的距离。主轴箱由主轴、主轴进给变速和操纵机构等构成。可沿导轨在摇臂水平方向移动。在加工过程中必须使外立柱和内立柱、摇臂和外立柱、主轴箱和摇臂导轨处于夹紧状态。

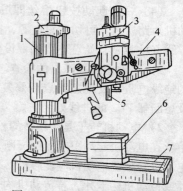

图 13-3　Z3040 型摇臂钻床外形

1—外立柱　2—内立柱　3—主轴箱
4—摇臂　5—主轴　6—工作台
7—底座

为了简化传动机构，摇臂钻床采用 4 台电动机拖动。主电动机 M1 承担主切削，采用机械调速，通过主轴箱将动力传至主轴。摇臂升降电动机 M2 通过丝杠完成摇臂的升降。由电气控制实现电动机的正反

转。立柱松紧电动机 M3 带动液压泵输送高压油。通过液压和机械配合实现立柱的夹紧和放松，冷却泵由单独的电动机 M4 拖动。

二、电力拖动特点与控制要求

1）4 台电动机的功率均较小，采用直接起动方式，主轴要求正反转，但采用机械方法实现，主轴电动机单向旋转。

2）升降电动机要求正反转。液压泵电动机用来驱动液压泵送出不同流向的液压油，推动活塞、带动菱形块动作来实现内外立柱的夹紧与放松以及主轴箱和摇臂的夹紧与放松，故液压泵电动机要求正反转。

3）摇臂的移动严格按照摇臂松开、摇臂移动、移动到位摇臂夹紧的程序进行。因此，摇臂的夹紧放松与摇臂升降应按上述程序自动进行。

4）钻削加工时，应由冷却泵电动机拖动冷却泵，供出冷却液进行钻头冷却。

5）要求有必要的联锁与保护环节。

6）具有机床安全照明电路与信号指示电路。

三、电气控制电路分析

图 13-4 所示为 Z3040 型摇臂钻床电气控制电路。M1 为主轴电动机，M2 为摇臂升降电动机，M3 为液压泵电动机，M4 为冷却泵电动机。

主轴箱上装有 4 个按钮 SB2、SB1、SB3 与 SB4，它们分别是主电动机起动、停止按钮，摇臂上升、下降按钮。主轴箱转盘上的两个按钮 SB5、SB6 分别为主轴箱及立柱松开按钮和夹紧按钮。转盘为主轴箱左右移动手柄，操纵杆则操纵主轴的垂直移动，两者均为手动。主轴也可进给。

1. 主电路分析

三相电源由低压隔离开关 QS 控制。

M1 为单向旋转，由接触器 KM1 控制。主轴的正反转是由另一套主轴电动机拖动液压泵送出液压油的液压系统，经"主轴变速、正反转及空档"操作手柄来获得的。M1 由热继电器 FR1 作过载保护。

M2 由正反转接触器 KM2、KM3 控制实现正反转，因摇臂移动是短时的，不用设过载保护，但其与摇臂的放松与夹紧之间有一定的配合

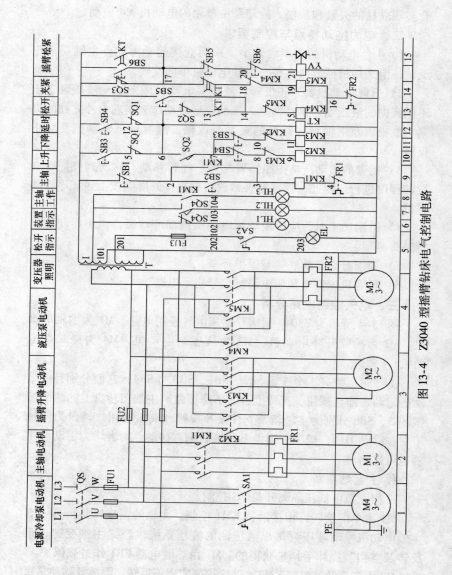

图 13-4 Z3040 型摇臂钻床电气控制电路

关系，这由控制电路去保证。

M3 由接触器 KM4、KM5 控制实现正反转，设有热继电器 FR2 作为过载保护。

M4 的功率较小，由开关 SA1 控制其起动和停止。

2. 控制电路分析

（1）主轴电动机控制 由按钮 SB2、SB1 与接触器 KM1 构成主轴电动机起动—停止控制电路，M1 起动后，指示灯 HL3 亮，表示主轴电动机在旋转。

（2）摇臂升降及夹紧、放松控制 摇臂钻床工作时摇臂应夹紧在外立柱上，发出摇臂移动信号后必须先松开夹紧装置，当摇臂移动到位后，夹紧装置再将摇臂夹紧。该电路能自动完成这一过程。

由摇臂上升按钮 SB3、下降按钮 SB4 及正反转接触器 KM2、KM3 组成具有双重联锁的电动机正反转点动控制电路。由于摇臂的升降控制必须与夹紧机构液压系统密切配合，所以与液压泵电动机的控制密切相关。液压泵电动机正反转由正反转接触器 KM4、KM5 控制，拖动双向液压泵，送出液压油，经二位六通阀送至摇臂夹紧机构实现夹紧与放松。下面以摇臂上升为例分析摇臂升降及夹紧、放松的控制。

按下摇臂上升点动按钮 SB3，时间继电器 KT 通电吸合，瞬动常开触头 KT（13-14）、KT（1-17）闭合，前者使 KM4 线圈通电吸合，后者使电磁阀 YV 线圈通电。于是液压泵电动机 M3 正转起动，拖动液压泵送出液压油，经二位六通阀进入摇臂松开油腔，推动活塞和菱形块，使摇臂松开。同时，活塞杆通过弹簧片压动行程开关 SQ2，其常闭触头 SQ2（6-13）断开，接触器 KM4 断电释放，液压泵电动机停止旋转，摇臂维持在松开状态；SQ2 常开触头 SQ2（6-7）闭合，使 KM2 线圈通电吸合，摇臂升降电动机 M2 起动旋转，拖动摇臂上升。

当摇臂上升到预定位置时，松开上升按钮，KM2、KT 线圈断电，M2 依惯性旋转至停止，摇臂停止上升。经延时一定时间后，KT（17-18）闭合，KM5 线圈通电，使液压泵电动机 M3 反转，触头 KT（1-17）断开，电磁阀 YV 断电。送出的液压油经另一条油路流入二位六通阀，再进入摇臂夹紧油腔，反向推动活塞与菱形块，使摇臂夹紧。值得注意的是，在 KT 断电延时的 1~3s 内，KM5 线圈仍处于断电状态，而 YV 仍处于通电状态，这段延时就确保了横梁升降电动机在断开电源后依惯性旋转，并经 1～3s 完全停止旋转后才开始摇臂的夹紧动作，所以 KT 延时长短依据 M2 电动机切断电源到完全停止的惯性大小来调整。

当摇臂夹紧后，活塞杆通过弹簧片压动行程开关 SQ3，使 SQ3（1－17）断开，KM5 线圈断电，M3 停止旋转，摇臂夹紧完成。摇臂夹紧的行程开关 SQ3 应调整到摇臂夹紧后能够动作，若调整不当，摇臂夹紧后仍不能动作，会使液压泵电动机 M3 长期工作而过载。为防止由于长期过载而损坏液压泵电动机，电动机 M3 虽短时运行，也仍采用热继电器作过载保护。

摇臂升降的极限保护由组合开关 SQ1 实现。SQ1 有两对常闭触头，当摇臂上升或下降到极限位置时相应常闭触头断开，切断对应的上升或下降接触器（KM2 或 KM3）线圈电路，使 M2 停止，摇臂停止移动，实现极限位置保护。此时可按下反方向移动起动按钮，使 M2 反向旋转，拖动摇臂反向移动。

（3）主轴箱与立柱的夹紧、放松控制　立柱与主轴箱均采用液压操纵夹紧与放松，两者是同时进行的，工作时要求二位六通阀 YV 不通电。松开与夹紧分别由松开按钮 SB5 和夹紧按钮 SB6 控制，指示灯 HL1、HL2 指示其动作。

按下松开按钮 SB5 时，KM4 线圈通电吸合，电动机 M3 正转，拖动液压泵送出液压油，此时电磁阀线圈 YV 不通电，其提供的高压油经二位六通电磁阀到另一条油路，进入立柱与主轴箱松开油腔，推动活塞和菱形块使立柱和主轴箱同时松开。当立柱与主轴箱松开后，行程开关 SQ4 不受压而复位，触头 SQ4（101－102）闭合，指示灯 HL1 亮，表明立柱与主轴箱已松开。于是可以手动操作主轴箱在摇臂的水平导轨上移动。当移动到位。按下夹紧按钮 SB6 时。KM5 线圈通电吸合，M3 电动机反转，拖动液压泵送出液压油至夹紧油腔，使立柱与主轴箱同时夹紧。当确已夹紧，压下 SQ4，触头 SQ4（101－102）断开，HL1 灯灭，触头 SQ4（101－103）闭合，HL2 灯亮，指示立柱与主轴箱均已夹紧，可以进行钻削加工。

（4）冷却泵电动机 M4 的控制　M4 电动机由开关 SA1 手动控制，进行单向旋转。

（5）联锁与保护环节　SQ1 行程开关实现摇臂上升与下降的限位保护。SQ2 行程开关实现摇臂松开到位，开始升降的联锁。SQ3 行程开关实现摇臂完全夹紧，液压泵电动机 M3 停止运转的联锁。KT 时间继电器实现升降电动机 M2 断开电源、待 M2 停止后再进行夹紧的联锁。M2 电动机正反转具有双重联锁，M3 电动机正反转具有电气联锁。

SB5、SB6 立柱与主轴箱松开、夹紧按钮的常闭触头串接在电磁阀 YV 线圈电路中，实现立柱与主轴箱松开、夹紧操作时，液压油只进入立柱与主轴箱夹紧油腔而不进入摇臂夹紧油腔的联锁。

熔断器 FU1 ~ FU5 实现电路的短路保护。热继电器 FR1、FR2 为电动机 M1、M3 的过载保护。

3. 照明与信号指示电路分析

HL1 为主轴箱与立柱松开指示灯，灯亮表示已松开，可以手动操作主轴箱沿摇臂移动或推动摇臂回转。

HL2 为主轴箱与立往夹紧指示灯，灯亮表示已夹紧，可以进行钻削加工。

HL3 为主轴旋转工作指示灯口

EL 机床局部照明灯，出控制变压器 TC 供给 24V 安全电压，由手动开关 SA2 控制。

四、Z3040 型摇臂钻床的液压原理

Z3040 型摇臂钻床是机、电、液的综合控制系统。机床有两套液压系统：一套是由单向旋转的主轴电动机拖动齿轮泵送出液压油，通过操作手柄来操纵机构实现主轴正、反转、停车制动、空档、预选与变速的操纵机构液压系统；另一套是由液压泵电动机拖动液压泵送出液压油来实现摇臂的夹紧与松开、主轴箱和立柱的夹紧和放松的夹紧机构液压系统，如图 13-5 所示。图中液压泵采

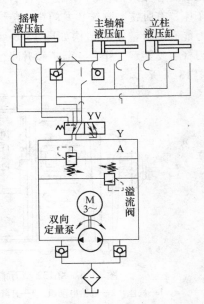

图 13-5　Z3040 型摇臂
钻床的液压原理

用双向定量泵。接触器 KM4、KM5 控制液压泵电动机 M3 的正反转。电磁换向阀 YV 的电磁铁 YA 用于选择夹紧、放松的对象。电磁铁 YA 线圈不通电时，电磁换向阀 YV 工作在左工位，同时实现主轴箱和立柱的夹紧与放松。电磁铁 YA 线圈通电时，电磁换向阀 YV 工作在右工位，实现摇臂的夹紧与放松。

　　摇臂的升降控制与摇臂夹紧放松的控制有严格的程序要求，以确保先松开，再移动，移动到位后自动夹紧。所以对 M3、M2 电动机的控制有严格程序要求，这些由电气控制电路控制，通过液压与机械配合来实现。

第三节　　X6132 型铣床电气控制电路分析

　　铣床主要是用于加工零件的平面、斜面、沟槽等型面的机床，装上分度头以后，可以加工齿轮或螺旋面，装上回转圆工作台则可以加工凸轮和弧形槽。铣床用途广泛，在金属切削机床中使用数量仅次于车床，有卧铣、立铣、龙门铣、仿形铣以及各种专用铣床。X6132 型万能升降台铣床的结构如图 13-6 所示，主要由底座、床身、悬梁、刀杆、支架、工作台、溜板和升降台等部分组成。其电气控制电路如图 13-7 所示。

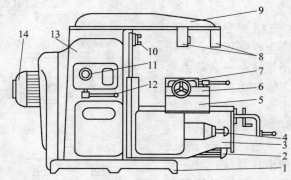

图 13-6　X6132 型万能升降台铣床的结构
1—底座　2—进给电动机　3—升降台　4—进给变速手柄及变速盘
5—溜板　6—转动部分　7—工作台　8—刀杆支架　9—悬梁
10—主轴　11—主轴变速盘　12—主轴变速手柄
13—床身　14—主轴电动机

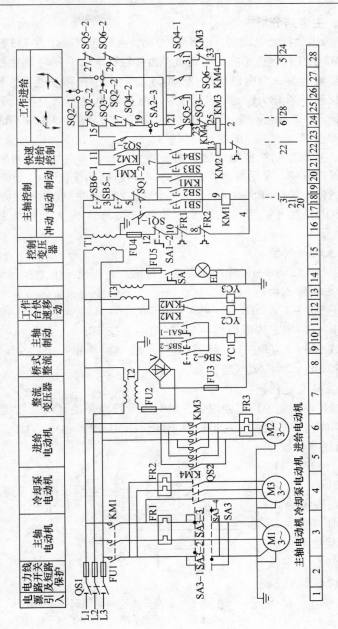

图 13-7 X6132 型万能升降台铣床电气控制电路

一、主电路分析

M1 为主轴拖动电动机，由 KM1 控制，由转向选择开关 SA3 预选转向。M2 为工作台进给拖动电动机，由接触器 KM3、KM4 的主触头进行正反转控制，由电磁铁 YC2、YC3 决定工作台移动速度，KM2 接通为快速，断开为慢速。M3 为冷却泵拖动电动机，由手动开关 QS2 控制。FU1 是三台电动机共有的短路保护，FR1、FR2、FR3 分别为电动机 M1、M2、M3 的过载保护。

二、主轴电动机控制电路分析

为操作方便，采用两地控制方式，有两组起动按钮 SB1、SB2 并联，两组停止按钮 SB5 – 1 和 SB6 – 1 串联。YC1 是主制动用的电磁离合器，SQ1 位置开关用作主轴变速冲动开关，SA1 – 2 为换刀制动开关。

1. 主轴起动控制

按下 SB1 或 SB2→KM1 线圈得电（自锁）→M1 电动机直接起动。

2. 主轴停止控制

按下 SB5 – 1 或 SB6 – 1→KM1 线圈失电→M1 断电→SB5 – 2 或 SB6 –2 闭合→YC1 线圈得电→M1 制动→放松 SB5 – 1 或 SB6 – 1→ SB5 –2 或 SB6 – 2 复位→YC1 线圈得电，制动结束（SB5 – 1 和 SB5 – 2，SB6 – 1 和 SB6 –2 为联动按钮）。

3. 主轴变速控制

通过冲动变速手柄退回原位，短时压下行程开关（SQ1 – 2 断开后切断 KM1 控制电路）→SQ1 – 1 闭合→KM1 线圈得电→M1 起动（带动机械凸轮放开弹簧杆，使 SQ1 – 1、SQ1 – 2 复位）→ KM1 线圈失电→M1 停止。M1 短时冲动一下，而使传动齿轮顺利啮合。主轴变速冲动联锁控制示意图如图 13-8 所示。

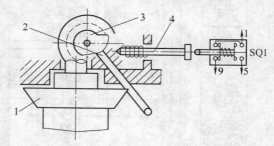

图 13-8　主轴变速冲动联锁控制示意图

1—变速盘　2—变速手柄　3—凸轮　4—弹簧杆

4. 主轴换刀制动

将 SA1 拨向换刀位置→SA1 – 1 闭合→YC1 线圈得电→M1 制动，克服了主轴自由转动；SA1 – 2 断开→切断了 M1 的控制电路，确保人身安全。

三、工作台移动控制电路分析

工作台有 6 个移动方向，即纵向（左、右）、横向（前、后）、垂直方向（上、下）。控制电路的电源是从 7 点引出的，串入了 KM1 的自锁触头，以保证主轴旋转与工作台进给的联锁要求。进给电动机 M2 由 KM3、KM4 控制，实现正反转。工作台移动方向由各自的操作手柄来选择。

1. 工作台左右（纵向）移动

工作台纵向进给是由纵向操作手柄控制的，此手柄有左和右两个位置，各位置对应的限位开关为 SQ5 和 SQ6。

（1）工作台向右移动　将操作手柄扳向右边，压下限位开关 SQ5，同时将电动机传动链和左、右移动丝杠相连，电动机正转，工作台向右移动。

按下 SB1 或 SB2 起动主轴后，KM1 常开触头闭合接通 7 和 9，提供了进给控制电源。将操作手柄扳向右边→压下位置开关 SQ5→SQ5 – 1 常开闭合（SQ5 – 2 常闭断开）→KM3 线圈得电→M2 正转→工作台右移→当进给达到预定位置→手柄和工作台上挡块相碰，手柄恢复零位→SQ5 – 1 恢复常开→KM3 线圈失电→M2 停止向右工作进给。

（2）工作台向左移动　控制及操作过程和向右进给相似，将操作手柄扳向左边→压下限位开关 SQ6→SQ6 – 1 常开闭合（SQ6 – 2 常闭断开）→KM4 线圈得电→M2 反转→工作台左移→当进给达到预定位置→手柄和工作台上挡块相碰，手柄恢复零位→SQ6 – 1 恢复常开→KM4 线圈失电→M2 停止向左工作进给。

2. 工作台横向（前后）和升降（上下）进给控制

工作台 4 个方向的移动是通过一个十字复式操纵手柄来控制的。该手柄有 5 个位置，即上、下、前、后和中间零位。扳动十字复式操纵手柄时，通过联动机构将控制运动方向的机械离合器合上，同时压下相应的行程开关 SQ3 和 SQ4。

工作台向前工进的条件是：主轴电动机 M1 先起动，纵向手柄置于零位。将操纵手柄扳到向前位置，压下位置开关 SQ3，机械传动方向必须同时通过机构将电动机 M2 传动链和溜板下面丝杠相连电动机正转，工作台向前进给。

（1）工作台向前运动　将十字手柄扳向前→压下 SQ3→SQ3 - 1 常开触头闭合→KM3 线圈得电→M2 正转→工作台向前移动，当进给达到预定位置→手柄和工作台上挡块相碰，手柄恢复零位→SQ3 - 1 恢复常开→KM3 线圈失电→M2 停止向前工作进给。

（2）工作台向后运动　控制过程与向前类似，只需将十字复式操纵手柄扳向后，则 SQ4 被压下，KM4 线圈得电，M2 反转，工作台向后运动，电气控制与向前一样。

（3）工作台向上运动　工作台向上工进的条件和向前一样，机械传动部分和向下移动一样，只是将十字复式操纵手柄扳向上→压下 SQ4→SQ4 - 1 常开触头闭合→KM4 线圈得电→M2 反转→工作台向上运动→移动到预定位置→手柄边杆和导轨上的挡块相碰，手柄恢复中间位置放松 SQ4→SQ4 - 1 常开复位→KM4→M2 停止向前工作进给。

（4）工作台向下运动　向下工进的条件与向前一样，只是要将十字复式操纵手柄扳向下位置，压住 SQ3，则 KM3 线圈得电，使 M2 正转即可，其控制过程与上升类似。

3. 工作台快速移动

每个方向的移动都有两种速度，上面介绍的 6 个方向的进给都是慢速移动。需要快速移动时，但必须在主轴停车后进行。先由手柄决定移动方向，按下 SB3 或 SB4，则 KM2 得电吸合，快速电磁铁 YC3 通电，工作台快速移动。若快速移动为点动，可放松 SB3 或 SB4，快速移动停止。

4. 进给变速冲动控制

进给变速冲动在铣削加工时，若需要改变进给速度时，将变速盘往外拉，进给齿轮松开，选择好速度时，将变速盘往里推，此时挡块压住 SQ2 位置开关，进给电动机起动。

压住 SQ2→SQ2 - 1 常开闭合→KM3→KM3 主触头闭合（KM3 常闭断开）→M2 反转控制电路→电动机刚一起动，SQ2 就复位放松→SQ2 - 1 恢复常闭→KM3→电动机 M2 停止转动，这样一来齿轮产生了一次抖动，使齿轮顺利啮合。

5. 圆工作台控制

万能铣床设置了圆工作台，将圆工作台安装在工作台上，可加工螺旋槽、弧形面等，在使用圆工作台时，所有进给系统都不能动，只让圆工作台绕轴心回转。

SA2 置于圆工作台→（SA2－1 和 SA2－3 断开）SA2－2 闭合，起动圆工作台控制电路。电流路径为：电源→SQ2－2→SQ3－2→SQ4－2→SQ6－2→SQ5－2→SA2－2→KM4 常闭触头→KM3 线圈→电源。KM3 线圈得电→电动机 M2 正转使圆工作台绕轴心回转。

圆工作台开动时，其余进给一律不准拖动，两个进给手柄必须放在零位。若扳动其中一个，则必然使 SQ3～SQ6 中的任意一个被压而断开触头，将使电动机停止转动，圆工作台从而得到保护。

四、电气控制电路特点

1）电气控制电路与机械紧密配合，分析时要详细了解机械结构与电气控制的关系。

2）运动速度的调整主要是通过机械方法实现，因此简化了电气控制系统中的调节器速控制电路，但机械结构就相对比较复杂。

3）控制电路中设置了变速冲动控制，从而使变速能顺利进行。

4）采用两地控制方式，操作方便。

5）具有完善的电气联锁，并且有短路、零压、过载及超行程限位保护环节，工作可靠。

五、控制电路元器件明细

X6132 型万能铣床控制电路元器件名称及作用见表 13-1。

表 13-1　X6132 型万能铣床控制电路元器件名称及作用

符号	元件名称	型号	规格	件数	作用
M1	电动机	Y2 示列	7.5kW、1450r/min	1	驱动主轴
M2	电动机	Y2 示列	1.5kW、1410r/min	1	驱动进给
M3	电动机	JCB－22	0.125kW、2790r/min	1	驱动冷却泵
QS1	开关	HZ1－60/3J	60A、500V	1	电源总开关
QS2	开关	HZ1－10/3J	10A、500V	1	冷却泵开关
SA1	开关	HZ1－10/3J	10A、500V	1	换刀开关

（续）

符号	元件名称	型号	规格	件数	作用
SA2	开关	HZ1 – 10/3J	10A、500V	1	圆工作台转换开关
SA3	开关	HZ3 – 133	60A、500V		M1 换相开关
FU1	熔断器	RL1 – 60	60A	3	电源总熔断器
FU2	熔断器	RL1 – 15	5A	1	整流电路熔断器
FU3	熔断器	RL1 – 15	5A	1	直流电路熔断器
FU4	熔断器	RL1 – 15	5A	1	控制回路熔断器
FU5	熔断器	RL1 – 15	1A	1	照明熔断器
FR1	热继电器	JRO – 60/3	16A	1	主轴电动机 M1 过载保护
FR2	热继电器	JRO – 60/3	0.5A	1	冷却泵电动机 M3 过载保护
FR3	热继电器	JRO – 60/3	1.5	1	进给电动机 M2 过载保护
T1	变压器	BK – 50	380/24V	1	照明电源
T2	变压器	BK – 100	380/36V	1	整流电源
TC	变压器	BK – 150	380/110V	1	控制电路电源
VC	整流器	4X2ZC		2	整流器
KM1	接触器	CJO – 20	20A、110V	1	主轴电动机起动
KM2	接触器	CJO – 10	10A、110V	1	快速进给
KM1	接触器	CJO – 10	10A、110V	1	M2 正转
KM1	接触器	CJO – 10	10A、110V	1	M2 反转
SB1、SB2	按钮	LA2		2	M1 起动
SB3、SB4	按钮	LA2		2	快速进给点动
SB5、SB6	按钮	LA2		2	停止、制动
YC1	电磁离合器			1	主轴制动
YC2	电磁离合器			1	正常进给
YC3	电磁离合器			1	快速进给
SQ1	行程开关	LX1 – 11K		1	主轴变速冲动开关
SQ2	行程开关	LX3 – 11K		1	进给变速冲动开关

（续）

符号	元件名称	型号	规格	件数	作用
SQ3	行程开关	LX2 – 11K		1	工作台向前进给
SQ4	行程开关	LX2 – 11K		1	工作台向上进给
SQ5	行程开关	LX2 – 11K		1	工作台向右进给
SQ6	行程开关	LX2 – 11K		1	工作台向左进给

第四节　T68 型卧式镗床电气控制电路分析

镗床是一种精密加工机床，主要用于加工精密的孔和各孔间相互位置要求较高的零件。按用途不同，镗床可分为卧式镗床、立式镗床、坐标镗床、金刚镗床和专门化镗床，以卧式镗床使用为最多。T68 型镗床除镗孔外，还可用于钻孔、铰孔及加工端面，以及车削螺纹及其附件；装上平旋盘刀架还可加工较大的孔径、端面和外圆。

一、T68 型卧式镗床的基本结构

T68 型卧式镗床主要由床身、前立柱、镗头架、后立柱、尾座、下溜板、上溜板、工作台等部分组成，如图 13-9 所示。T68 型卧式镗床的运动形式有：

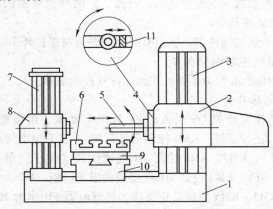

图 13-9　T68 型卧式镗床的结构

1—床身　2—镗头架　3—前立柱　4—平旋盘　5—镗轴　6—工作台

7—后立柱　8—尾座　9—上溜板　10—下溜板　11—刀具溜板

（1）主运动　镗轴和平旋盘的旋转运动。

（2）进给运动　镗轴的轴向进给、平旋盘刀具溜板的径向进给、镗头架的垂直进给、工作台的纵向进给和横向进给。

（3）辅助运动　工作台的回转、后立柱的轴向移动、尾座的垂直移动及各部分的快速移动等。

二、电力拖动特点与控制要求

T68 型卧式镗床电力拖动特点与控制要求如下：

1）主轴旋转与进给量都有较大的调速范围，主运动与进给运动由一台电动机拖动，为简化传动机构采用双速笼型异步电动机。

2）由于各种进给运动都有正反两个方向的运转，故主电动机要求能够实现正、反转。

3）为满足调整工件需要，主电动机应能实现正、反转的点动控制。

4）保证主轴停车迅速、准确，主电动机应有制动停车环节。

5）主轴变速与进给变速可在主电动机停车或运转时进行。为便于变速时齿轮啮合，应有变速低速冲动过程。

6）为缩短辅助时间，各进给方向均能快速移动，配有快速移动电动机拖动，采用快速电动机正、反转点动控制方式。

7）主电动机为双速电动机，有高、低两种速度供选择，高速运转时应先经低速起动。

8）由于运动部件多，应设有必要的联锁与保护环节。

三、电气控制电路分析

图 13-10 所示为 T68 型卧式镗床电气控制电路。

1. 主电路分析

电源经隔离开关 QS 引入，M1 为主电动机，由接触器 KM1 和 KM2 控制其正、反转；KM6 控制低速运转（定子绕组接成三角形联结，为 4 极），KM7、KM8 控制 M1 高速运转（定子绕组接成双星形联结，为 2 极）；KM3 控制 M1 反接制动限流电阻。M2 为快速移动电动机，由 KM4、KM5 控制其正反转。热继电器 FR 作为 M1 的过载保护，M2 为短时运行不需过载保护。

2. 控制电路分析

由控制变压器 TC 供给 110V 控制电路电压，36V 局部照明电压

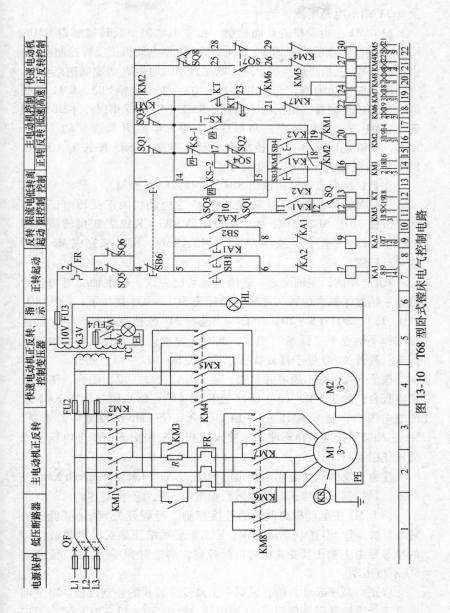

图 13-10　T68 型卧式镗床电气控制电路

及 6.3V 指示电路电压。

（1）M1 主电动机的点动控制　由主电动机正反转接触器 KM1、KM2 和正反转点动按钮 SB3、SB4 组成 M1 主电动机正反转控制电路。点动时，M1 三相绕组接成三角形联结且串入电阻 R 实现低速点动。

以正向点动为例，合上电源开关 QS，按下按钮 SB3，KM1 线圈通电，主触头接通三相正相序电源，KM1（4 – 14）闭合，KM6 线圈通电，M1 三相绕组接成三角形联结，串入电阻 R 低速起动。由于 KM1、KM6 此时都不能自锁故为点动，当松开 SB3 按钮时，KM1、KM6 线圈相继断电，M1 断电停车。

注意：反向点动时由按钮 SB4、KM2、KM6 控制。

（2）M1 主电动机正反转控制　M1 主电动机的正反转由正反转起动按钮 SB1、SB2 操作，由中间继电器 KA1、KA2 及正反转接触器 KM1、KM2，并配合接触器 KM3、KM6、KM7、KM8 来完成 M1 的可逆运行控制。

M1 起动前，主轴变速、进给变速均已完成，即主轴变速与进给变速手柄置于推合位置，此时行程开关 SQ1、SQ3 被压下，触头 SQ1（10 – 11）、SQ3（5 – 10）闭合。当选择 M1 低速运转时，将主轴速度选择手柄置于"低速"档位，此时经速度选择手柄联动机构使高低速行程开关 SQ 处于释放状态，其触头 SQ（12 – 13）断开。

按下 SB1，KA1 通电并自锁，触头 KA1（11 – 12）闭合，使 KM3 通电吸合；触头 KM3（5 – 18）与 KA1（15 – 18）闭合，使 KM1 线圈通电吸合，触头 KM1（4 – 14）闭合又使 KM6 线圈通电。于是，M1 三相绕组接成三角形联结，接入正相序三相交流电源全电压起动低速正向运行。

注意：反向低速起动运行是由 SB2、KA2、KM3、KM2 和 KM6 控制的，其控制过程与正向低速运行相类似，此处不再复述。

（3）M1 主电动机高低速的转换控制　行程开关 SQ 是高低速的转换开关，即 SQ 的状态决定 M1 是三角形联结还是双星形联结。SQ 的状态是由主轴孔盘变速机构机械控制，高速时 SQ 被压动，低速时 SQ 不被压动。

以正向高速起动为例，说明一下高低速转换的控制过程。将主轴速度选择手柄置于高速档，SQ 被压动，触头 SQ（12 – 13）闭合。按下 SB1 按钮，KA1 线圈通电并自锁，相继使 KM3、KM1 和 KM6 通电吸合，控制 M1 低速正向起动运行；在 KM3 线圈通电的同时 KT 线圈通电吸合，待 KT 延时时间到，触头 KT（14-21）断开使 KM6 线圈断电释放，触头 KT（14-23）闭合使 KM7，KM8 线圈通电吸合，这样，使 M1 三相绕组由三角形联结自动换接成双星形联结，M1 自动由低速变高速运行。由此可知，主电动机在高速档为两级起动控制，以减少电动机高速档起动时的冲击电流。

注意：反向高速档起动运行是由 SB2、KA2、KM3、KT、KM2、KM6 和 KM7、KM8 控制的，其控制过程与正向高速起动运行相类似。

（4）M1 电动机的停车制动控制　由 SB6 停止按钮、KS 速度继电器、KM1 和 KM2 组成了正反向反接制动控制电路。下面仍以 M1 电动机正向运行时的停车反接制动为例加以说明。

若 M1 为正向低速运行，即由按钮 SB1 操作，由 KA1、KM3、KM1 和 KM6 控制使 M1 运转。欲停车时，按下停止按钮 SB6，使 KA1、KM3、KM1 和 KM6 相继断电释放。由于电动机 M1 正转时速度继电器 KS-1（14-19）触头闭合，所以按下 SB6 后，使 KM2 线圈通电并自锁，并使 KM6 线圈仍通电吸合。此时 M1 三相绕组仍接成三角形联结，并串入限流电阻 R 进行反接制动，当速度降至 KS 复位转速时 KS-1（14-19）断开，使 KM2 和 KM6 断电释放，反接制动结束。

若 M1 为正向高速运行，即由 KA1、KM3、KM1、KM7、KM8 控制下使 M1 运转。欲停车时，按下 SB6 按钮，使 KA1、KM3、KM1、KT、KM7、KM8 线圈相继断电，于是 KM2 和 KM6 通电吸合。此时 M1 三相绕组接成三角形联结，并串入不对称电阻 R 反接制动。

M1 电动机的反向高速或低速运行时的反接制动，与正向的类似，而且都是 M1 三相绕组接成三角形联结，串入限流电阻 R 进行，由速度继电器控制。

（5）主轴变速及进给变速控制　主轴变速与进给变速可在停车时进行也可在运行中进行。变速时将变速手柄拉出，转动变速盘，选好速度后，再将变速手柄推回。拉出变速手柄时，相应的变速行程开关不受压；推回变速手柄时，相应的变速行程开关压下，SQ1、SQ2 为主轴变速用行程开关；SQ3、SQ4 为进给变速用行程开关。

　　1）停车变速控制。由 SQ1 - SQ4、KT、KM1、KM2 和 KM6 组成主轴和进给变速时的低速脉动控制，以便齿轮顺利啮合。

　　下面以主轴变速为例加以说明。因为假设进给运动未进行变速，进给变速手柄处于推回状态，进给变速开关 SQ3、SQ4 均为受压状态，触头 SQ3（4 - 14）和 SQ4（17 - 15）均处于断开状态。主轴变速时，拉出主轴变速手柄，主轴变速行程开关 SQ1、SQ2 不受压，此时触头 SQ1（4 - 14）、SQ2（17 - 15）由断开状态变为接通状态，使 KM1 通电并自锁，同时 KM6 也通电吸合，则 M1 串入电阻 R 低速正向起动。当电动机转速达到 140r/min 左右时，KS - 1（14 - 17）常闭触头断开，KS - 1（14 - 19）常开触头闭合，使 KM1 线圈断电释放，而 KM2 通电吸合，且 KM6 仍通电吸合。于是，M1 进行反接制动，当转速降到 100r/min 时，速度继电器 KS 释放，常闭触头 KS - 1（14 - 17）由断开变为接通，常开触头 KS - 1（14 - 19）由接通变为断开，使 KM2 断电释放，KM1 通电吸合，KM6 仍通电吸合，M1 又正向低速起动。

　　由以上分析可知：当主轴变速手柄拉出时，M1 先正向低速起动，而后又制动，这样缓慢脉动转动，以利齿轮啮合。当主轴变速完成将主轴变速手柄推回原位时，主轴变速开关的 SQ1、SQ2 压下，使 SQ1、SQ2 常闭触头断开，常开触头闭合，则低速脉动转动停止。

　　进给变速时的低速脉动转动与主轴变速时相同，但此时起作用的是进给变速开关 SQ3 和 SQ4。

　　2）运行中变速控制。主轴或进给变速可以在停车状态下进行，也可在运行中进行。

　　下面以 M1 电动机正向高速运行中的主轴变速为例，说明运行中变速的控制过程。

　　假设电动机 M1 在 KA1、KM3、KT、KM1 和 KM7、KM8 控制下高速运行。此时要进行主轴变速，拉出主轴变速手柄后，主轴变速开关 SQ1、SQ2 不再受压，SQ1（10 - 11）触头由接通变为断开，SQ1（4 - 14）、SQ2（17 - 15）触头由断开变为接通，则 KM3、KT 线圈断电释放，KM1 断电释放，KM2 通电吸合，KM7、KM8 断电释放，KM6 通电吸合。于是 M1 三相绕组接为三角形联结，串入限流电阻 R 进行正向低速反接制动，使 M1 转速迅速下降，当转速下降到速度继电器 KS 释放转速时，又由 KS 控制 M1 进行正向低速脉动转动，以利齿轮啮合。待推回主轴变速手柄时，SQ1、SQ2 行程开关被压下，SQ1 常开触头由断开变为接通。此时 KM3、KT 和 KM1、KM6 通电吸合，M1 先正向低速（三角形联结）起动，后在时间继电器 KT 控制下，自动转为高速运行。

由上述分析可知：所谓运行中变速是指在机床拖动系统运行过程中，可拉出变速手柄进行变速，而机床电气控制系统可使电动机接入电气制动，制动后又控制电动机低速脉动旋转，以利齿轮啮合。待变速完成后，推回变速手柄又能自动起动运转。

（6）快速移动控制　主轴箱、工作台或主轴的快速移动，由快速手柄操纵并联动 SQ7、SQ8 行程开关，控制 KM4 或 KM5，进而控制快速移动电动机 M2 正反转来实现快速移动。将快速手柄扳在中间位置，SQ7、SQ8 均不被压动，M2 电动机停转。若将快速手柄扳到正向位置，SQ7 压下，KM4 线圈通电吸合，M2 正转，使相应部件正向快速移动。反之，若将快速手柄扳到反向位置，则 SQ8 压下，KM5 线圈通电吸合，M2 反转，相应部件获得反向快速移动。

（7）联锁保护环节分析　T68 型卧式镗床电气控制电路具有完善的联锁与保护环节。

1）主轴箱或工作台与主轴机动进给联锁。为了防止在工作台或主轴箱机动进给时出现将主轴或平旋盘刀具溜板也扳到机动进给位置，不仅安装有与工作台、主轴箱进给操纵手柄有机械联动的行程开关 SQ5，而且在主轴箱上安装了与主轴进给手柄、平旋盘刀具溜板进给手柄有机械联动的行程开关 SQ6。

若工作台或主轴箱的操纵手柄扳在机动进给位置时，SQ5 压下，其常闭触头 SQ5（3－4）断开；若主轴或平旋盘刀具溜板进给操纵手柄扳在机动进给位置时，压下 SQ6，其常闭触头 SQ6（3－4）断开，所以，当这两个进给操纵手柄中的任一个扳在机动进给位置时，电动机 M1 和 M2 都可起动运行。但若两个进给操纵手柄同时扳在机动进给位置时，SQ5、SQ6 常闭触头都断开，切断了控制电路的电源，电动机 M1、M2 无法起动，也就避免了因误操作而造成事故，进而实现联锁保护作用。

2）M1 电动机正反转控制、高低速控制、M2 电动机正反转控制均设有互锁控制环节。

3）熔断器 FU1～FU4 实现短路保护；热继电器 FR 实现 M1 过载保护；电路采用按钮、接触器或继电器构成的自锁环节，并且具有欠电压与零电压保护作用。

3. 辅助电路分析

机床设有 36V 局部照明灯，和 6.3V 电源指示灯。

四、电气控制电路特点

1）电动机 M1 为双速笼型异步电动机。低速时由接触器 KM6 控制，将三相绕组接成三角形联结；高速时由接触器 KM7、KM8 控制，将三相绕组接成双星形联结。高、低速转换由主轴孔盘变速机构内的行程开关 SQ 控制。低速时，可直接起动。高速时，先低速起动，而后自动转换为高速运行的二级起动控制，以减小起动电流。

2）电动机 M1 能正反转运行、正反向点动及反接制动。在点动、制动以及变速中的脉动慢转时，在定子电路中均串入限流电阻 R，以减少起动和制动电流。

3）主轴变速和进给变速均可在停车情况或在运行中进行。只要进行变速，M1 电动机就脉动缓慢转动，以利于齿轮啮合，使变速过程顺利进行。

4）主轴箱、工作台与主轴由快速移动电动机 M2 拖动，实现其快速移动。它们之间的机动进给有机械保护和电气联锁保护。

第五节　交流桥式起重机电气控制电路分析

一、桥式起重机的结构及运动情况

桥式起重机由桥架（又称为大车）、大车运行机构、小车及小车运行机构、提升机构及驾驶室等部分组成，如图 13-11 所示。

1. 桥架

桥架由主梁、端梁、走台等部分组成，主梁跨架在车间的上空，其两端连接端梁，而主梁外侧设有走台，并附有安全栏杆。在主梁一端的下方有驾驶室，在驾驶室一侧的走台上装有大车运行机构，在另一侧走台上装有辅助滑线架，以便向小车电气设备供电，在主梁上方铺有导轨供小车在其上移动。整个桥式起重机在大车运行机构拖动下，沿车间长度方向的导轨进行移动。

2. 大车运行机构

大车运行机构由大车拖动电动机、制动器、传动轴、减速器及车轮等部分组成，采用两台电动机分别拖动两个主动轮，驱动整个起重机沿车间长度方向移动。

3. 小车

小车安装在桥架导轨上，可沿车间宽度方向移动。它主要由小车架、小车移行机构、提升机构等组成。小车架由钢板焊成，其上装有小车移行机构、提升机构、护栏及提升限位开关。小车运行机构由小车电动机、制动器、减速器、车轮等组成，小车主动轮相距较近，由一台小车电动机拖动。提升机构由提升电动机、减速器、卷筒、制动器等组成。

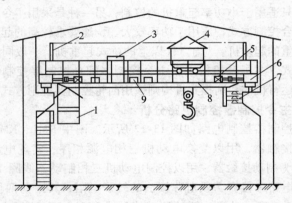

图 13-11　桥式起重机结构示意图

1—驾驶室　2—辅助滑线架　3—控制盘　4—小车　5—大车电动机

6—大车端梁　7—主滑线　8—大车主梁　9—电阻箱

4. 驾驶室

驾驶室是控制起重机的吊舱。其内装有大小车运行机构的控制装置，提升机构的控制装置和起重机的保护装置等。

二、桥式起重机对电力拖动和电气控制的要求

1）具有合理的升降速度，空钩能实现快速下降，轻载时的提升速度大于重载时的提升速度。

2）具有一定的调速范围，普通起重机的调速范围为 2~3。

3）提升的第 1 档作为预备档，用以消除传动系统中的齿轮间隙，将钢丝绳张紧，避免过大的机械冲击，该级起动转矩一般限制在额定转矩的 1/2 以下。

4）下放重物时，依据负载大小，提升电动机可运行在电动状态（强力下放）、倒拉反接制动状态和再生发电制动状态，以满足不同下降速度的要求。

5）为确保安全，提升电动机应设有机械制动，并配有电气制动。

由于起重机使用广泛，所以其控制设备都已标准化。根据拖动电动机功率大小，常用的控制方式有采用凸轮控制器直接控制电动机的起动、停止、正反转、调速和制动。这种控制方式受控制器触头容量的限制，只适用于小功率起重机的控制；另一种是采用主令控制器与控制盘配合控制方式，适用于功率较大、调速要求较高的起重机和工作十分繁重的起重机。对于 15t 以上的桥式起重机，一般同时采用两种控制方式，主提升机构采用主令控制器配合控制屏控制方式，而大、小车运行机构和副提升机构则采用凸轮控制器控制方式。

三、主令控制器控制电路分析

主令控制器控制电路如图 13-12 所示。图中 KM1、KM2 为电动机正反向接触器，用以变换电动机三相电源相序，实现电动机正反转；KM3 为制动接触器，用以控制电动机三相制动器线圈 YB。在电动机转子电路中接有 7 段对称接法的转子电阻，其中前两段 R_1、R_2 为反接制动电阻，分别由反接制动接触器 KM4、KM5 控制；后四段 $R_3 \sim R_6$ 为起动加速调速电阻，由加速接触器 KM6 ～ KM9 控制；最后一段 R_7 为固定接入的软化特性电阻。当主令控制器手柄置于不同控制档位时，获得如图 13-13 所示的机械特性。

1. 提升重物的控制

控制器提升控制共有 6 个档位，在提升各档位上，控制器触头 SA3、SA4、SA6 与 SA7 都闭合，于是将上升行程开关 SQ1 接入，起提升限位保护作用；接触器 KM3、KM1、KM4 始终通电吸合，电磁制动松开，短接 R_1 电阻，电动机按提升相序接通电源，产生提升方向的电磁转矩，在提升"1"档位时，由于起动转矩小，一般吊不起重物，只作张紧钢丝绳和消除齿轮间隙的预备起动级。

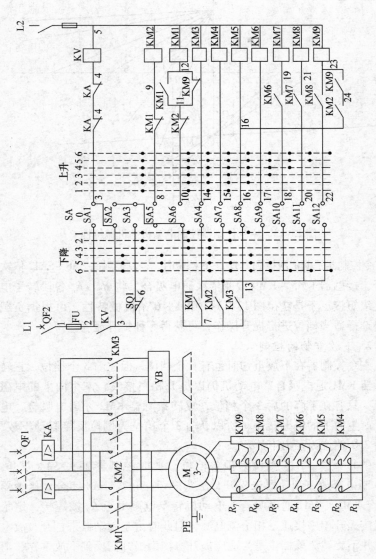

图 13-12 主令控制器控制电路

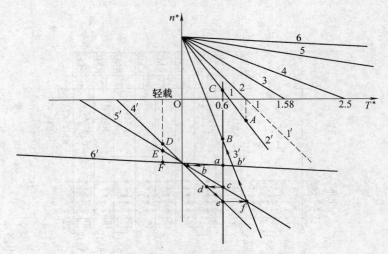

图 13-13　主令控制器控制电动机的机械特性

当主令控制器手柄依次扳到上升 2 ~ 6 档位时，控制器触头 SA8 ~ SA12 依次闭合，接触器 KM5 ~ KM9 线圈依次通电吸合，将 R_2 ~ R_6 各段转子电阻逐级短接。于是获得图 13-13 中第 1 ~ 6 条机械特性，可根据负载大小选择适当档位进行提升操作，可获得 5 种提升速度。

2. 下放重物的控制

主令控制器在下放重物时也有 6 个档位，但在前 3 个档位，正转接触器 KM1 通电吸合，电动机仍以提升相序接线，产生向上的电磁转矩，只有在下降的后 3 个档位，反转接触器 KM2 才通电吸合，电动机产生向下的电磁转矩，所以，前 3 个档位为倒拉反接制动下放，而后 3 个档位为强力下放。

（1）下降"1"档位为预备档位　此时控制器触头 SA4 断开，KM3 断电释放，制动器未松开，触头 SA6、SA7、SA8 闭合。接触器 KM4、KM5、KM1 通电吸合。电动机转子电阻 R_1、R_2 被短接，定子绕组按提升相序接通三相交流电源，但此时由于制动器未打开，故电动机并不旋转。该档位是为适应提升机构由提升变换到下放重物，消除因机械传动间隙产生冲击而设置的。所以此档位不能停留，必须迅速通过该档位扳向下放其他档位，以防电动机在堵转状态下时间过长而烧毁电动机。该档位转子电阻与提升"2"档相同，故该档位机械特性为上升特性2在第4象限的延伸。

（2）下放"2"档位是为重载低速下放而设置的 此时控制器触头 SA6、SA4、SA7 闭合，接触器 KM1、KM3、KM4、YB 线圈通电吸合，制动器打开，电动机转子串入 $R_2 \sim R_7$ 电阻，定子按提升相序接线，在重载时获得倒拉反接制动低速下放。

（3）下放"3"档位是为中型载荷低速下放而设置的 在该档位时，控制器触头 SA6、SA4 闭合，接触器 KM1、KM3、YD 线圈通电吸合，制动器打开，电动机转子串入全部电阻，定子按提升相序接电，在中型载荷作用下电动机按下放重物方向运转，获得倒拉反接制动下降。

（4）控制手柄在下放"4""5""6"档位时为强力下放 此时，控制器触头 SA2、SA4、SA5、SA7 与 SA8 始终闭合。接触器 KM2、KM3、KM4、KM5、YB 终圈通电吸合，制动器打开，电动机定子绕组按下放重物相序接线，转子电阻逐级短接，提升机构在电动机下放电磁转矩和重力矩共同作用下，使重物下放。

3. 电路的联锁与保护

（1）由强力下放过渡到反接制动下放，避免重载时高速下放的保护 前已述及，轻型负荷时控制器可置于下放"4""5"和"6"档位进行强力下放。若此时重物并非轻载，将控制器手柄扳在下放"6"档位，此时电动机在重物重力转矩和电动机下放电磁转矩共同作用下，将运行在再生发电制动状态。

（2）确保反接制动电阻串入情况下进行制动下放的环节 当控制器手柄由下放"4"档位扳到下放"3"档位时。控制器触头 SA5 断开，SA6 闭合。接触器 KM2 断电释放，而 KM1 通电吸合。电动机处于反接制动状态。为避免反接时产生过大的冲击电流，应使接触器 KM9 断电释放，接入反接电阻，且只有在 KM9 断电释放后才允许 KM1 通电吸合。为此，一方面在控制器触头闭合顺序上保证在 SA8 断开后。SA6 才闭合，另一方面增设了 KM1（11 – 12）与 KM9（11 – 12）常闭触头相并联的联锁触头。这就保证了在 KM9 断电释放后 KM1 才能通电并自锁。此环节还可防止由于 KM9 主触头因电流过大而发生熔焊使触头分不开，将转子电阻 $R_1 \sim R_6$ 短接，只剩下常串

电阻 R_7。此时若将控制器手柄扳于提升档位将造成转子只串入 R_7 发生直接起动事故。

（3）制动下放档位与强力下放档位相互转换时切断机械制动的保护环节　在控制器手柄下放"3"档位与下放"4"档位转换时，接触器 KM1、KM2 之间设有电气互锁，这样，在换接过程中必有一瞬间这两个接触器均处于断电状态，这将使制动接触器 KM3 断电释放，造成电动机在高速下进行机械制动引起强烈振动而损坏设备和发生人身事故。为此，在 KM3 线圈电路中设有 KM1、KM2、KM3 三对常开触头并联电路。这样，由 KM3 实现自锁，确保 KM1、KM2 换接过程中 KM3 线圈始终通电吸合，避免上述情况发生。

（4）顺序联锁保护环节　在加速接触器 KM6、KM7、KM8、KM9 线圈电路中串接了前一级加速接触器的常开辅助触头，确保转子电阻 $R_3 \sim R_6$ 按顺序依次短接，实现电动机转速逐级提高。

（5）其他保护环节　由过电流继电器 KA 实现过电流保护；电压继电器 KV 与主令控制器 SA 实现零压保护与零位保护；行程开关 SQ1 实现上升限位保护等。

四、桥式起重机常见电气故障

1. 操作过程中的故障及排除方法（见表13-2）

表 13-2　操作过程中的故障及排除方法

故障	故障原因	排除方法
合上保护盘上的刀开关时，操作电路的熔断器熔断	操作电路中与保护器连接的一相接地	检查绝缘并消除接地现象
主接触器不能接通	1）刀开关未合上 2）紧急开关未合上 3）入孔未关闭 4）控制器放在工作位置上 5）线路无电压 6）操作电路的熔断器熔丝熔断 7）接触器线圈损坏	1）~4）视有关电路的状况，根据情况分别处理 5）查清无电压的原因并消除 6）更换熔丝 7）更换线圈

（续）

故障	故障原因	排除方法
当主接触器合上后，引入线上的熔断器熔断	该相接地	用绝缘电阻表找出接地点，并消除该点
当主接触器合上后，过电流继电器动作和接触器自动释放	控制器电路接地	将从保护盘至控制器的导线断开，然后再将其逐步接上，每接上一根导线后，要闭合一次接触器。根据过电流继电器动作确定接地的导线，再用绝缘电阻表查出接地的地点
当控制器合上后，过电流继电器动作	1）过电流继电器的整定值不符合要求 2）控制器故障 3）转子电路故障	1）调整继电器的电流值，使其为电动机额定电流的225%~250% 2）检查控制器，使其接触指与动片接触好 3）检查转子电路
当控制器合上后，电动机仅能作一个方向转动	1）控制器中定子电路或终端开关电路的接触指与铜片未接触 2）终端开关有故障 3）配线故障	1）检查控制器，并调整接触指，使它与铜片接触良好 2）消除终端开关的故障 3）用电压表找出故障处，并将其消除
电动机不能发出额定功率，速度减慢	1）制动器未完全松开 2）转子或电枢电路中的起动电阻未完全切除 3）线路中的电压下降 4）机构卡住	1）检查并调整制动机构 2）检查控制器，并调整其接触指 3）消除引起电压下降的原因 4）检查机构并消除故障
三相交流起重机构改变原有运动方向	检查线路时将电动机的相序接错	更换任意两相导线恢复相序

（续）

故障	故障原因	排除方法
当终端开关的杠杆动作时，相应的电动机不断电	1）终端开关的电路发生短路现象 2）接至控制器的导线次序错乱	1）检查引至终端开关的导线 2）检查接线系统
在起重机运行中接触器短时断电	接触器线圈电路中联锁触头的压力不足	检查各联锁触头并调整故障触头的压力
当操作控制器切换后，接触器不释放	操作电路中有接地点	用绝缘电阻表找出接地点，并将其排除

2. 交流制动电磁铁的故障及排除方法（见表 13-3）

表 13-3　交流制动电磁铁的故障及排除方法

故障	故障原因	排除方法
线圈过热	1）电磁铁的牵引力过载 2）在工作位置上电磁铁可动部分与静止部分有间隙 3）制动器的工作条件与线圈的特性不符 4）线圈的电压与线路电压不符	1）调整弹簧的压力或重锤位置 2）调整制动器的机械部分，可以消除间隙 3）更换符合工作条件的线圈 4）更换线圈，如为三相电磁铁，可将三角形联结改接成星形联结
产生较大的响声	1）电磁铁过敏 2）磁导体的工作表面脏污 3）磁面变曲	1）调整弹簧压力或变更重锤位置 2）清除磁导体表面上的脏污 3）调整机械部分，以消除磁路弯曲现象
电磁铁不能克服弹簧及重锤重量的力	1）电磁铁过载 2）所采用的线圈电压大于线路电压 3）线路电压显著降低	1）调整制动器的机械部分 2）更换线圈或将星形联结改成三角形联结 3）消除引起线路电压下降的各种因素

3. 交流接触器与继电器的故障及排除方法（见表 13-4）

表 13-4　交流接触器与继电器的故障及排除方法

故障	故障原因	排除方法
接触器线圈过热	1）线圈过负荷 2）线圈有短路现象 3）活动磁导体没有在应在的部位	1）减少动触头对静触头的压力 2）更换线圈 3）检查磁导体有无歪斜、卡住及脏等，并将其消除
接触器有响声	1）线圈过负荷 2）磁导体工作面脏 3）磁铁系统歪斜 4）短路环损坏	1）减少动触头对静触头的压力 2）消除工作面的脏物 3）调整磁铁系统 4）更换短路环
接触器动作慢	1）磁导体活动部分与固定部分相距太远 2）底板的上部比下部突出	1）调整磁导体活动部分与固定部分之间的距离 2）确保接触器严格垂直安装
切断电源后，磁铁系统不释放	1）底板的上部比下部突出 2）触头的压力不足	1）确保接触器严格垂直安装 2）调节压力
触头过热或烧焦	1）动触头对静触头的压力太小 2）触头脏污	1）调节压力 2）清除触头脏污

4. 控制器的故障及排除方法（见表 13-5）

表 13-5　控制器的故障及排除方法

故障	故障原因	排除方法
控制器在工作过程中卡住或有冲动现象	1）接触指粘在铜片上 2）定位机构发生故障	1）调整接触指的位置 2）检查修理固定销
接触指与铜片间冒火	1）接触指与铜片接触不良 2）控制器过载	1）调整接触指与铜片之间的压力 2）改变工作规范或更换控制器

（续）

故障	故障原因	排除方法
控制器元片和指杆烧坏	1）元片和指杆接触不良 2）控制器容量太小	1）调整元片和指杆之间的压力 2）更换控制器
磁力控制器不全部工作	1）不工作的接触器电路中的联锁触头发生故障 2）操纵控制器的触头发生故障	1）按起重机电路参数检查联锁触头并调整之 2）检查并调整控制器的触头
电动机起动不平稳，在控制器的最后位置上，有时速度降低	1）转子回路有断开出处 2）控制器转子部分有故障 3）控制器和电阻器之间的接线有错误	1）检查转子回路接线和电阻器 2）检查控制器 3）检查接线错误并更正
电动机只能单方向运转	1）某方向的控制器触头发生故障 2）线路中有断线	1）更换触头 2）检查并接通
控制器的手把、操纵轮转不动或转不到头	1）定位机构有毛病 2）指杆落在元片的下面	1）检查定位机构 2）调整指杆的位置

第六节　机床电气设备维修

一、机床电气设备的维护

为了确保机床电气设备的安全运行，必须坚持进行经常性的维护和保养。机床电气设备的维护一般包括：正确选用熔断器的额定电流；检查连接导线有无断裂、脱落，以及绝缘是否老化；检查接触器的触头接触是否良好；热继电器的选择是否恰当；经常清理元器件上的油污和灰尘，特别要清除金属粉之类有导电性能的灰尘；定期对电动机进行中修和大修等。雨季要防止绝缘材料受潮漏电。维护时，还必须注意安全，电气设备的接地或接零必须可靠。

通过经常性的维护和保养，既能减少故障的发生，又能及时发现隐藏的故障，从而防止故障的不断扩大。

二、机床电气设备的故障分析和检修

各种机床电气设备在运行中可能会发生各种大小故障，严重的还会引起事故。一般检查和分析方法如下：

1. 修理前的调查研究

（1）看　熔断器内熔丝是否熔断；其他元器件有无烧毁、发热、断线，导线连接螺钉是否松动，有无异常的气味等。

（2）问　机床操作工人最熟悉机床性能，也比较了解发生故障的部位，故障发生后，向操作者了解故障发生的前后情况，有利于根据电气设备的工作原理来判断发生故障的部位，分析故障的原因。一般询问项目是：故障是经常发生还是偶然发生；有哪些现象（如响声、冒火、冒烟等）；故障发生前有无频繁起动、停止、制动、过载，以及是否经过保养和检修等。

（3）听　电机、变压器和有些元器件，它们在正常运行时的声音和发生故障的声音有明显差异，听听它们的声音是否正常，可以帮助寻到故障部位。

（4）摸　电机、变压器和电磁线圈等发生故障时，温度显著上升，可切断电源后用手去触摸尝试。

2. 熟悉机床电气控制电路

为了能迅速找到故障的位置并予以排除，就必须了解整台机床电气控制电路的工作原理、加工范围和操作程序。任何一台机床的电气控制系统总是由主电路和控制电路两大部分组成。分析时，通常首先从主电路入手，了解一共用了几台电动机，从每台电动机主电路中使用接触器的主触头的连接方式大致可看出电动机是否有正反转控制、制动控制等；再从接触器主触头的文字符号找到相对应的控制环节，联系机床对控制电路的要求，逐步深入了解各个环节电路由哪些电器组成，它们互相间怎样连接，各环节间有什么联系等。在弄清控制系统工作原理的基础上，对照机床电气控制箱内的电器，进一步熟悉每台电动机各自所用的控制电器和保护电器，这样即使再复杂的电气控制系统也是可以弄清楚的。

3. 确定故障发生的范围

从故障现象出发，按电气控制系统工作原理进行分析，便可判断故障发生的可能范围，以便进一步分析，找出故障发生的确切部位。

4. 进行外表检查

在已判断故障可能发生的范围后，在此范围内对有关元器件进行外观检查，常能发现故障的确切部位。例如：接线头脱落，触头接触不良或未焊牢，弹簧断裂或脱落，线圈烧坏等，都能明显地表明故障点。

5. 带电检查控制电路

在检查时，要遵守安全操作规程不得随意触动带电部分，要尽可能切断电动机主电路电源，只能在控制电路带电的情况下进行检查；如果需要电动机运转，则应使其在空载下运行；避免机床运动部分误动作发生撞击；要暂时隔断有故障的主电路以免故障扩大；并预先充分估计到局部电路动作后可能发生的不良后果。

6. 利用仪表来检查

利用万用表的电阻档检测元器件是否短路或断路（测量时必须切断电源）；用万用表的电压、电流档来检测电路的电压、电流值是否正常，以及三相是否平衡，这样才能有效地找出故障原因。有时也可用验电器等电器来检查电路故障。也可以用完好的元器件代换可疑元器件的方法找出故障元器件。也可采用局部输入信号的方法，来寻找机床控制电路中的故障点。

7. 检查是否存在机械故障

在许多电气设备中，元器件的动作是由机械来推动的，或与机械构件有着密切的联动关系，所以在检修电气故障的同时，应检查、调整和排除机械部分的故障。

总之，检查分析电气设备故障的一般顺序和方法，应按不同的故障情况灵活掌握，力求迅速有效地找出故障点，判明故障原因，及时排除故障。在实际工作中，每次排除故障后，及时总结经验，并做好维修记录。需要记录的内容包括：机床的名称、型号和编号，故障发生的日期，故障的现象，故障的部位，损坏的电器，故障原因，修复措施及修复后的运行情况等，作为档案以备日后维修时参考。另外，通过对历次故障的分析和排除，应采用有效措施，防止类似事故的再次发生。

第十四章　电子元器件与常见电子电路

第一节　RLC 元件

一、电阻器

电阻器分为固定电阻器、可变电阻器和特种电阻器三大类。部分电阻器和电位器的外形及图形符号如图 14-1 所示。电阻器和电位器的特点及用途见表 14-1。

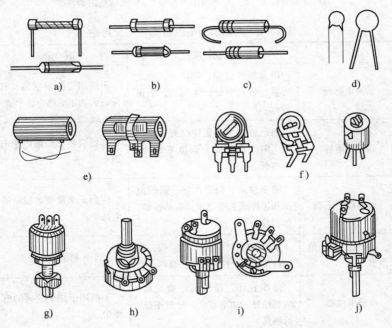

图 14-1　部分电阻器和电位器的外形及图形符号

a）碳膜电阻器　b）金属膜电阻器　c）碳质电阻器　d）热敏电阻器

e）线绕电阻器　f）微调电位器　g）有机实芯电位器

h）碳膜电位器　i）带开关电位器　j）推拉式电位器

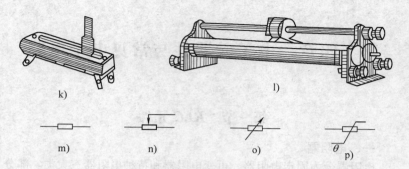

图 14-1　部分电阻器和电位器的外形及图形符号（续）

k）直滑式电位器　l）滑线式变阻器　m）电阻器一般符号

n）电位器符号　o）可调电阻器符号　p）热敏电阻器符号

表 14-1　电阻器和电位器的特点及用途

名　称	性能特点	用　途
线绕电阻器	阻值精度极高，噪声小，稳定可靠，耐热性好，体积大，阻值较低	不能用于高频电路，通常在大功率电路中作负载
碳膜电阻器	稳定性好，高频特性好，噪声低，阻值范围宽，温度系数小，价格低廉	广泛应用于一般电子电路中
金属膜电阻器	精密度高，稳定性好，阻值范围和工作频率范围宽，耐热性好，体积较小	应用于质量要求较高的电路中
块金属膜电阻器	平面结构，体积小，响应快，高频特性较好，性能稳定，噪声小	适于作精密电阻器
线绕电位器	体积较小，噪声低，精度高，耐热性好，功率较大，分辨率低，价格高	不能用于频率较高的电路中
碳膜电位器	分辨率高，阻值范围宽，功率不太高，耐温和耐湿性较差，价格便宜	广泛应用于电子仪器中

1. 电阻器和电位器的型号命名法

电阻器和电位器的型号命名法见表14-2。

表14-2 电阻器和电位器的型号命名法

第一部分		第二部分		第三部分		第四部分
用字母表示主体		用字母表示材料		用数字或字母表示特征		用数字表示序号
符号	意义	符号	意义	符号	意义	
R W	电阻器 电位器	T P U C H I J Y S N X R G M	碳膜 硼碳膜 硅碳膜 沉积膜 合成膜 玻璃釉膜 金属膜 氧化膜 有机实心 无机实心 线绕 热敏 光敏 压敏	1，2 3 4 5 7 8 9 G T X L W D	普通 超高频 高阻 高温 精密 电阻器－高压 电位器－特殊函数 特殊 高功率 可调 小型 测量用 微调 多圈	包括： 额定功率 阻值 允许误差 精度等级

例一：RJ71 表示金属精密电阻器。

例二：WSW1A 表示微调有机实心电位器。

2. 电阻器的主要参数

电阻器的主要参数见表14-3。

表14-3 电阻器的主要参数

标称阻值	允许误差	额定功率
电阻器表面标注的阻值叫标称阻值。标称阻值是按国家规定的电阻器标称阻值系列选定的。其单位为欧姆（Ω）、千欧（kΩ）、兆欧（MΩ）。相邻两单位间是10^3的关系。通用电阻器的标称值系列表14-4	电阻器的允许误差是指电阻器的实际阻值对于标称阻值的允许最大误差范围，它标志着电阻器的阻值精度。普通电阻的误差有 ±5％、±10％ 及 ±20％ 三个等级。精密电阻的允许误差可分为 ±2％、±1％ 及 ±0.5％ 等十几个等级	是指在规定的环境条件下，在长期连续工作电阻器上允许消耗的最大功率，功率的单位为瓦（W）。一般选用额定功率时要有余量（大 1～2 倍）。常用电阻器额定功率系列见表14-5

表 14-4　通用电阻器的标称值系列

系列	允许偏差	电阻器的标称值系列
E24	Ⅰ级 ±5%	1.0　1.1　1.2　1.3　1.5　1.6　1.8　2.0　2.2　2.4　2.7 3.0　3.3　3.6　3.9　4.3　5.1　5.6　6.2　6.8　7.5　8.2 9.1
E12	Ⅱ级 ±10%	1.0　1.2　1.5　1.8　2.2　2.7　3.3　3.9　4.7　5.6　6.8 8.2
E6	Ⅲ级 ±20%	1.0　1.5　2.2　3.3　4.7　6.8

表 14-5　常用电阻器额定功率

种类	电阻器额定功率系列/W
线绕 电阻器	0.05　0.125　0.25　0.5　1　2　4　8　10　16　25　40　50　75　100 150　250　500
非线绕 电阻器	0.05　0.125　0.25　0.5　1　2　5　10　25　50　100

3. 电阻器和电位器的判别与检测

电阻阻值的识读方法见表 14-6。

表 14-6　电阻阻值的识读方法

直标法	文字符号法	色标法
它是将电阻器的阻值和允许偏差，用阿拉伯数字和文字符号直接标记在电阻体上	它是将电阻器的标称阻值用文字符号表示。并规定阻值的整数部分写在单位标志的前面，阻值的小数部分写在阻值单位标志符号的后面。如 R33 表示阻值为 0.33Ω；5.1Ω 标志为 5R1；4.7kΩ 标志为 4k7；2.2MΩ 标志为 2M2 等	它是指用不同颜色表示电阻器的不同的标称阻值和允许偏差（规定见表14-7），在电阻上用色环标志。常见的色环电阻器表示方法如图14-2所示。色标法则也可熟记以下口诀：棕一红二橙三，黄四绿五六蓝，紫七灰八白九，金五银十黑零

表 14-7　电阻器的色环表示意义

颜色	有效数字	乘数	允许偏差（%）
银色	—	10^{-2}	±10
金色	—	10^1	±5
黑色	0	10^0	—
棕色	1	10^1	±1
红色	2	10^2	±2
橙色	3	10^3	—
黄色	4	10^4	—
绿色	5	10^5	±0.5
蓝色	6	10^6	±0.2
紫色	7	10^7	±0.1
灰色	8	10^8	—
白色	9	10^9	+50 −20
无色	—		±20

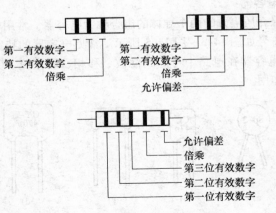

图 14-2　电阻器色环表示意义

电阻器和电位器的检测方法见表 14-8。

表 14-8　电阻器和电位器的检测方法

电阻器的检测				电位器的检测
用指针式万用表	用数字式万用表	用电桥进行测量	注　意	
通常在测试±5%、±10%、±20% 的电阻器时，可采用万用表的欧姆档。用万用表欧姆挡测电阻器时，首先要进行调零，然后选择不同档次，使指针尽可能指示在表盘的中部，以提高测量精度	其测量精度要高于指针式万用表。同时测量方法要正确，对于大阻值电阻，不能用手捏电阻引出线来测量，防止人体电阻与被测电阻并联，而使测量值不正确	测量有高精度要求的电阻器	对于小电阻值的电阻器，要将引线刮干净，保证表笔与电阻引出线的良好接触；实际使用时，除了计算总电阻值是否符合要求外，还要注意每个电阻器所承受的功率是否合适，即额定功率要比承受功率大 1 倍以上	使用电位器前先要用万用表合适的欧姆挡挡位，测量电位器两固定端的电阻值是否与标称值相符，然后再测量滑动端与任一固定端之间阻值变化情况，慢慢移动滑动端，如果万用表指针移动平稳，没有跳动和跌落现象，转动转轴或移动滑动端时，应感觉平滑，且松紧适中，听不到"咝咝"声，表明电位器的电阻体良好，滑动端接触可靠

二、电容器

被绝缘介质隔开的两个导体的组合称为电容器。常用电容器的外形和图形符号如图 14-3 ~ 图 14-5 所示。常见电容器的特点及用途见表 14-9。电容器在电路中可起到滤波、移相、隔直流、旁路、选频及耦合等作用。

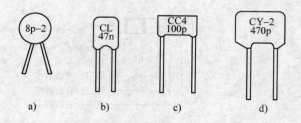

a)　　　　b)　　　　c)　　　　d)

图 14-3　常用固定电容器的外形和图形符号
a) 瓷介电容器　b) 涤纶电容器　c) 独石电容器　d) 云母电容器

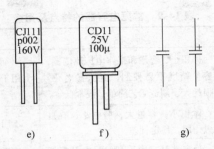

图 14-3　常用固定电容器的外形和图形符号（续）

e）金属化纸介电容器　f）铝电解电容器　g）图形符号

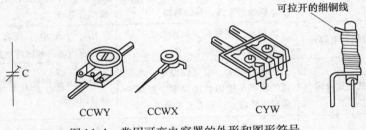

图 14-4　常用可变电容器的外形和图形符号

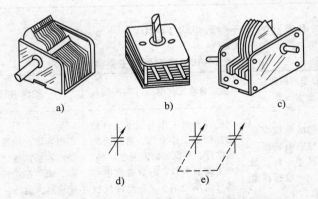

图 14-5　单、双联可变电容器的外形和图形符号

a）空气双联　b）密封双联　c）空气单联

d）单联符号　e）双联符号

表 14-9　常见电容器的特点及用途

名　称	特　点	用　途
纸介电容器	体积小，容量和工作电压范围宽，容量精度不易控制，介质易老化，损耗大，制造工艺简单，成本低	用于低频电路
金属化纸介电容器	体积小，容量大，漏电小，有自愈作用，稳定性差	不用于高频电路
云母电容器	稳定性好，耐压高，漏电及损耗小，高频特性好，但容量不大	广泛用于无线电设备中的高电压、大功率场合
瓷介电容器	电气性能优异，体积很小，绝缘性好，稳定性好，损耗小，但容量小，机械强度低，易碎易裂	用于高频电路、高压电路、温度补偿电路、旁路或耦合电路
玻璃釉电容器	体积小，重量轻，抗潮性好，能在 200～250℃高温下工作	用于小型电子仪器的交、直流电路和脉冲电路
聚苯乙烯电容器	绝缘电阻大，电气性能好，在很宽的频率范围内性能稳定，损耗小但耐热性较差，制造工艺简单	用于谐振回路，滤波、耦合回路等
电解电容器	容量大，正负极不能接错，绝缘性好，漏电及损耗大，允许误差较大	用于电源滤波及音频旁路

1）电容器的主要参数见表 14-10。

表 14-10　电容器的主要参数

电容器的标称容量和误差	额定直流工作电压（耐压值）	绝缘电阻
电容器的标称容量和误差与电阻器标称容量和误差一样，见表 14-3。一般标在电容器外壳上	电容器的工作电压不允许超出其额定工作电压，否则会出现击穿，严重的会因漏电发热，产生爆裂事故。对有极性电容器（电解电容），不允许反极性使用，否则会发生爆裂事故	电容器的绝缘电阻是指电容器两极之间的电阻，或称漏电阻。总的来讲越大越好

2）电容器的识读方法见表 14-11。

表 14-11　电容器的识读方法

直标法	全数字表示法	字母表示法	色标法
在电容器表面直接标出标称容量的数值和单位，如 470pF、0.22μF、100μF 等。大多数电路中对以 pF 为单位的小容量电容器，仅标出数值而不标出单位，如用 10 表示 10pF，1000 表示 1000pF。而对 μF 为单位，在数值上存在小数点的电容器 μF 也均在电原理图上省略，如用 0.22 表示 0.22μF，0.47 表示 0.47μF。也有些电容器将小数点用 R 来表示，如 R47 表示 0.47μF	全数字表示法的单位用 pF，由三位数码构成：第一位、第二位表示容量的有效数字，第三位表示在前两位有效数字后面加"0"的个数。比如 102 表示 1000pF。224 表示 22×10^4，即 0.22μF。表示"0"的个数的第三位数字最大只表示到"8"，一旦第三位数字为"9"时，则表示的是 10^1，如 569 表示 56×10^{-1} pF，即 5.6pF	这种方法属于国际电工委员会推荐的表示法，使用四个字母：p（皮法）、n（纳法）、μ（微法）、m（毫法）来表示电容器的容量单位。 　　1F（法）$= 10^3$ mF（毫法）$= 10^6$ μF（微法）$= 10^9$ nF（纳法）$= 10^{12}$ pF（皮法） 　　通常用两个数字和一个字母表示电容器的标称容量，字母前为容量值的整数，字母后为容量值的小数。例如 0.33pF 写为 p33，4.7μF 写 为 4μ7，1500μF 写为 1m5	色标与电阻器的色标相似。色标通常有三种颜色，沿着引线方向，前两种色标表示有效数字，第三色标表示有效数字后面零的个数，单位为 pF。有时一、二色标为同色，就涂成一道宽的色标，如橙橙红，两个橙色标就涂成一道宽的色标，表示 3300pF，如图 14-6 所示

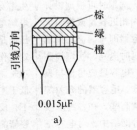

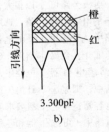

图 14-6　电容器的色标法表示法

3）电容器的检测方法见表 14-12。

表 14-12　　电容器的检测方法

小电容的检测	对于 $0.01\mu F$ 以上的电容器的检测	判别电解电容器的极性
对于几百皮法的小电容器，可用万用表 $R×10k$ 挡，两表笔分别接电容任意两个引脚，测得的阻值应为无穷大，若指针有偏转，说明电容存在漏电或击穿现象。如要测出具体容量，可采用数字式万用表电容挡测量	可以用万用表 $R×10k$ 挡直接测试电容器有无充放电现象以及内部有无漏电和短路，并可根据指针摆动幅度的大小估计出电容容量的大小。如要精确测量则可使用数字式万用表	根据电解电容器正接时漏电小，反接时漏电大的现象可判别其极性。用万用表欧姆挡测电解电容器的漏电电阻，并记下该阻值，然后调换表笔再测一次，两次漏电阻中，大的那次，黑表笔接的是电解电容器的正极，红表笔接的是负极

4）电容器的选用方法见表 14-13。

表 14-13　　电容器的选用方法

选用适当的型号	合理选用标称容量及允差等级	电容器额定电压的选择
根据电路要求，一般用于低频耦合、旁路去耦等电气要求不高的场合时，可使用纸介电容器、电解电容器等，级间耦合选用 $1～22\mu F$ 的电解电容器，射极旁路可采用 $10～220\mu F$ 的电解电容器；在中频电路中，可选用 $0.01～0.1\mu F$ 的纸介、金属化纸介、有机薄膜电容器等；在高频电路中，则应选用云母和瓷介电容器；在电源滤波和退耦电路中，可选用电解电容器，一般只要容量、耐压、体积和成本满足要求就可以	在旁路、退耦电路及低频耦合电路中，对电容器的容量要求不严格，容量偏差可以很大，选用时可根据设计值，选用相近容量或容量大些的电容器即可。但在振荡回路、延时电路、音调控制电路中，电容量应尽量与设计值一致，电容器的允差等级要求就高些。在各种滤波器和各种网络中，对电容量的允差等级有更高的要求	一般应高于实际电压 $1～2$ 倍，以免发生击穿损坏，但对于电解电容器，实际电压应是电解电容器额定工作电压的 $50\%～70\%$。如果实际电压低于工作电压 $1/2$ 以下，反而会使电解电容器的损耗增大

三、电感器

电感器在电路中有阻交流通直流的作用。常见电感线圈的外形和图形符号如图14-7所示。电感量的单位有亨利，简称亨，用 H 表示；毫亨用 mH 表示；微亨用 μH 表示；其换算关系为

$$1H = 10^{3}mH = 10^{6}\mu H$$

电感一般可用万用表欧姆档 $R \times 1$ 或 $R \times 10$ 档来测，若测得阻值为无穷大，则表明电感器已断路；若测得阻值很小，则说明电感器正常。相同电感量的多个电感，阻值小的品质因数 Q 高。要正确测量电感线圈的电感量和品质因数 Q，需要专门仪器。

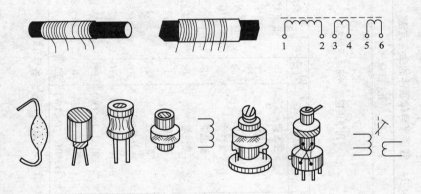

图 14-7　常见电感线圈的外形及图形符号

第二节　半导体器件

一、半导体器件手册的查询方法

半导体器件主要是半导体二极管、稳压管、双极型三极管和晶闸管等。半导体器件的参数是其特性的定量描述，也是实际工作中根据要求选用器件的主要依据。各种器件的参数都可由器件手册查得。而各个国家的分类方式又不尽相同：如国产的 3DD15A 标为 DD15A，日本的 2SC1942 标为 C1942；另一种是只标明数字的，如韩国的9012、9013 等。它们都必须要查手册才知其详细参数。

我国半导体器件的命名方法见表14-14。

表14-14　我国半导体器件的命名方法

第一部分		第二部分		第三部分				第四部分	第五部分
用数字表示电极数目		用汉语拼音字母表示材料和极性		用汉语拼音字母表示类型				用数字表示序号	用汉语拼音字母表示规格号
符号	意义	符号	意义	符号	意义	符号	意义		
2	二极管	A	N型，锗材料	P	普通管	D	低频大功率管 ($f<3$MHz $Pc≥1$W)		
		B	P型，锗材料	V	微波管	A	高频大功率管 ($f≥3$MHz $P≥1$W)		
		C	N型，硅材料	W	稳压管	T	体效应器件		
		D	P型，硅材料	C	变容管	B	雪崩管		
3	晶体管	A	PNP型，锗材料	Z	整流管	J	阶跃恢复管		
		B	NPN型，锗材料	L	整流堆	CS	场效应器件		
		C	PNP型，硅材料	S	隧道管	BT	半导体特殊器件		
		D	NPN型，硅材料	N	阻尼管	FH	复合管		
		E	化合物材料	U	光电器件	PI	PIN型管		
				X	低频小功率管 ($f<3$MHz $P<1$W)	N	激光器件		
				G	高频小功率管 ($f≥3$MHz $P<1$W)	JG			

注：场效应器件、半导体特殊器件、复合管、PIN管和激光器件的型号命名只有第三、四、五部分。

例：

3 D G 130 C
规格号
序号
高频小功率管
NPN硅材料
晶体管

美国半导体器件的命名方法见表14-15。

表14-15 美国半导体器件的命名方法

第一部分		第二部分		第三部分		第四部分		第五部分	
用符号表示类别		用数字表示PN节数目		注册标记		登记号		用字母表示器件分级	
符号	意义	符号	意义	符号	意义	符号	意义	符号	意义
JNA	军用品	1	二级管	N	该器件已在美国电子工业协会（EIA）注册登记	多位数字	该器件在美国电子工业协会（EIA）登记	A	同一型号的不同级别
或		2	晶体管					B	
J	非军用品	3	三个PN结器件					C	
		n	n+1个PN结器件					D	

注：同一型号有不同级别。

例： JAN 2 N 3553

EIA登记号
EIA注册标记
晶体管
军用品

国际电子联合会半导体器件的命名方法见表14-16。德国、法国、意大利、荷兰、比利时、匈牙利、罗马尼亚、波兰等欧洲国家，都采用国际电子联合会半导体器件命名方法。

表14-16　国际电子联合会半导体器件的命名方法

第一部分		第二部分		第三部分		第四部分	
用字母表示材料		用字母表示类型和特性		用数字或字母加数字表示登记号		用字母对同一类型号器件进行分级	
符号	意义	符号	意义	符号	意义	符号	意义
A B C D R	锗材料 硅材料 砷化镓材料 锑化铟材料 复合材料	A B C D E F G H K L M P Q R S T U X Y Z	检波二极管、开关二极管、混频二极管 变容二极管 低频小功率晶体管 低频大功率晶体管 隧道二极管 高频小功率晶体管 复合器件及其他器件 磁敏二极管 开放磁路中的霍尔器件 高频大功率晶体管 封闭磁路中的霍尔器件 光敏器件 发光器件 小功率晶闸管 小功率开关管 大功率晶闸管 大功率开关管 倍增二极管 整流二极管 稳压二极管	三位数字 一个字母加二位数字	代表通用半导体器件的登记序号 代表专用半导体器件的登记序号	A B C D E :	表示同一型号的半导体器件按某一参数进行分级的标志

例：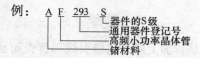

韩国半导体器件的命名方法见表14-17。

表 14-17 韩国半导器件的命名方法

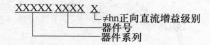

KSA PNP 结晶体管	MPSA 晶体管，STO－92 封装
KSB PNP 结晶体管	MPSH 晶体管，STO－92 封装
KSC NPN 结晶体管	PN 晶体管
KSD NPN 结晶体管	TIP 双极型晶体管
MMBT 晶体管，STO－23 封装	2N 晶体管
MMBTA 晶体管，STO－23 封装	DKS 达林顿晶体管
MMBTH 晶体管 STO－23 封装	

```
IRF X XX X XXX ┬ 电压：05=50V 50=500V
               ├ 结型：N=N沟道 P=P沟道
               ├ 电流：1=1A 30=30A
               ├ 封装：H=TO－3P P=TO－220 M=TO－3
               └ 器件系列
```

IRFP100～IRFP400 系列：TO－3P 型封装 N 沟道	IRF9100～9400 系列：TO－3 型封装 P 沟道
IRFP9100～IRFP9200 系列：TO－3P 型封装 P 沟道	IRFA120：TO－126 型封装 N 沟道
IRF500～800 系列：TO－3P 型封装 N 沟道	IRF MOS 功率晶体管
IRF9500～9600 系列：TO－3P 型封装 P 沟道	IRFA MOS 功率晶体管
IRF100～400 系列：TO－3P 型封装 N 沟道	IRFP MOS 功率晶体管

例： KSD 1616 A ┬ hn级别A
                 ├ 器件号
                 └ NPN型晶体管

最后，还需要从手册中查半导体器件的封装形式和尺寸，了解器件的形状、管脚排列，以便于进行工艺设计和正确的使用。

二、晶体二极管

1. 结构和性能

晶体二极管就是由一个 PN 结，加上两条电极引线和管壳而制成的，P 区引出线为正极，N 区引出线为负极，二极管的外形及符号如图 14-8 所示。三角箭头所指方向代表正向电流的方向，即二极管具有单向导电性。常用二极管的原理特性和用途见表 14-18，其外形及图形符号如图 14-9 所示。

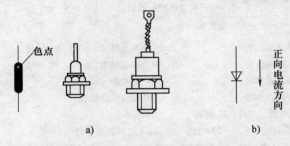

图 14-8　二极管的外形及符号

a）外形　b）符号

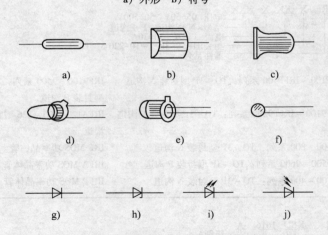

图 14-9　部分二极管的外形及图形符号

a）普通二极管　b）高频整流二极管　c）稳压二极管　d）发光二极管
e）光敏二极管　f）开关二极管　g）普通二极管图形符号　h）稳压
二极管图形符号　i）发光二极管图形符号　j）光敏二极管图形符号

表 14-18　常用二极管的原理特性和用途

名　称	原理特性	用　途
整流二极管	多用硅半导体制成，利用 PN 结单向导电性	把交流电变成脉动直流，即整流
检波二极管	常用点接触式，高频特性好	把调制在高频电磁波上的低频信号检出来
稳压二极管	利用二极管反向击穿时，二端电压不变原理	稳压限幅，过载保护，广泛用于稳压电源装置中
开关二极管	利用正偏压时二极管电阻很小，反偏压时电阻很大的单向导电性	在电路中对电流进行控制，起到接通或关断的开关作用
变容二极管	利用 PN 结电容随管子上的反向电压大小而变化的特性	在调谐等电路中取代可变电容器
发光二极管	正向电压为 1.5 ~ 3V 时，只要正向电流通过，可发光	用于指示，可组成数字或符号的 LED 数码管
光电二极管	将光信号转换成电信号，有光照时其反向电流随光照强度的增加而正比上升	用于光的测量或作为能源即光电池

常用整流二极管的主要参数见表 14-19。

表 14-19　常用整流二极管的主要参数

型号	最高反向击穿电压/V	额定工作电流/A	型号	最高反向击穿电压/V	额定工作电流/A
1N4001	50		1N5397	600	
1N4002	100		1N5398	800	1.5
1N4003	200		1N5399	1000	
1N4004	400	1.0	1N5400	50	
1N4005	600		1N5401	100	
1N4006	800		1N5402	200	
1N4007	1000		1N5403	300	
1N5391	50		1N5404	400	3.0
1N5392	100		1N5405	500	
1N5393	200		1N5406	600	
1N5394	300	1.5	1N5407	800	
1N5395	400		1N5408	1000	
1N5396	500				

2. 晶体二极管的简易测试

一般情况下，普通二极管的外壳上均印有型号和标记。标记有箭头、色点、色环三种，箭头所指方向或靠近色环的一端为负极，有色点的一端为正极。若遇到型号和标记不清楚时，可用万用表的欧姆挡进行判别二极管的正负两极。还可用万用表来大致测量二极管的质量好坏。在测量时，应把万用表拨到 $R \times 100\Omega$ 或 $R \times 1k$ 档。晶体二极管的简易测试见表 14-20。

表 14-20　晶体二极管的简易测试

测试项目	测试方法	电阻正常值
正向电阻	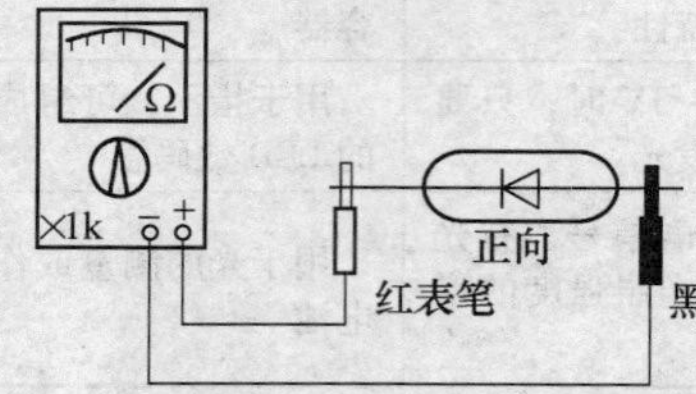 　万用表黑笔（一端）接在二极管的正极，红笔（"＋"端）接在二极管的负极	几百欧～几千欧
反向电阻	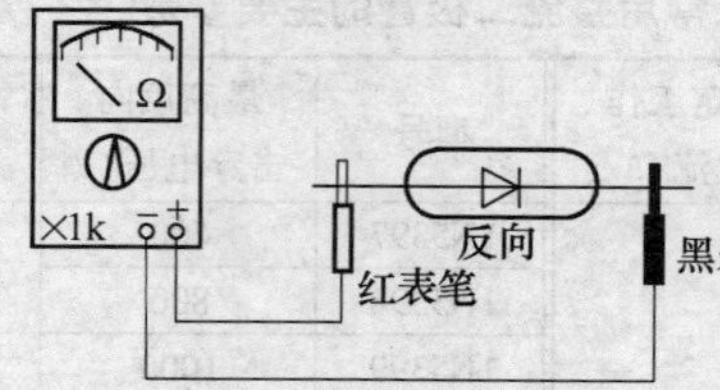 　黑笔接二极管的负极，红笔接二极管的正极	大于几千欧～无穷大（表针基本不动）

测试项目	极性判断	质量判别		
		好	损坏	不佳
正向电阻	黑表笔"－"连接的一端为二极管的正极（阳极）	较小	0 或 ∞	正反向电阻比较接近
反向电阻	黑表笔"－"连接的一端为二极管的负极（阴极）	较大	0 或 ∞	

3．使用常识

1）晶体二极管的正向电流和反向峰值电压不可超过允许范围，必须留有余量。

2）硅管和锗管之间不能互相代替，对于检波管只要工作频率不低于原来的管子就可以代替；对于整流管，只要其正向电流和反向峰值电压不低于原来的管子就可以代替。

3）大功率二极管必须按规定安装一定尺寸的铝散热片。

4）大功率二极管必须串联快速熔断器作短路保护或严重过载的保护。快速熔断器的额定电流一般可按二极管额定电流的 1.57 倍选用，并在二极管的两侧并联阻容过电压保护电路。

三、其他二极管

1．硅稳压二极管

硅稳压二极管实质上就是一种特殊的面接触型二极管，与其他二极管的最大区别是稳压管工作于反向击穿区，电流变化可以很大，电压保持基本不变。而且，在外加的反向击穿电压撤掉后，仍能恢复单向导电性，这种特性称为可逆性击穿。稳压二极管的图形符号如图 14-10 所示。

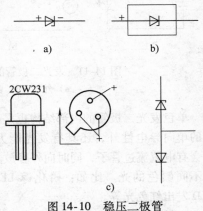

图 14-10　稳压二极管
a）图形符号　b）塑封壳封装
c）金属外壳塑封

稳压二极管的检测方法是：判别稳压二极管的正负电极与普通二极管的判别方法基本相同。即用万用电表 $R \times 1k$ 档测量稳压二极管的单向导电性，对换两表笔测得两阻值，好的稳压二极管应该是正向电阻在几千欧，反向电阻为无穷大。导通时黑表笔接的为正极，红表笔接的是负极。这是因为万用电表在 $R \times 1k\Omega$ 档时电池电压为 1.5V，不足以使稳压二极管反向击穿；另一种方法可以直接从外壳上标注的色环判别，有色环的一端为负极。

2．发光二极管

发光二极管有多种，较常用的有单色发光二极管、变色发光二极管、红外发光二极管和激光二极管等。

（1）性能　单色发光二极管（LED）是一种将电能转化为光能的半导体器件，发光二极管的外形和驱动电路如图14-11所示。

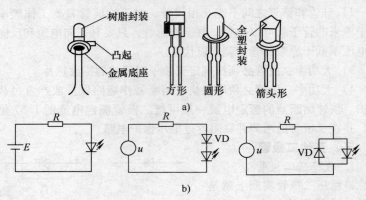

图14-11　发光二极管的外形和驱动电路
a）外形　b）驱动电路

单色发光二极管的内部结构也是一个PN结，除了具有普通二极管的单向导电性外，还具有发光能力。当给LED加上一定电压后，就会有电流流过管子，同时向外释放光子。根据半导体材料不同，发出不同颜色的光。比如：磷化镓LED发出绿色、黄色光，砷化镓LED发出红色光等。

一般情况下，LED的正向电流为10～20mA，当电流在3～10mA时，其亮度与电流基本成正比，但当电流超过25mA后，随电流的增加，亮度几乎不再加强；一旦超过30mA后，就有可能把发光二极管烧坏。但现在应用广泛的高亮度发光二极管只需很小的电流就能达到很高的亮度。

（2）单色发光二极管正负极的判断

1）目测法：发光二极管的管体一般都是用透明塑料制成的，所以可以用眼睛观察来区分它的正、负电极。将管子拿起置于较明亮处，从侧面仔细观察两条引出线在管体内的形状，较小的一端便是正极，较大的一端则是负极。

2）万用表测量法：发光二极管的开启电压为2V，而万用表置于

$R \times 1k$ 档及以下各电阻档时，表内电池电压仅为 1.5V，比发光二极管的开启电压低，管子不能导通，因此，用万用表检测发光二极管时，必须使用 $R \times 10k$ 档。置于此档时，表内接有 9V 或 15V 电池，测试电压高于管子的开启电压，当正向接入时，能使发光二极管导通。检测时，将两表笔分别与发光二极管的两管脚相接，如果万用表指针向右偏转过半，同时管子能发出一微弱光点，表明发光二极管是正向接入，此时黑表笔所接的是正极，而红表笔所接的是负极。接着，再将红、黑表笔对调后与管子的两管脚相接，这时为反向接入，万用表指针应指在无穷大位置并且保持不动。如果不管正向接入还是反向接入，万用表指针都偏转某一角度甚至为零，或者都不偏转，则表明被测发光二极管已经损坏。

四、晶体管

晶体管在电子电路中能够起到放大、振荡、调制等多种作用，且具有体积小、重量轻、耗电省、寿命长的优点，因此得到了广泛的应用。

1. 结构

晶体管的内部由两个 PN 结和三个电极所构成，晶体管的两个 PN 结分别称为发射结和集电结，三个电极分别叫作发射极（E）、基极（B）、集电极（C）。按内部半导体极性结构不同，晶体管可分为 PNP 和 NPN 两大类型，其结构示意图和符号如图 14-12 所示。

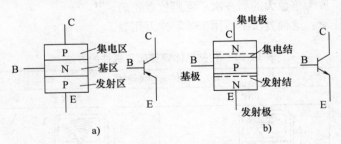

图 14-12　晶体管的结构示意图和符号
a) PNP 型　b) NPN 型

晶体管种类繁多，性能各异，外形尺寸也各不相同。常见晶体管的封装形式如图 14-13 所示。

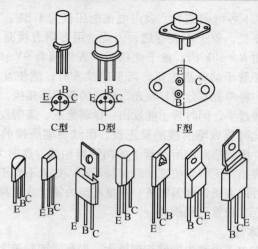

图 14-13　常见晶体管的封装形式

2. 晶体管的检测

判别晶体管管脚和极性的方法见表 14-21。用万用表测试晶体管放大倍数 h_{FE}（β）的电路如图 14-14 所示。用测 C、E 两极间阻值的变化来反映管子的放大能力。开关 S 断开与合上时，两次的读数之差越大，说明晶体管的 β 值越大。现在大多数万用表多带有测试晶体管 h_{FE} 的档位，可以直接利用该档位来测量放大倍数，判断集电极和发射极，放大倍数大的那一次，管脚位置正确。

注意：这种方法不适用于数字式万用表。

表 14-21　判别晶体管管脚和极性的方法

内容	第一步判断基极	
	PNP 型	NPN 型
方法	黑表笔 红表笔 B	B

（续）

内容	第一步判断基极	
	PNP 型	NPN 型
读数	两次读数阻值均较小	两次读数阻值均较小
	以红表笔为准，黑表笔分别测另两个管脚，当测得两个阻值均较小时，红表笔所接管脚为基极	以黑表笔为准，红表笔分别测另两个管脚，当测得两个阻值均较小时，黑表笔所接管脚为基极
内容	第二步判断集电极	
	PNP 型	NPN 型
方法	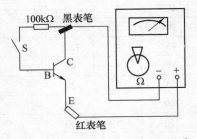	
读数	红表笔接基极，黑表笔连同电阻分别按图示方法测试，当指针偏转角度最大时，黑表笔所接的管脚为集电极	黑表笔接基极，红表笔连同电阻分别按图示方法测试，当指针偏转角度最大时，红表笔所接的管脚为集电极

注：1. 判断基极要反复测几次，直到两次读数均较小为止。

　　2. 根据上述方法可判断 PNP 型和 NPN 型。

图 14-14　用万用表测量晶体管
放大倍数 h_{FE}（β）的电路

3. 晶体管的主要参数

常见晶体管的主要参数见表 14-22 和表 14-23。

表 14-22　常见中小功率晶体管的主要参数

型号	类型	$U_{BR(CBO)}$/V	I_{CM}/A	P_{CM}/W	f_T/MHz	h_{FE}	备注
9011	NPN	35	20m	150m	150	40~270	
9012	PNP	40	100m	500m	150	40~270	
9013	NPN	40	100m	500m	150	40~270	
9014	NPN	30	50m	300m	100	40~1000	
9015	PNP	30	50m	300m	150	40~270	
9018	NPN	30	20m	200m	600	40~270	
3DG6	NPN	25	20m	100m	100	30~270	
3DG12B	NPN	45	0.3	0.7	200	20~200	
2SA733	PNP	60	0.1	0.25	50	90~600	
2SA1015	PNP	50	0.15	0.4	80	70-400	对管
2SC1815	NPN						
2SC945	NPN	60	0.1	0.25	150	90-600	
2N2222	NPN	60	0.8	0.5	300	>100	
2N5401	NPN	160	0.6	0.31	100	60-240	对管
2N5551	NPN						
2SC2073	NPN	150	1.5	1.5	4	40-140	对管
2SA940	PNP						
2SB834	PNP	60	3	30		60~240	
2SC1398	NPN	70	2	15		50~220	
2SC2166	NPN	75	4	12.5			
2SC2233		200	4	40			
2SD313		60	3	30			
2SD401		200	2	20			
2SD560		150	5	30			
2SD880		60	3	30			
BD243C	NPN	115	6	65			
BD244C	PNP	115	6	65			

表 14-23　常见大功率晶体管的主要参数

型号	类型	$U_{BR(CBO)}$	I_{CM}/A	P_{CM}/W	f_T/MHz	h_{FE}	备注
3DD15A		60					
3DD15B		150					
3DD15C		200	5	50		30~250	
3DD15D	NPN	300					
3DD200		250		30		30~120	
3DD207		40	3			40~250	
3DD303C		100	3			40~250	
2SA1306		160	1.5	20		≥130	
2SA1037		60	5	20		70~240	
2SA1387		60	5	25		150~400	
2SA1186		150	10	100		≥30	
2SB1020		100	7	40		2000~15000	
2SB1370	PNP	60	3	30		60~320	
2SC3310		500	5	40		≥12	
2SC3352		800	1.5	25		≥13	
2SC3866		900	3	40		≥10	
2SC3890		500	7	30		≥10	
2SC3987		50	3	20		≥1000	
2SC4382		200	2	25		≥60	
TIP122	NPN	100	5	60		≥1000	
TIP127	PNP						
TIP31C	NPN	100	3	40		10~100	
TIP32C	PNP						
TIP41C	NPN	100	6	65		15~75	
TIP42C	PNP						

五、晶体闸流管

晶体闸流管简称晶闸管，具有和半导体二极管相似的单向导电性，但它又具有可以控制的单向导电性，所以又称为可控硅，它属于电力电子器件，主要用于整流、逆变、调压、开关四个方面。目前应用最多的是晶闸管整流电路可广泛用于可控整流器。

1. 晶闸管的结构及主要参数

晶闸管的外形及符号如图 14-15 所示，这是一种 PNPN 四层半导体器件，三个引出端分别是阳极 A、阴极 K、门极 G。

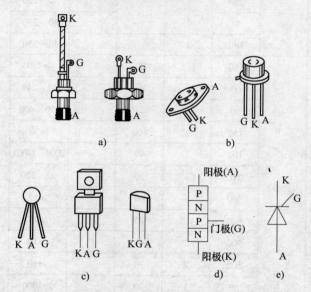

图 14-15　晶闸管的外形及图形符号

a) 螺栓形　b) 金属壳封装　c) 塑封　d) 结构　e) 符号

晶闸管由阻断变为导通的条件是：晶闸管阳极和阴极之间加正向电压；同时门极加适当的正向电压（实际中门极上加正脉冲）。一旦晶闸管导通，门极就失去了控制作用，当阳极电流小于一定数值时（维持电流 I_H），晶闸管由导通变为关断。

2. 晶闸管的主要参数

（1）额定电压　在额定结温、门极断开时，允许加在晶闸管阳极和阴极之间的正、反向最大电压。规定此电压是反向击穿电压的80%。

（2）额定正向平均电流　在一定条件下，管子全导通，允许通过的工频正弦波电流的平均值（即在半个周期里流过的电流，按一个周期平均）。额定正向平均电流 I_d 和正弦电流有效值 I 之间的数量关系为

$$I_d = I/1.57$$

例如：一个晶闸管的额定正向平均电流 I_d 是100A，则其允许通过的正弦电流有效值 $I = I_d \times 1.57 = 157A$。

（3）门极触发电压 U_g　在规定环境温度及一定的正向电压作用下，使晶闸管从关断变为导通，门极所需的最小电压，但不得超过它的最大值。

3. 晶闸管的简易测试

在测量时，万用表的量程应取 $R \times 10\Omega$ 或 $R \times 100\Omega$ 档，以防电压过高将门极击穿。

用万用表的红表笔和黑表笔交替测量晶闸管的阳极与阴极之间、阳极与门极之间的正向与反向电阻，若阻值都在几百千欧以上时，说明晶闸管的这一部分是好的。门极与阴极之间是一个PN结，相当于一个二极管，因此门极到阴极的正向电阻大约是几欧到几百欧的范围，而阴极与门极的反向电阻比正向电阻要大，但由于晶闸管的分散性，因此有时测得的反向电阻即使比较小，也并不说明门极的特性不好。

如出现下述任一情况时，则说明晶闸管已损坏。

1）阳极和阴极间的电阻接近于零。

2）阴极与门极间的电阻接近于零。

3）门极与阴极间的反向电阻接近于零。

4）门极与阴极间的电阻为无限大。

注意：这种方法不适用于数字式万用表。

4. 晶闸管的保护

晶闸管的突出弱点就是它承受过电流、过电压能力差，即使短时间的过电流、过电压都可能造成器件的损坏。所以，在晶闸管装置中必须采取适当的保护措施，见表14-24。

表 14-24　常见晶闸管过电流和过电压的保护措施

现象	保护措施	位置	参数
过电流	串联快速熔断器	在交流侧、直流侧、晶闸管侧	快速熔断器的额定电流选择见表 14-25
过电压	并联阻容电路 并联压敏电阻	在交流侧、直流侧、晶闸管侧	$C \geqslant 30S/U^2$　　S——变压器容量 $R \geqslant 2.3U^2/S$　　U——工作电压

快速熔断器的额定电流选择见表 14-25。

表 14-25　快速熔断器的额定电流选择

晶闸管额定电流/A	5	10	20	50	100	200	300	500
熔断器额定电流/A	8	15	30	80	150	300	500	800

六、双向晶闸管

双向晶闸管又称为三端双向交流开关，是目前较理想的交流开关器件。它仅用一个触发电路，即可代替两只反极性并联的单向晶闸管，用来控制交流负载。双向晶闸管可广泛用于交流调压、调速、舞台调光和台灯调光等领域。

1. 结构

小功率双向晶闸管一般采用塑料封装，有的还带小散热片，其外形及符号如图 14-16 所示。

它属于 NPNPN 五层器件，三个电极分别为 T1、T2、G。因该器件可以双向导通，故除门极 G 以外的两个电极统称主端子，分别用 T1、T2 表示，不再划分成固定的阳极或阴极。其特点是：当 G 和 T2 相对于 T1 的电压

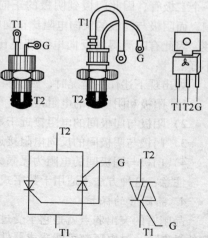

图 14-16　双向晶闸管的外形及符号

均为正时，T2 为阳极，T1 是阴极。反之，当 G 和 T2 相对于 T1 的电压均为负时，T1 变为阳极，T2 为阴极。

2. 用万用表 $R \times 1$ 档判定双向晶闸管电极并检查其触发能力的方法

（1）判定 T2 极　由双向晶闸管内部结构所决定，G 与 T1 靠得很近，而距 T2 较远，因此 G 和 T1 之间的正、反向电阻都很小。在用 $R \times 1$ 档测任意两脚之间的电阻时，只有 G 和 T1 之间呈现低阻，其正、反向电阻仅几十欧。而 T2 和 G、T2 和 T1 之间的正、反向电阻均为无穷大。这表明，若测出某脚与其他两脚都不通，则肯定是 T2。另外，采用 TO – 220 封装的双向晶闸管，T2 通常与小散热片连通，据此也能判定 T2。

（2）区分 G 与 T1 并检查触发能力　在找出 T2 之后，首先假定剩下两脚中某一脚为 T1，另一脚为 G。然后把黑表笔接 T1，红表笔接 T2，电阻为无穷大。接着用红表笔把 T2 与 G 短路，给 G 加上负触发信号，电阻值应为 10Ω 左右（见图 14-17a），证明管子已经导通，导通方向为 T1→T2。再将红表笔与 G 脱开（但仍接 T2）如电阻值保持不变，就证明管子在触发后能维持导通状态如图 14-17b 所示。最后用红表笔接 T1，黑表笔接 T2，并使 T2 与 G 短路，给 G 加上正触发信号，电阻值仍为 10Ω 左右，与 G 脱开后若阻值不变，说明管子被触发后在 T2→T1 方向上也能维持导通状态，因此它具有双向触发特性。由此证明上述假定正确。若与实际不符，应重新做出假定，重

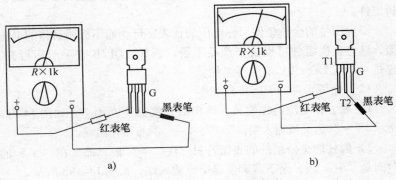

图 14-17　区分 G 和 T1 的方法

复上述试验。很显然，在识别 G 与 T1 的过程中也就检查了双向晶闸管的触发能力。

七、组合器件

1. 整流全桥组件

全桥组件是一种把 4 只整流二极管按全波桥式整流电路连接方式封装在一起的整流组合件。

（1）全桥组件的主要参数　由于整流全桥组件是由二极管组成的，因而选用全桥组件时可参照二极管的参数，其主要参数有两项：额定正向整流电流 I 和反向峰值电压 U。常见国产全桥组件的额定正向整流电流为 0.05～100A，反向峰值电压为 25～1000V。参数的标注方法如下：

1）直接用数字标注。例如：QL1A/100 或者 QL1A100，表示整流电流为 1A，反向峰值电压为 100V 的全桥组件。

2）用字母表示反向峰值电压 U，数字表示电流 I。有些全桥组件的型号中，电流 I 用数字标明，U 不直接用数字表示，而用英文字母 A～M 代替，字母和反向峰值电压的对照见表 14-26。

表 14-26　字母和反向峰值电压的对照

字母	A	B	C	D	E	F	G	H	J	K	L	M
电压/V	25	50	100	200	300	400	500	600	700	800	900	1000

例如：QL2AF 表示一个电流为 2A、反向峰值电压为 400V 的全桥组件。

不少型号的全桥组件只标电压的代表字母，而不标明具体的电流值，这些全桥组件可以去查产品手册。例如：QL2B 查手册后可知，它是一个 0.1A、50V 的全桥组件。

（2）全桥组件的引脚排列规律

1）长方体全桥组件输入、输出端直接标注在面上，如图 14-18a 所示。"～"为交流输入端，"＋"、"－"为直接输出端。

2）圆柱体全桥组件的表面若只标注"＋"极，那么在"＋"的对面是"－"极，余下两脚便是交流输入端，如图 14-18b 所示。

3）扁形全桥组件除直接标正、负极与交流接线符号外，通常以靠近缺角端的引脚为正（部分国产为负）极，中间为交流输入端，如图 14-18c 所示。

4）大功率方形全桥组件，这类全桥由于工作电流大，使用时要另外加散热器。散热器可由中间圆孔加以固定。此类产品一般不印型号和极性，可在侧面边上寻找正极标记，如图 14-18d 所示。正极对角线上的引脚是负极端，余下两引脚接交流端。

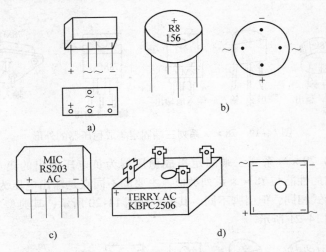

图 14-18　全桥组件的引脚排列
a）长方体全桥组件　b）圆柱体全桥组件
c）扁形全桥组件　d）方形全桥组件

（3）全桥组件的检测方法　若全桥组件的极性未标注或标记不清，可用万用表进行判断，将万用表置于 $R \times 1k$ 档，黑表笔任意接全桥组件的某个引脚，用红表笔分别测量其余 3 个引脚，如果测得的阻值都为无穷大，则此时黑表笔所接的引脚为全桥组件的直流输出正极；如果测得的阻值都为 $4 \sim 10k\Omega$，则此时黑表笔所接的引脚为全桥组件的直流输出负极，剩下的两个引脚就是全桥组件的交流输入脚。

2. 集成稳压器

集成稳压器分为固定集成稳压器和可调集成稳压器两种，它们又分为正电压输出和负电压输出。由于集成稳压器具有体积小、性能优良、使用方便，并具有良好的保护功能而得到了广泛的应用。下面分别给予介绍：

1）78××系列三端固定集成稳压器为正电压输出的集成稳压器，其中××表示输出电压的值，而电流又分三种规格，78××输出电流为1.5A；78L××输出电流为100mA；78M××输出电流为0.5A。例如：78M05表示该集成稳压器输出电压为正5V，输出电流为500mA。

78××系列三端稳压器封装形式各不相同，常见外形如图14-19所示。

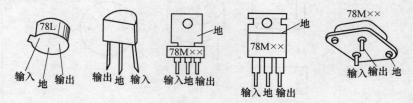

图14-19　78××系列三端固定集成稳压器的外形

2）79××系列三端固定集成稳压器为负电压输出的集成稳压器，它的性能与78××系列类似，主要的不同点是输出电压为负压；封装形式相同，但引脚不同。其外形如图14-20所示，其典型应用电路如图14-21所示。

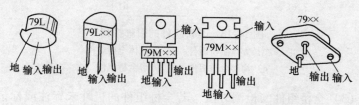

图14-20　79××系列三端固定集成稳压器的外形

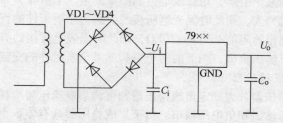

图14-21　79××系列三端固定集成稳压器的典型应用电路

3）正电压三端可调式集成稳压器。三端可调式集成稳压器是一种使用方便、应用广泛的稳压器，与三端固定式稳压器相比具有更优的稳压性能，且电压连续可调，连接线路也非常方便，并同样具有各种过载保护功能。三端可调式集成稳压器的主要参数见表14-27，其典型应用电路如图14-22所示。

表14-27　三端可调式集成稳压器的主要参数

参数	LM117 系列	LM217 系列	LM317 系列
最大输出电压/V	40	40	40
输出电压/V	1.2～37	1.2～37	1.2～37
最大输出电流/A	1.5	1.5	1.5
电压调整率（%）	0.01	0.01	0.01
电流调整率（%）	0.1	0.1	0.1
最小负载电流/mA	3.5	3.5	3.5
调整端电压/V	50	50	50
基准电压/V	1.25	1.26	1.25
工作温度/℃	−55～150	−25～150	0～125

管脚排列

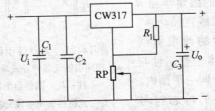

图14-22　正电压三端可调式集成稳压器的典型应用电路

第三节　电子元器件的焊接技术

一、手工焊接的工具和材料

手工焊接的主要工具是电烙铁。焊接集成电路、CMOS 电路印制电路板一般选用 20W 内热式电烙铁，焊接分立元件、铜铆钉板可选用 35W 内热式电烙铁。烙铁头有多种形状，圆斜面式适用于焊接印制电路板上不太密集的焊点，凿式和半凿式多用于电气维修工作，尖锥式适用于焊接高密度的焊点。焊接所用的其他工具有尖嘴钳、斜口钳、镊子、螺钉旋具、元件剪、小刀等。

锡钎焊材料有钎料和焊剂两种。钎料是焊锡或纯锡。常用的有锭状和丝状两种。为提高焊接质量和速度，手工烙铁焊，通常采用有松香芯的焊锡丝。因此一般在电子产品的焊接中用松香。松香被加热熔化时，呈现较弱的酸性，起到助焊作用，而常温下无腐蚀作用，绝缘性强，所以电子电路的焊接通常都是采用松香或松香酒精焊剂。

二、电子元器件的引线成形和插装

1. 电子元器件的引线成形要求

电子元器件引线的成形主要是为了满足安装尺寸与印制电路板的配合等要求。手工插装焊接的元器件引线加工形状如图 14-23 所示。需要注意的是：

1）引线不应在根部弯曲，至少要离根部 1.5mm 以上。

2）弯曲处的圆角半径 R 要大于两倍的引线直径。

3）弯曲后的两根引线要与元器件本体垂直，且与元器件中心位于同一平面内。

4）元器件的标志符号应方向一致，便于观察。

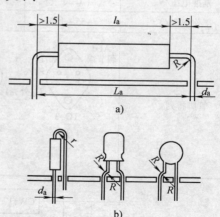

图 14-23　元器件引线加工的形状
a）轴向引线元器件卧式插装方式　b）竖式
注：L_a—两焊盘的跨接间距；
l_a—元器件轴向引线元器件体的长度；
d_a—元器件引线的直径或厚度。

一般元器件的引线成形多采用模具手工成形，另外也可用尖嘴钳或镊子加工元器件引线来成形。

2. 元器件在印制电路板上插装的原则

1）电阻、电容、晶体管和集成电路的插装应是标记和色码朝上，易于辨认。元器件的插装方向在工艺图样上没有明确规定时，必须以某一基准来统一元器件的插装方向。

2）有极性的元器件由极性标记方向决定插装方向，如电解电容、晶体二极管等，插装时只要求能看出极性标记即可。

3）插装顺序应该先轻后重、先里后外、先低后高。如先插卧式电阻、二极管，其次插立式电阻、电容和晶体管，再插大体积元器件，如大电容、变压器等。

4）印制电路上元器件的距离不能小于1mm，引线间的间隔要大于2mm，当有可能接触时，引线要套绝缘套管。

5）特殊元器件的插装方法。特殊元器件是指较大、较重的元器件，如大电解电容、变压器、阻流圈和磁棒等，插装时必须用金属固定件或固定架加强固定。

三、焊接工艺

1. 焊前准备

电烙铁的准备：烙铁头上应保持清洁，并且镀上一层焊锡，这样才能使传热效果好，容易焊接。新的电烙铁使用前必须先对烙铁头进行处理，按需要将烙铁头锉削成一定形状，再通电加热，将电烙铁沾上焊锡在松香中来回摩擦，直至烙铁头上镀上一层锡。如果电烙铁使用时间长久，烙铁头表面将产生氧化层及凹凸不平，也需要先锉去氧化层，修整后再镀锡。

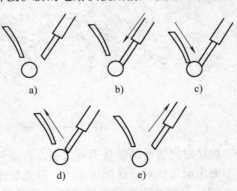

图14-24　焊接操作步骤
a）准备焊接　b）送电烙铁　c）送焊锡丝
d）移开焊锡丝　e）移开电烙铁

2. 焊接操作方法

如图14-24所示，

可按准备焊接、送电烙铁预热、送焊锡丝、移开焊锡丝、移开电烙铁等工序进行。对于热容量小的焊件，例如印制电路板上元器件细引线的焊接，要特别注意焊接时间的掌握，以防损坏电路板及元器件。

3. 焊接注意事项

（1）加热要靠焊锡桥　焊接时烙铁头表面不仅应始终保持清洁，而且要保留有少量焊锡（称为焊锡桥），作为加热时烙铁头与焊件间传热的桥梁。这样，由于金属液体的传热效率远高于空气。对焊件表面要进行清洁处理，尤其是氧化物、锈斑、油污等必须清除干净。为了提高焊接质量和速度，避免出现虚焊等缺陷，最好还能对焊件表面进行镀锡处理。电烙铁和焊锡丝的握持方法如图 14-25 和图 14-26 所示。

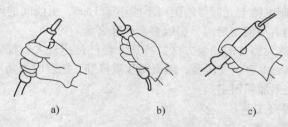

图 14-25　电烙铁的握持方法
a）反握法　b）正握法　c）握笔法

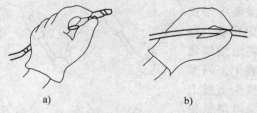

图 14-26　焊锡丝拿法

焊接时焊锡桥的锡量不可过多，否则可能造成焊点的误连。焊接时不要用电烙铁对焊件施加压力，以免加速烙铁头和元器件的损坏。

（2）焊锡丝的正确施加方法　焊接时不应将焊锡丝送到烙铁头上，正确的方法是将焊锡丝从烙铁头的对面送向焊件，如图 14-27 所示，以避免焊锡丝中焊剂在烙铁头的高温（约 300℃）下分解失效。

用烙铁头沾上焊锡再去焊接，也是不可取的方法。

（3）焊锡和焊剂的用量要合适　过量的焊锡不仅浪费，而且还增加焊接时间，降低工作速度，焊点也不美观。焊锡量过少，则不牢固。焊剂用量过少会影响焊接质量；若用量过多，多余的焊剂在焊接后必须擦除，这也影响工作效率。焊锡量的掌握如图 14-28 所示。

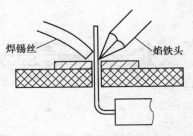

图 14-27　焊锡丝施加方法

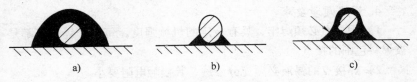

图 14-28　焊锡量的掌握

a）过度浪费　b）过少焊点　c）合适的焊点

（4）掌握焊接的温度和时间　一般来说，焊接加热时间直接影响焊接温度，通常焊接时间控制在 1 ~ 2s，如引线粗、焊点大（如地线），焊接时间要适当延长。焊接时间过长或过短，焊接温度过高或过低对焊接质量都是不利的。根据焊接具体情况，准确掌握火候是优质焊接的关键。这一切主要靠操作者的经验和操作基本功，即操作者的技术水平来保证。

（5）在焊锡凝固前焊点不能动　在焊锡凝固过程中，不能振动焊点或碰拨器件引线，特别要注意的是用镊子夹持焊件时，一定要待焊锡凝固后才能移开镊子，否则会造成虚焊。

（6）采用合适的焊点焊接形式　焊点处焊件的焊接形式可大致分为插焊、弯焊（勾焊）、绕焊和搭焊四种，如图 14-29 所示。

弯焊和绕焊机械强度高，连接可靠性最好，但拆焊很困难。插焊和搭焊连接操作最方便，但强度和可靠性稍差。电子电路由于元器件重量轻，对焊点强度要求不是非常高，因此元器件安装在印制电路板上通常采用插焊形式，在调试或维修中为装拆方便，临时焊接可采用

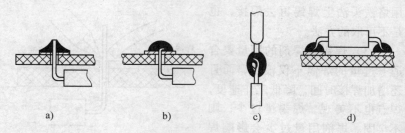

图 14-29　焊点的焊接形式

a）插焊　b）弯焊　c）绕焊　d）搭焊

搭焊形式。

4. 焊点质量要求

1）焊接点必须焊牢，具有一定的机械强度，每一个焊接点都是被焊料包围的接点。

2）焊接点的锡液必须充分渗透，其接触电阻要小。

3）焊接点表面光滑并有光泽，焊接点大小均匀。

在焊接中要避免虚焊、夹生焊接等现象的出现。所谓虚焊就是焊料与被焊物的表面没有互相扩散形成金属化合物，而是将焊料依附在被焊物的表面上，这一现象的出现与焊件表面不干净、焊剂用量太少有关。所谓夹生焊接就是焊件表面晶粒粗糙，锡未被充分熔化。其原因是电烙铁的温度不够高和留焊时间太短。正常焊点与虚焊焊点如图14-30 所示。

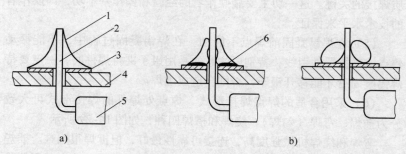

图 14-30　正常焊点与虚焊焊点

a）正常焊点　b）虚焊焊点

1—表面层　2—合金层　3—铜箔　4—基板　5—电阻　6—夹渣

第四节 常见电子电路

一、单相整流电路

把交流电转换为直流电的过程称为整流。

1. 单相半波整流电路

单相半波整流电路的结构，如图 14-31 所示。变压器 T 是将电网的交流电压变换成符合整流电路所需要的电压 u_2，二极管 VD 是整流器件，R_L 为负载。

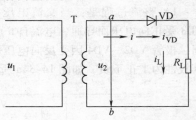

图 14-31 单相半波整流电路

设变压器二次电压 u_2 为一正弦电压，波形如图 14-32a 所示。

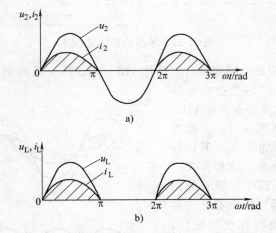

图 14-32 单相半波整流电路的电压和电流波形
a) 二次电压及电流波形 b) 负载电压及波形

整流过程是：当 u_2 为正半周期时，二极管 VD 承受正向电压而导通，若忽略二极管两端的正向压降，负载两端电压 u_L，近似为电源电压 u_2，如图 14-32b 所示。当 u_2 为负半周时，二极管 VD 承受反向电压而截止，可认为 $u_L = 0$，如图 14-32b 中的 π ~ 2π 部分。

可见，二极管只有半周导电，所以称为半波整流。其特点是，电路简单，电压脉动变化较大。

2. 单相桥式整流电路

单相桥式整流电路的结构如图 14-33 所示，也可用全桥组件。

1）整流过程是：当交流电压 u_2 为正半周期时，二极管 VD1、VD3 受正向电压而导通，电流自 a 点经 VD1、R_L、VD3 回到 b 点。此间二极管 VD2、VD4 因受反向电压而截止。负载两端得到半波电压，其极性为上正下负，如图 14-34a 所示。

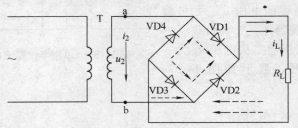

图 14-33 单相桥式整流电路

当 u_2 为负半周期时，二极管 VD1、VD3 因受反向电压而截止，VD2、VD4 这时受正向电压而导通，电流由 b 点经 VD2、R_L、VD4 回到 a 点。负载两端得到半波电压 u_L，其极性仍是上正下负。这样，在一个周期内，四个二极管分两组轮流导通，轮流截止。致使负载两端得到全波电压，其波形如图 14-34b 所示。

2）负载上直流电压有效值 U_L 的大小为

$$U_L = 0.9U_2$$

负载上直流电流 I_L 为

$$I_L = U_L/R_L = 0.9(U_L/R_L)$$

二极管两端承受的最大

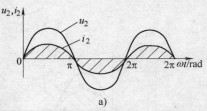

a)

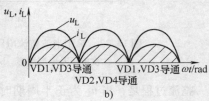

b)

图 14-34 单相桥式整流电路的
电压和电流波形

a）二次电压及电流波形 b）负载电压及波形

反向电压 U_{DM} 为

$$U_{DM} = 2U_2$$

根据此值选择二极管，但要留有余地。

3）如果在负载两端并联电容，经电容滤波后，负载上电压的脉冲量大大减小，直流电压平均值也相应得到提高。带电容滤波的桥式整流电路，负载上直流电压平均值 U_L 为

$$U_L = 1.2U_2$$

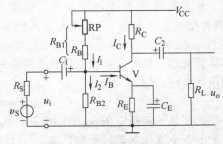

图 14-35　阻容耦合放大器

二、阻容耦合放大器

阻容耦合放大器是最基本的放大电路之一，如图 14-35 所示。

1. 直流工作状态

晶体管有三种工作状态，其偏置情况见表 14-28。

表 14-28　晶体管三种工作状态的偏置情况

工作状态	晶体管偏置情况	
	U_{BE}	U_{BC}
放大状态	正偏（0.7V）	反偏
饱和状态	正偏（0.7V）	正偏
截止状态	反偏或零偏	反偏

阻容耦合放大器工作于放大状态，晶体管 BE 结应处于正偏状态，硅管约为 0.7V；BC 结处于反偏状态。用万用电表直流电压挡可很方便地测出晶体管的三极电压，以判断晶体管的工作状态。例如测得图中晶体管三极电压为 $U_C = 7V$、$U_B = 2.8V$、$U_E = 2.1V$，则 $U_{BE} = U_B - U_E = 0.7V$，正偏。若 $U_{BC} = U_B - U_C = -4.2V$，则为反偏。

根据以上数据可以判断该放大器工作点正常。

假如放大器出现故障，不能进行正常放大，说明电路在某一部位出了问题，可按以下思路进行检查。首先进行直流通路的检查，用万用电表测出中心元件晶体管的三极电压，如果数据不正常，即可估计

出出现故障的部位。例如 $U_{BE} > 0.7V$ 说明管子 BE 结损坏；$U_B = 0V$ 说明偏置电阻通路出现问题；U_{CE} 很小应怀疑管子工作在饱和状态或 CE 结击穿短路等。

2. 动态工作

放大器在输入信号作用下，电路所处的工作状态，称为动态（或称交流工作状态）。在没有输入信号时，晶体管已具备了直流电流 I_{BQ}，I_{CQ} 和管压降 U_{CEQ}。当输入信号电压 u（正弦波）通过 C_1 加到晶体管的输入端时，基极电压就在静态的基础上，又叠加上一个变化的信号电压，即

$$u_{BE} = U_{BE} + u_i$$

在变化的基极电压 u_{BE} 的作用下，其基极电流也在静态的基础上，叠加上一个变化的信号电流，即

$$i_B = I_B + i_b$$

由于晶体管具有电流放大作用，所以集电极电流跟着基极电流的变化而变化。基极电流既是由静态值（直流分量）和交流分量两部分合成的，所以集电极电流也是由静态值和交流分量两部分合成，即

$$i_C = I_C + i_c$$

在输出回路中 $\quad u_{CE} = U_{CE} + u_{ce}$

单管放大电路的电流和电压的波形如图 14-36 所示。

综上所述，归为三个要点：

1）晶体管各极的电流和电压，都是由两个分量叠加而成的。一个是直流分量（静态值），另一个是交流分量。

2）输出电压的数值比输入信号电压的数值大许多倍。

3）对于图 14-36 所示的共发射放大电路输出电压在相位上与输入电压相差称为放大器的反相作用。

上述三点，对于掌握放大器的放大规律，认识放大器的实质，都是非常重要的。

三、晶闸管交流调压

晶闸管整流电路，实质是一种直流调压电路。实际中还有调节交流电压。如电阻炉的温度调节，小功率的笼型电动机的调速等方面。所谓交流调压，就是把有效值一定的交流电压变换成有效值可调的交流电压。

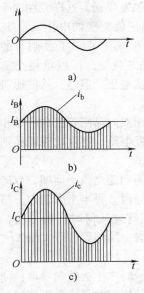

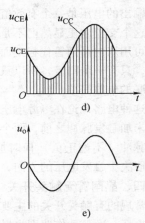

图 14-36 单管放大电路的电流和电压的波形

a)、b)、c) 电流波形 d)、e) 电压波形

最简单的晶闸管单相调压电路，如图 14-37a 所示。将两只晶闸管反向并联之后，串接在单相交流电路中，控制它们的正反向导通时间，就可以实现调节交流电压的目的。

假设所带负载是电阻炉。在电源电压 u 为正半周期时，晶闸管 VS1 承受正向电压，晶闸管 VS2 承受反向电压。这时，如果将 VS1 在正半周期间按触发延迟角 a 触发导通，则导通以后的电源电压 u 的正半波会加到负载 R_L 的两端（忽略晶闸管导通时的管压降）。电压过零时，VS1 自行关断。u 的负半周期，VS2 承受正

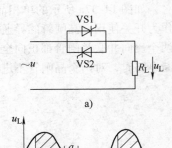

图 14-37 单相晶闸管交流调压主电路和输出电压波形

a) 电路 b) 波形

向电压，按同样的触发延迟角 a 使 VS2 触发导通。这样，在一个周期内，两个晶闸管轮流导通，负载上获得正负交变的电压 u_L，其波形如图 14-37b 所示。改变触发脉冲输出的时刻，即改变晶闸管的触发延迟角 a，负载电压 u_L 的有效值就可随之改变。所以单相交流调压电路输出的电压是一个有效值可调的交流电压。但是，从波形可以看出，这个交流电压显然已不是正弦波了。

可用双向晶闸管代替上面的电路，用双向晶闸管接成的单相调压电路，只有一个门极，所以只需一套触发电路，这就比普通晶闸管反向并联的电路简单。

这种电路无论在电源电压 u 的正半周期还是负半周期，双向晶闸管在未加触发脉冲之前，两个方向都不导通。每半个周期内，第一个触发脉冲（不论正负）何时加上，晶闸管就从何时开始导通，导通方向取决于触发电压的方向，电压过零时，晶闸管自行关断。

四、晶闸管无触头开关

常规的有触头开关的主要缺点是接触时产生火花和噪声，使触点容易损坏，而且动作速度也慢，可利用晶闸管在导通和阻断时的控制特性作为无触点开关器件。

如图 14-37a 所示的单相晶闸管交流调压主电路，在此晶闸管是作为开关使用，晶闸管的导通角不需要调节。在需要接通电路时，让两个反向并联晶闸管都正向全导通（或触发延迟角为零）；在需要切断电路时，对两个晶闸管不进行触发即可。

第十五章　可编程序控制器原理及应用

可编程序控制器简称 PLC，它起源于 20 世纪 60 年代，当时利用计算机的逻辑控制来替代传统的继电器控制，以执行逻辑判断、计时、计数等顺序控制功能。随着科学技术的进步，现代的可编程序控制器包含着计算机、控制和通信等技术，除具有逻辑控制、定时、计数和算术运算等功能外，其配合功能模块还可实现定位控制、过程控制、通信网络等功能，所以又称为工业计算机。

可编程序控制器具有可靠性高、编程方便、控制功能强、扩展及外部连接方便等优点，应用范围极其广泛。目前，PLC 已成为工厂自动化的一个重要支柱，得到了广泛的应用。

第一节　可编程序控制器的组成和原理

可编程序控制器是一种工业控制计算机。虽然各品牌 PLC 的具体结构多种多样，指令格式相异，但其基本原理相同，即都是以微处理机为核心，并外加输入/输出等单元。与普通计算机一样，PLC 要实现工业控制除了要配有硬件外，还必须靠软件来支持。

一、可编程序控制器的组成

PLC 硬件主要由中央处理单元 CPU、存储器、输入/输出单元、电源和编程器等部分组成，其结构框图如图 15-1 所示。

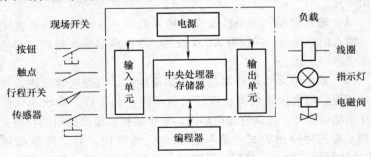

图 15-1　可编程序控制器结构框图

1. CPU

可编程序控制器的 CPU 作为整个 PLC 的核心，主要完成以下功能：

1）接收、存储用户程序。

2）将现场输入信号送入 PLC 中存储起来。

3）诊断电源、PLC 内部电路的工作故障和编程的语法错误等。

4）按存放的先后顺序取出用户指令，进行编译，完成用户指令规定的各种操作。

5）将输出结果送到输出端。

2. 存储器

PLC 配有两种存储器：系统程序存储器和用户存储器。系统程序存储器用来存放系统管理、用户指令解释、功能程序、系统调用等程序，一般固化在 PROM 或 EPROM 芯片中，用户不能改写。用户存储器用来存放用户使用编程器输入的应用程序，一般有 EPROM、EEPROM 和 RAM，其中 RAM 使用最广。当使用 RAM 时，常用锂电池作后备电源，以防断电时会使信息丢失。

3. 输入/输出（I/O）单元

输入/输出单元是 PLC 与被控制对象之间传递输入/输出信息的接口部件。由于生产过程中有许多控制变量，例如：温度、压力、液位、速度、电压、开关量和继电器状态等。因此，需要有相应的 I/O 单元或接口作为 CPU 与工业生产现场之间的桥梁。目前，生产厂家已开发出各种型号的 I/O 接口供用户选择。下面仅介绍开关量输入/输出单元。

（1）输入单元 用来接收现场输入信号，其电路还具有光电隔离、输入信号指示，并设有 RC 滤波器，用以消除输入触点的抖动和外部噪声的干扰。

（2）输出单元 与外部负载（如接触器、电磁阀等线圈或指示灯）相连，用来控制或指示现场设备所进行的工作。输出单元除了具有驱动功能外，还具有光电隔离、电平转换、输出指示的功能。通常 PLC 有三种输出方式：第一种是继电器输出，第二种是晶体管（或达林顿管）输出，第三种是双向晶闸管输出。其中继电器输出型最常用，晶体管输出响应速度最快。

4. 电源

PLC 的供电电源为一般市电，其内部为直流电源，输出 5V 和 24V，为 CPU 单元、存储器和 I/O 单元等供电。大中型 PLC 采用模块式或叠装式结构，并配有专用电源模块。

5. 编程器

它是 PLC 很重要的附件，用来编制用户程序，并将程序存入 PLC 的存储器中。还可利用编程器检查、修改、调试与在线监视 PLC 的工作状况。简易型编程器主要由键盘、LCD 显示器、工作方式开关等部件组成。

二、可编程序控制器的编程语言

PLC 的软件有两大部分：系统软件与用户程序。系统软件由制造商固化在 PLC 内部，用于对 PLC 进行系统管理、用户程序解释及功能指令调用。用户程序由 PLC 的使用者编制并输入，用于控制外部被控对象的运行。用户程序需要用编程语言来实现。目前，PLC 常用的编程语言有四种：梯形图、指令语句表、功能图和高级语言。

1. 梯形图编程语言

它与传统的继电器控制电路原理十分相似，它们的输入/输出信号基本相同，控制过程等效，如图 15-2、图 15-3 所示。它形象、直观、实用，易被电气人员所接受，是目前用得最多的一种 PLC 编程语言。

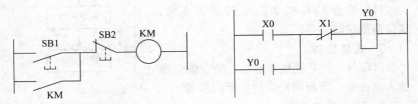

图 15-2 电气控制原理图   图 15-3 PLC 梯形图

2. 指令语句表编程语言

它是一种与计算机汇编语言相类似的助记符编程方式。用户可以直观地根据梯形图，写出指令语句，并通过编程器逐句写入 PLC 中。与图 15-3 所示梯形图相对应的指令语句表如下：

步序	指令符号	元件号
0	LD	X0
1	OR	Y0
2	ANI	X1
3	OUT	Y0

3. 功能图编程语言

这是一种较新的编程方法，如同控制系统流程图，用以表达控制过程。目前，国际电工委员会（IEC）正在实施这种编程标准。

4. 高级语言

采用高级语言编程后，用户可以像使用普通微机一样操作 PLC。除了完成逻辑功能外，还可以进行 PID 运算、数据采集和处理以及与上位机通信等。

三、可编程序控制器的基本原理

PLC 的工作方式与微机有很大不同。PLC 采用循环扫描工作方式，整个工作过程分为内部处理、通信操作、输入处理、程序执行、输出处理几个阶段，如图 15-4 所示。整个过程扫描一次所需要的时间称为扫描周期。

1. 内部处理

PLC 检查 CPU 模块的硬件是否正常，复位监视定时器等。

2. 通信操作

PLC 与一些智能模块通信、响应编程器键入的命令、更新编程器的显示内容等。

3. 输入处理

PLC 在输入处理阶段，读入所有输入端

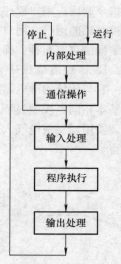

图 15-4　PLC 扫描过程

的 ON/OFF 状态，并将此状态存入输入映像寄存器，此时输入映像寄存器被刷新，接着进入程序执行阶段。在程序执行时，输入映像寄存器与外界隔离，即使输入信号发生变化，其输入映像寄存器的内容也不发生变化，只有在下一个扫描周期的输入处理阶段才能被读入。这是 PLC 独特的工作方式,也是与传统的继电控制系统的重要区别之一。

4. 程序执行

此过程是 CPU 对用户程序的梯形图进行扫描,按先左后右、先上后下的步序,逐句运算,并将其运算结果存储在有关的寄存器中。除输入映像寄存器外,其他映像寄存器中寄存的信息会随着程序的进程而变化。

5. 输出处理

全部程序扫描运算完毕,CPU 将输出映像寄存器的 ON/OFF 状态送至输出锁存器,即 PLC 的实际输出。

当 PLC 采用分时操作循环扫描方式时,输入处理、程序执行、输出处理三个过程是独立的,且输入/输出成批处理,即输入/输出的状态保持一个扫描周期。当 PLC 处于 STOP 状态时,只进行内部处理和通信操作任务。

四、软元件的功能

PLC 的用户程序由许多指令组成,而指令是由操作码和操作器件(或操作数)组成的。指令的操作码用助记符表示,用来说明要执行的功能。

操作器件一般由标识符和参数组成。标识符表示操作数的类别,例如输入继电器 X、输出继电器 Y、定时器 T、计数器 C、数据寄存器 D 等。这些操作器件由电子电路与存储器组成。它们与传统继电器控制系统的继电器不同,是用软件表示的,故常称为软继电器。参数表明操作器件的地址或一个预先设定值。不同的操作器件地址表明了各器件的不同编号,这对编程十分重要。

这里需要特别说明的是,不同厂家、甚至同一厂家的不同型号的 PLC 编程器件的数量和种类也不一样,下面介绍日本三菱 FX2 系列 PLC 部分器件的功能。

1. 输入继电器(X0 ~ X177)

它的输入与 PLC 的输入端子相连,其功能是用来接收现场开关信号。输入继电器可以看成是光电隔离的电子继电器,其线圈、常开触点、常闭触点与传统硬继电器的表示方法一样,如图 15-5 所示。输入继电器为软继电器,所以其常开触点、常闭触点的使用次数不限，这些触点在 PLC 内可以自由使用。FX2 系列 PLC 输入/输出继电器采用八进制地址编号，其他所有器件都是十进制编号。X0 ~ X177 最多可达 128 点。输入继电器必须由现场信号来驱动，不能用程序驱动。

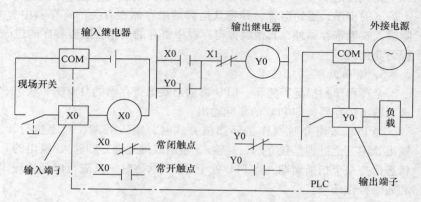

图 15-5　输入/输出继电器示意图

2. 输出继电器（Y0 ~ Y177）

输出继电器的输出触点与 PLC 的输出端子相连，其功能是传送信号到 PLC 的外部负载，如图 15-5 所示。同样，输出继电器触点的使用次数不受限制。

3. 辅助继电器（M）

PLC 中备有许多辅助继电器，它的常闭常开触点在 PLC 内部编程时可以无限次地自由使用。但是，这些触点不能直接作为输入/输出器件使用，而只能在 PLC 内部作为中间继电器转换使用，或作特定功能使用。下面是几种常见的辅助继电器。

（1）通用辅助继电器（M0 ~ M499）　其作用相当于传统继电器控制系统中的中间继电器，共有 500 点。PLC 在运行中如发生断电，通用辅助继电器和输出继电器都变成断开状态。通电后，除了 PLC 运行时被外部输入信号接通的以外，其他仍断开。

（2）断电保持辅助继电器（M500 ~ M1023）　它共有 524 点。断电保持辅助继电器具有断电记忆功能，由 PLC 内装锂电池支持。

（3）特殊辅助继电器（M8000 ~ M8255）　它共有 256 点。这些特殊辅助继电器各自具有特定的功能。例如，PLC 状态、时钟、标志、PLC 方式、步进顺控、禁止中断、出错检测等。通常分为下面两大类：

1）只能利用其触点的特殊辅助继电器。它们的线圈由 PLC 自动驱动，用户只能利用其触点。例如：

① M8000：运行（RUN）监控，即当 PLC 电源一旦接通 M8000 时就 ON。

② M8002：初始化脉冲，即 PLC 运行开始后产生一单脉冲，其宽度为一个扫描周期。

③ M8012：100ms 时钟脉冲，如图 15-6 所示。

图 15-6　M8012 的时钟脉冲

2）可驱动线圈型特殊辅助继电器。

① M8030：BATT LED 亮，表明锂电池欠电压，提醒 PLC 维修人员，需要更换电池。

② M8034：PLC 由 RUN 变成 STOP 时，映像寄存器及数据寄存器中的数据全部保留。

③ M8039：定时扫描特殊辅助继电器。

需要说明的是，特殊辅助继电器不能随意使用，具体使用应参见使用手册。

4. 状态继电器（S）

它是构成状态转移图不可缺少的软元件，与后述的步进顺控指令配合使用。通常状态继电器有下面五种类型：

1）初始状态继电器 S0～S9 共 10 点。

2）回零状态继电器 S10～S19 共 10 点。

3）通用状态继电器 S20～S499 共 480 点。

4）保持状态继电器 S500～S899 共 400 点。

5）报警状态继电器 S900～S999 共 100 点，这 100 个状态继电器可用作外部故障诊断输出。

不使用步进顺控指令时，状态继电器 S 可以作为辅助继电器 M 在程序中使用。

5. 定时器 (T)

定时器在 PLC 中的作用相当于时间继电器，按照时钟脉冲累积计时，当所计时间到达设定值时，输出触点就动作。定时器的设定值 K 可以存放在用户程序存储器内或数据寄存器 D 中。计时脉冲有 1ms、10ms、100ms 三档，见表 15-1。

表 15-1　定时器特性

	编号	计时脉冲/ms	计时范围/s
通用型定时器	T0 ~ T199	100	0.1 ~ 3276.7
	T20 ~ 0T245	10	0.01 ~ 327.67
积算定时器	T246 ~ T249	1	0.001 ~ 32.767
	T250 ~ T255	100	0.1 ~ 3276.7

(1) 通用型定时器　如图 15-7a 所示，当驱动输入 X0 接通时，定时器 T200 线圈通电，并以 10ms 时钟开始进行累积计时，计时值达到 1.45s 时，定时器 T200 触点就接通。当驱动输入 X0 断开或断电时，计数器就复位，输出触点也复位。

(2) 积算定时器　如图 15-7b 所示，与通用型定时器不同的是，

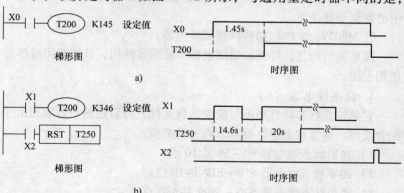

图 15-7　定时器工作原理

a) 通用型定时器　b) 积算定时器

当驱动输入 X1 断开或断电时，累积脉冲值可保持，输入 X1 再接通或通电时，定时继续进行累积，当累积时间达到 34.6s 与设定值 K346 相等时，输入触点动作。另外，要使定时器 T250 复位，必须接通复位输入 X2。

FX2 系列 PLC 的定时器是通电延时型，对断电延时型需要用程序来解决，如图 15-8 所示。

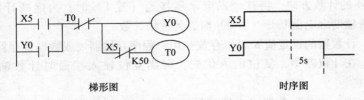

梯形图　　　　　　　　　　　时序图

图 15-8　断电延时型定时器的工作原理

6. 计数器（C）

PLC 的计数器有内部信号计数器和高速计数器。

（1）内部信号计数器　它是在执行扫描操作时对内部器件（如 X、Y、M、S、T 和 C）的信号进行计数的计数器，其接通时间和断开时间都应比 PLC 的扫描周期稍长，见表 15-2。

表 15-2　内部信号计数器

	编号	特点	计数范围
16 位递加计数器	C0 ~ C99	通用型	1 ~ 32767
	C100 ~ C199	断电保持型	
32 位双向计数器	C200 ~ C219	通用型	−214783648 ~ +214783647
	C220 ~ C234	断电保持型	

1）16 位递加计数器。这类计数器有两个输入：一个是计数输入（CP），另一个是复位输入（RST）。

在图 15-9 中，每当计数输入 X11 接通一次，计数当前值增 1。当计数输入达到第 7 次时，计数器 C2 的输出

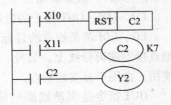

图 15-9　加计数的梯形图

触点接通，以后即使 X11 再输入，计数器 C2 的当前值都保持不变。当复位输入 X10 接通时，执行 RST 复位指令，计数器 C2 当前值复位为 0，输出触点也断开。

2）32 位双向计数器。32 位双向计数器除了 32 位计数的输入/输出外，还有一个特殊辅助继电器，用来决定双向计数器是增计数还是减计数。特殊辅助继电器 M8200 ~ M8234 分别来决定计数器 C200 ~ C234 的计数方向，特殊辅助继电器接通（置 1）时，为递减计数；特殊辅助继电器断开（置 0）时，为递增计数。

计数器的设定值 K 可以存放在用户程序存储器内或数据寄存器 D 中。在计数器中，复位输入优先，即当复位输入接通时计数输入无效。

（2）高速计数器　内部信号计数器适用于低速计数。当计数的间隔比 PLC 的扫描周期短时，必须采用高速计数器。

第二节　指令简介及其应用

FX 系列 PLC 有基本指令 20 条，步进指令 2 条，功能指令近百条。下面以 FX2 系列 PLC 的指令系统为例，说明部分指令的含义、对应的指令形式和梯形图的编制方法。

一、基本逻辑指令

1. 逻辑取指令及线圈驱动指令

1）LD：取指令，表示一个与输入母线相连的常开触点指令，即常开触点逻辑运算开始。

2）LDI：取反指令，表示一个与输入母线相连的常闭触点指令，即常闭触点逻辑运算开始。

3）OUT：线圈驱动指令。

LD、LDI、OUT 指令的应用如图 15-10 所示。

LD、LDI 两条指令的目标器件是 X、Y、M、S、T 和 C，用于将触点接到逻辑母线上。另外，还可以与后述的 ANB、ORB 指令配合使用，也用于分支起始点。

OUT 指令是驱动线圈的输出指令，它的目标器件是 Y、M、S、T、C，但对 X 不能用。OUT 指令可以连续使用多次。

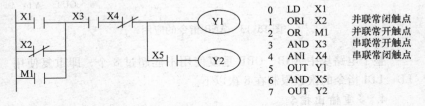

步序	指令符号	元件号	指令解释
0	LD	X1	从逻辑母线引入常开触点
1	OUT	Y1	输出
2	LDI	X2	从逻辑母线引入常闭触点
3	OUT	M101	驱动M101
4	OUT	T2	驱动T2
		K20	时间继电器的时间常数
7	LD	T2	从逻辑母线引入延时触点
8	OUT	Y2	输出

图 15-10　LD、LDI、OUT 指令的应用

2. 触点串并联指令

1）AND：逻辑与指令，用于常开触点的串联。

2）ANI：逻辑与非指令，用于常闭触点的串联。

3）OR：逻辑或指令，用于常开触点的并联。

4）ORI：逻辑或非指令，用于常闭触点的并联。

AND、ANI、OR、ORI 指令的应用如图 15-11 所示。

梯形图是由许多逻辑行组成的，每行的开始用 LD 或 LDI 指令，触点的串/并联用 OR/AND 指令，驱动线圈总是放在最左边，用 OUT 指令，这是梯形图最基本的格式。

0	LD	X1	
1	ORI	X2	并联常闭触点
2	OR	M1	并联常开触点
3	AND	X3	串联常开触点
4	ANI	X4	串联常闭触点
5	OUT	Y1	
6	AND	X5	
7	OUT	Y2	

图 15-11　AND、ANI、OR、ORI 指令的应用

3. 电路块的串并联指令

1）ORB：串联电路块的并联连接指令。

2）ANB：并联电路块的串联连接指令。

两个或两个以上触点串联的电路称为串联电路块。串联电路块的并联连接时，分支开始用 LD、LDI 指令，分支结束后用 ORB 指令将串联分支并在一起，如图 15-12 所示。

两个或两个以上触点并联的电路称为并联电路块。并联电路块的

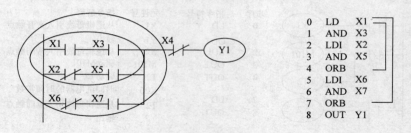

图 15-12　ORB 指令的应用

串联连接时，分支开始用 LD、LDI 指令，分支结束后用 ANB 指令将并联分支串在一起，如图 15-13 所示。

电路块的串并联指令 ANB/ORB 无操作目标器件，即其后面不跟标号。

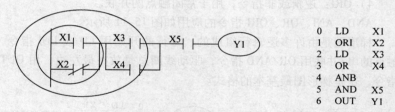

图 15-13　ANB 指令的应用

整个电路块中 ANB、ORB 重复使用不能超过 8 个，即重复使用 LD、LDI 指令的次数限制在 8 次以下。

4. 多重输出指令

MPS 为进栈指令，MRD 为读栈指令，MPP 为出栈指令。这三条指令用于多重输出电路的编程，开始和结束处用 MRD 和 MPP。这三条指令后面均无操作器件，如图 15-14 所示。

5. 主控及主控复位指令

MC 为主控指令，用于公共串联触点（也称为主控点）的连接，MCR 叫作主控复位指令，即 MC 的主控结束。如图 15-15 所示，当主控条件 X0 接通时，执行 MC 与 MCR 之间的指令；当 X0 断开时，不执行 MC 与 MCR 之间的指令。主控点相当于 MC 与 MCR 之间电路的

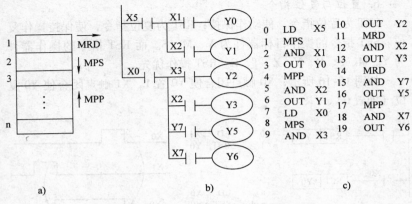

图 15-14　MPS、MRD、MPP 指令的应用
a) 栈存储器　b) 梯形图　c) 语句表

总开关，即控制子母线下面的电路。

在编程时，主控点后的每一个逻辑行都由 LD 或 LDI 指令开始。MC 与 MCR 指令成对使用，并且顺序不能颠倒。两条指令的操作目标器件是 Y、非特殊继电器 M。

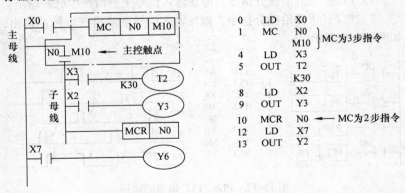

图 15-15　MC、MCR 指令的应用

MC、MCR 可以嵌套使用，嵌套级 N 的编号（0～7）顺次增大，返回时用 MCR 指令，从大的嵌套级开始解除。

6. 置位与复位指令

SET 为置位指令，使动作保持；RST 为复位指令，使保持操作复位。SET 指令的操作目标器件为 Y、M、S。而 RST 指令的操作器件为 Y、M、S、D、V、Z、T、C。RST 操作优先。

如图 15-16 所示，X0 触点闭合使 Y0 置 1，X1 触点闭合使 Y0 复位（即置 0）。

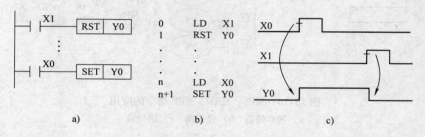

图 15-16　SET、RST 指令的应用

a) 梯形图　b) 语句表　c) 时序图

7. 脉冲输出指令

1) PLS：上升沿微分指令，即在输入信号上升沿产生脉冲输出。

2) PLF：下降沿微分指令，即在输入信号下降沿产生脉冲输出，如图 15-17 所示。

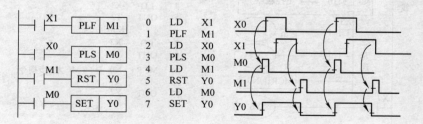

图 15-17　PLS、PLF 指令的应用

8. 空操作指令

NOP 是一条无动作、无目标器件的空操作指令，即该步序作空操作。NOP 可修改程序的步序号，改变电路，如图 15-18 所示。

9. 程序结束指令

END 为整个程序结束指令，即 PLC 在 END 以后的程序不执行。它可以缩短 CPU 扫描周期。另外，在调试程序时，在程序的适当位置插入 END 指令可以实现程序的分段调试。

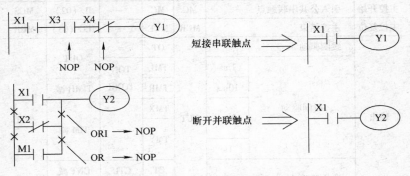

图 15-18　NOP 指令的应用

二、几种 PLC 的性能参数指标及指令比较

目前，国内工业控制领域中使用较多的是日本三菱、欧姆龙、松下与德国西门子等企业的 PLC 产品。PLC 的基本技术性能有 I/O 点数、扫描速度、内存容量、指令功能、内部器件及高功能模块等。几种 PLC 的常用指令对照见表 15-3。

表 15-3　几种 PLC 的常用指令对照

指令名称	功　能	FX2N	FP1	S7—200	C200H	SPC10
取	将常开触点与母线连接	LD	ST	LD	LD	STR
取反	将常闭触点与母线连接	LDI	ST/	LDN	LD NOT	STN
与	常开触点串联	AND	AN	A	AND	AND
与非	常闭触点串联	ANI	AN/	AN	AND NOT	ANN
或	常开触点并联	OR	OR	O	OR	OR
或非	常闭触点并联	ORI	OR/	ON	OR NOT	ORN
或块	串联电路的并联	ORB	ORS	OLD	OR LD	ORB
与块	并联电路的串联	ANB	ANS	ALD	AND LD	ANB
进栈	运算记忆	MPS	PSHS	LPS	—	—

（续）

指令名称	功能		FX2N	FP1	S7—200	C200H	SPC10
读栈	读出记忆		MRD	RDS	LRD	—	—
出栈	读出记忆并复位		MPP	POPS	LPP	—	—
主控开始	引入公共串联触点		MC	MC	—	IL (02)	MCS
主控复位	主控结束		MCR	MCE	—	ILC (03)	MCR
输出	线圈驱动		OUT	OT	· =	OUT	OUT
	时间驱动	1ms		TML	TON		
		10ms		TMR	TONR	TIMH 减	
		100ms		TMX	—	TIM 减	
		1s		TMY			
	计数器驱动			CT	CTU	CNT 减	
				UDC	CTUD	CNTR (12)	
置位	使保持线圈通电		SET	SET	S	—	SET
复位	使保持线圈断电		RST	RST	R	—	RST
保持	保持输出		—	KP	—	KEEP (11)	—
上升沿脉冲	上升沿触发线圈脉冲输出		PLS	DF ST ↑ AN ↑ OR ↑	P	DIFU (13)	STR DIF OR DIF AND DIF
下降沿脉冲	下降沿触发线圈脉冲输出		PLF	DF/ ST ↓ AN ↓ OR ↓	N	DIFD (14)	STR DFN OR DFN AND DFN
空	空操作		NOP	NOP	NOP	NOP (00)	—
结束	程序结束		END	EN	MEND	END (01)	

　　　下面以三菱 FX、西门子 S7—200、松下 PF1 和欧姆龙 C200H 系列 PLC 为例，列举几个典型例子，简要说明其指令比较。

　　　例 15-1　定时电路的比较，如图 15-19 所示。

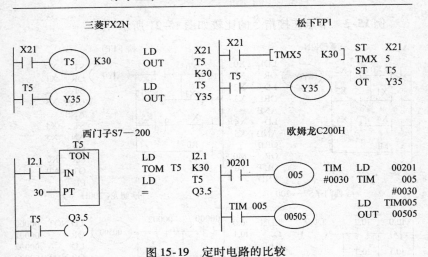

图 15-19　定时电路的比较

例 15-2　脉冲、置位、复位和保持指令的比较如图 15-20 所示。

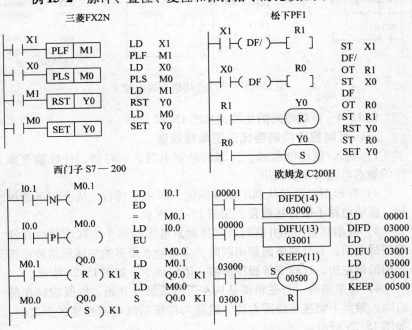

图 15-20　脉冲、置位、复位和保持指令的比较

例 15-3　节点连接指令的比较如图 15-21 所示。

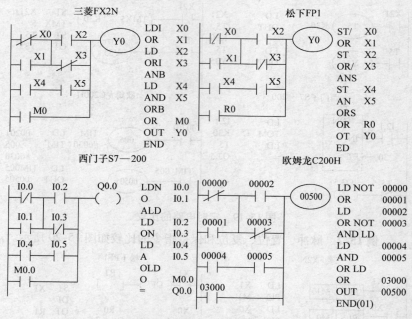

图 15-21　节点连接指令的比较

例 15-4　计数电路的比较，如图 15-22 所示。

三、可编程序控制器梯形图编程规则

1）输入/输出继电器、内部辅助继电器、定时器、计数器等器件的触点可多次重复使用。

2）梯形图必须服从顺序扫描原则，即从左到右，从上到下地执行，桥形电路不能直接编程，如图 15-23 所示。

3）有串联电路相并联时，应将触点最多的那个串联回路放在梯形图最上面。有并联电路相串联时，应将触点最多的并联回路放在梯形图的最左边。这样安排程序简洁、语句也少，如图 15-24 所示。

4）梯形图每一行逻辑都是从左边母线触点开始，线圈应接在最右边。触点不能接在线圈右边，这是与传统的继电器控制区别之一，如图 15-25 所示。

5）如果在同一程序中同一器件的线圈被使用两次或多次，则称

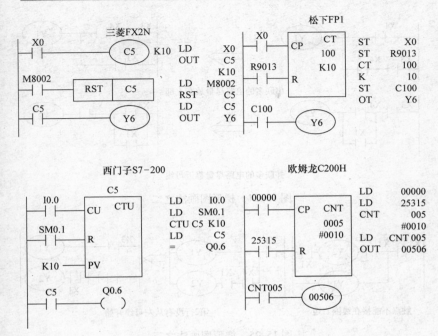

图 15-22 计数电路的比较

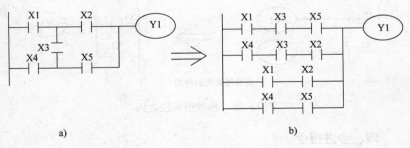

a)   b)

图 15-23 梯形图画法之一

a) 不正确 b) 正确

为双线圈输出。这样前面输出无效，只有最后一次才有效，如图
15-26 所示。

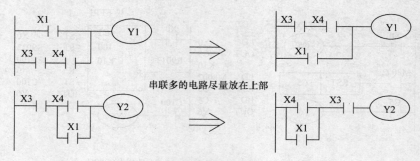

串联多的电路尽量放在上部

并联多的电路尽量靠近母线

图 15-24　梯形图画法之二

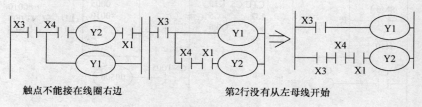

触点不能接在线圈右边　　　　　第2行没有从左母线开始

图 15-25　梯形图画法之三

双线圈输出的使用

图 15-26　梯形图画法之四

四、步进指令

用梯形图及语句表方式编程深受广大电气技术人员的欢迎。但是，对于复杂的控制系统，尤其是顺序控制程序，由于内部联锁，互动关系极其复杂，其梯形图中指令往往很多，察看也很不方便。如果利用 IEC 标准的状态转移图 SFC 语言来编制顺序控制程序，则对编程、调试会带来很多方便，效率也可大大提高。

1. 状态转移图

对于一个控制过程，我们可以将它分为几个有机的工作状态。每一个状态表示不同的动作。状态之间可以通过一定条件来实现转换。FX2 系列 PLC 的状态继电器 S 就是状态转移图的基本器件。

图 15-27 所示为简单的状态转移图。状态继电器用框图表示，图内是状态继电器的器件号，状态继电器之间用有向线段连接，表示工作流程的方向。一般工作流程自上而下，有向线段不标注箭头，有向线段上的垂直短线和它旁边的文字符号表示状态转移条件。状态继电器的右边为状态输出。在图 15-27 中，当工作流程在 S30 工作状态时，输出 Y10、Y11 接通，同时程序等待转移条件 X1 接通。一旦 X1 接通，工作状态就自动地由 S30 转到 S31，此时 Y10 断开，Y12 接通，但 Y11 仍然保持接通。

总之，每一个工作状态，即每一个顺序步，由三个要素组成：驱动输出，即在这一步要做什么？转移条件，即满足该条件就退出这一步，转移到下一步；转移目标，即下一工作状态是什么。

2. 步进指令

FX2 系列 PLC 有两条步进指令：一条是步进开始指令 STL，即引入工作状态，其操作目标器件为状态继电器 S；另一条是步进结束指令 RET，即步进返回主母线。转移条件的引入用 LD 或 LDI 指令。状态转移图、梯形图与语句表有严格的对应关系，如图 15-27、图 15-28 所示。

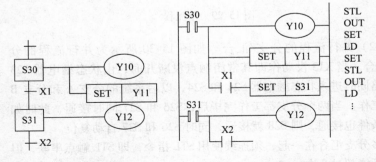

图 15-27　状态转移图　　　　图 15-28　状态转移图、梯形图与
　　　　　　　　　　　　　　　　　　语句表的对应关系

3. 编程方法

（1）单流程　在完整的状态转移图中，工作流程从初始状态开始，即用 S0 ~ S9 的状态继电器。如图 15-29 所示，初始状态由辅助继电器 M8002 驱动。除了初始状态之外，其他待转移状态继电器必须用 STL 指令来驱动，否则会造成程序错误。当一系列 STL 指令结束（即流程结束）后必须用 RET 指令退出步进控制。

当发生状态跳转时，其驱动指令用 OUT 指令。

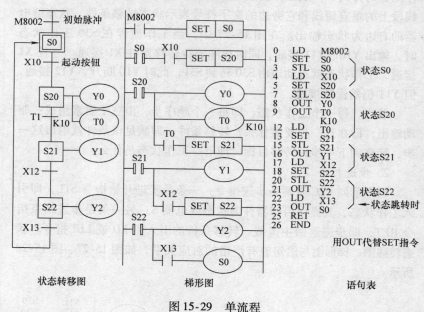

图 15-29　单流程

（2）并行流程的分支/汇合　如图 15-30 所示为并行流程的分支/汇合。当 X13 没动作即其常闭触点没断开时，由状态继电器 S23 分两路同时进入状态继电器 S24 和 S24，以后系统的分支 A 和分支 B 并行工作。当两个分支都工作完毕后，S26 和 S27 同时接通，此时如转移条件也接通，则 S28 就接通，同时 S26 和 S27 自动复位。

多分支汇合在一起，须连续使用 STL 指令，即 STL 触点串联，但串联不能超过 8 次。

（3）选择性流程的分支/汇合　如图 15-31 所示为选择性流程的

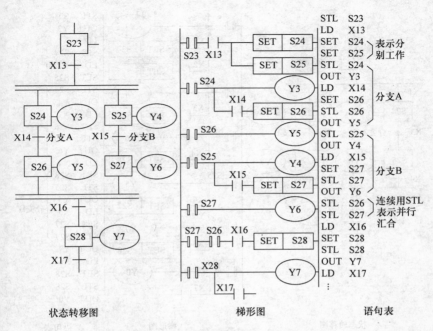

图 15-30　并行流程的分支/汇合

分支/汇合。分支选择条件 X1 和 X4 不能同时接通，即分支 A 与分支 B 只有一个能被选中。

五、PLC 基本控制电路

PLC 应用程序往往可以看成是由许多基本控制环节和基本单元电路组成的。这里将介绍一些 PLC 的基本单元电路。

1. 延时电路

FX2 系列 PLC 的定时器是通电延时型，对于断电延时型定时器需要用程序来解决，如图 15-32 所示。图 15-32 是双延时定时器的梯形图和时序图。所谓双延时定时器，是指通电和断电均延时的定时器，用两个定时器完成双延时控制。

2. 分频电路

用 PLC 可以实现对输入信号进行分频。如图 15-33 所示，X1 为输入脉冲信号，Y0 为分频输出。

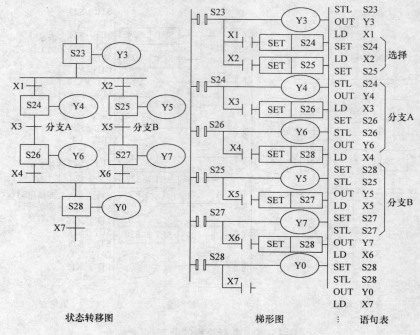

状态转移图　　　　　　　　　　　梯形图　　　　　：　语句表

图 15-31　选择性流程的分支/汇合

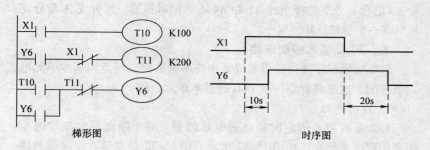

梯形图　　　　　　　　　　　　时序图

图 15-32　双延时定时图

3. 闪光电路（见图 15-34）

闪光电路是广泛应用的一种控制电路，它既可以控制灯光的闪烁频率，又可以控制灯光的通断时间比（占空比）。同样的电路也可控制其他负载，如电令、蜂鸣器等。图 15-34 为用两个定时器实现的闪

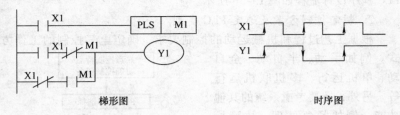

梯形图　　　　　　　　　　　　时序图

图 15-33　分频电路

光电路。其中，X2 为闪光起动输入按钮，X3 关闭输入按钮。

4. 振荡电路

振荡电路可以产生按特定的通/断间隔的时序脉冲，常用来作为脉冲信号源，也可以替代闪光电路，如图 15-35 所示。

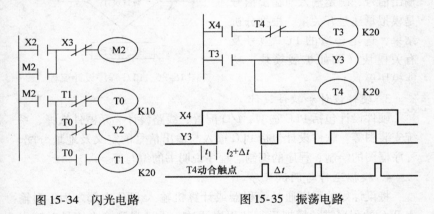

图 15-34　闪光电路　　　　　　　图 15-35　振荡电路

第三节　PLC 系统设计步骤与选型

一、PLC 系统设计步骤

1. 熟悉控制特点及确定控制任务

首先要了解被控制对象的特点和生产工艺过程，弄清楚控制对象之间的相互关系，归纳出工作流程。其次要了解工艺过程和机械运动与电器执行元件之间的关系和系统控制要求。根据控制对象的工业环境以及安全性、可靠性和经济性等因素，确定用 PLC 控制的合理性。

PLC 程序设计流程如图 15-36 所示。

2. 制定控制方案及选定 PLC 类型

根据工艺过程和机械运动的控制要求，确定电气控制的工作方

式。例如手动、半自动、全自
动、单机运行、多机联机运行
等。另外，还要考虑系统的其他
功能，例如紧急处理、故障检
测、故障显示与报警、通信联网
等。通过对系统中各控制对象工
作状态的分析，确定各种控制信
号和检测反馈信号的相互转换和
联系，由此确定 PLC 的输入和
输出信号，确定输入与输出信号
是模拟量还是开关量。根据分析
结果，选定合适的 PLC 型号及
有关模块（例如扩展模块、功
能模块等）。

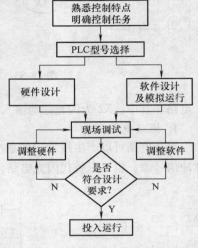

图 15-36　PLC 程序设计流程

3. 硬件设计和软件设计

硬件设计包括 PLC 选型、I/O 配置、线路设计、元器件选择、系
统安装图等。软件设计包括 PLC 输入与输出信号的定义及地址分配、
程序框图的绘制、程序的编制、程序说明书的编写等。

4. 模拟运行与调试程序

将设计好的程序通过编程器或计算机输入 PLC 内部之后，对输
入 PLC 的程序进行模拟运行和程序调试。通过观测输入信号对输出
信号的控制检查运行情况，若发现问题，则应及时修改，直到满足工
艺流程和状态流程图的要求。

5. 现场运行调试

模拟调试后的 PLC 在进行现场调试时，如果达不到控制要求，
应修改软件或硬件，直到符合工艺控制要求为止。

二、PLC 选型

1. PLC 机型与功能

现在，市场上有许多不同厂家生产的 PLC 产品，它们的性能、

指令、价格等均不相同。设计者在选型时，要考虑产品的技术先进性、价格合理性等因素。在选择主机时，还应考虑是否要配其他模块（接口），例如开关量输入/输出模块、模拟输入/输出模块、高速计数模块、通信模块、人机界面单元等。

2. I/O 点数

根据被控制对象的输入和输出信号的总点数，并考虑今后调整和扩充需求，一般应加上 10% ~ 15% 的备用量。

3. I/O 类型

除了 I/O 点的数量，还要考虑输入和输出信号的性质、参数和特性要求等。例如输入信号的电压类型、等级和变化频率；信号源是电压型还是电流型；是 PNP 输出型还是 NPN 型输出等。另外，还应注意 PLC 输出负载的电压类型、电压高低、响应速度等。

4. 存储器容量

PLC 的程序存储容量通常以字或步为单位。例如 1K、2K 都是以步为单位。每个程序步占用一个存储单元。所以，要预先估计用户程序的容量。对于开关控制系统，用户程序所占用的程序步一般为 I/O 总点数乘以 8；对于数据处理、模拟量输入/输出系统应考虑大些。

5. 编程器与外围设备

对小型 PLC 控制系统常采用廉价的简易编程器。如果系统较大，多采用计算机编程，但要配上专用软件包及专用带接口的电缆。

第四节　几种 PLC 实际应用电路

一、自动往复运动控制电路

如图 15-37 所示为一种工作台自动往复运动的继电接触控制与 PLC 控制的原理图。图 15-37a 是继电接触控制三相异步电动机正反转，实现工作台自动往复运动的控制电路。图 15-37b 是用 PLC 控制电动机正反转以实现工作台自动往复运动的控制电路，两者主电路相同。图 15-37b 所示的 PLC 接线图中 KM1 与 KM2 联锁，以防止交流接触器主触点故障引起主电路短路。对有联锁控制要求的系统进行 PLC 控制时，必须同时考虑软件和硬件的联锁措施。

二、用 PLC 改造摇臂钻床电气控制电路

通过 PLC 对传统机床设备控制系统的改造，可以提高原有设备

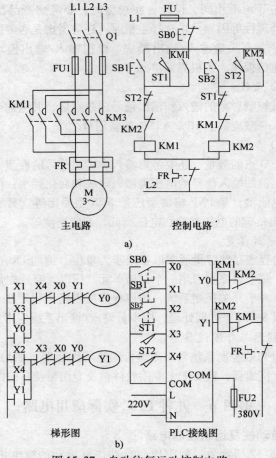

图 15-37　自动往复运动控制电路
a) 继电接触控制　b) PLC 控制

运行的可靠性、减少日常维护工作等。用 PLC 改造机床控制电路时，首先弄清楚机床电路的控制特点；其次，在保持机床原有操作及执行方式（即输入与驱动要求）不变情况下，对控制电路进行非逻辑的变形，即将继电接触控制电路转换为 PLC 控制电路；再次，输入控制语句，连接并调试电路；最后对机床进行试运行。

　　如图 15-38 所示，以 Z3040B 型摇臂钻床的控制电路为例，叙述用 PLC 对机床电路改造的方法，着重介绍控制软件的处理和硬件

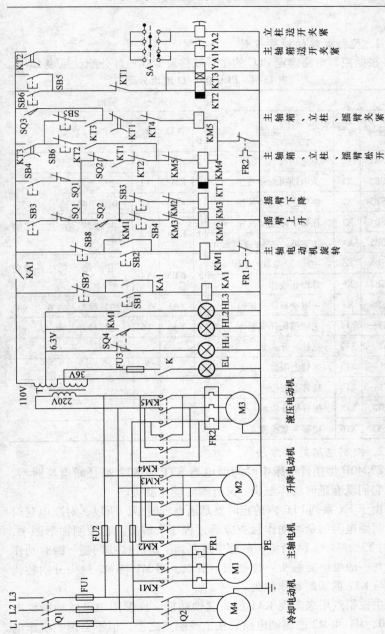

图 15-38　Z3040B 型摇臂钻床电气控制电路

接线。

1. 控制电路的软件设计

根据控制电路确定 PLC 的型号规格及 I/O 地址分配，见表 15-4。

表 15-4　PLC 的 I/O 地址分配

输入				输出			
序号	符号	地址	功能	序号	符号	地址	功能
1	SB1	X0	总起动按钮	1	KM1	Y0	主电动机旋转
2	SB2	X1	主电动机起动按钮	2	KM2	Y1	摇臂上升
3	SB3	X2	摇臂上升点动按钮	3	KM3	Y2	摇臂下降
4	SB4	X3	摇臂下降点动按钮	4	KM4	Y3	主轴箱、立柱、摇臂松开
5	SB5	X4	主轴箱、立柱、摇臂松开				
6	SB6	X5	主轴箱、立柱、摇臂夹紧	5	KM5	Y4	主轴箱、立柱、摇臂夹紧
7	SB7	X6	总停止按钮				
8	SB8	X7	主电动机停止按钮	6	YA1	Y5	主轴箱松开夹紧
9	SA2—1	X11	主轴箱松开夹紧	7	YA2	Y6	立柱松开夹紧
10	SA2—2	X12	立柱松开夹紧				
11	ST1—1	X13	摇臂上限位				
12	ST1—2	X14	摇臂下限位				
13	ST2	X15	摇臂松开检测				
14	ST3	X16	摇臂夹紧检测				

2. 控制电路处理方法

Z3040B 型摇臂钻床中时间继电器 KT1 与 KT2 都是断电延时型，并且它们既有延时动作触头，又有瞬时动作触头。

由于 FX 系列 PLC 内的定时器是通电延时型，所以，对断电延时型时间继电器的延时动作触头应通过程序来解决。在控制梯形图中，M3 与 T3、M4 与 T4 所编写的程序就是为了解决这些问题。瞬时动作触头与一般继电器触头一样处理，所以，用 M1 与 M2 触头分别替代 KT1 与 KT2 的瞬时动作触头。

主控制点用来实现 KA1 触头联锁功能。梯形图中虽然辅助继电器 M0、M1 和 M2 的驱动电路放在主控制点之上，但不会影响机床电路的控制。

3. 控制电路梯形图

Z3040B 型摇臂钻床控制电路梯形图如图 15-39 所示。

4. 硬件接线

Z3040B 型摇臂钻床 PLC 控制电路如图 15-40 所示。

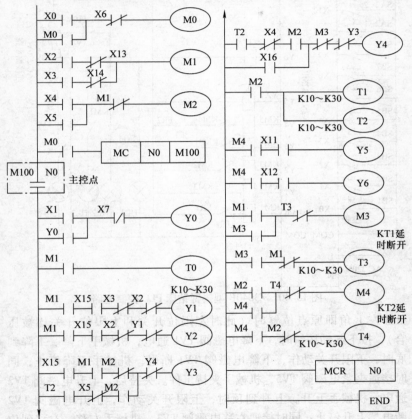

图 15-39　Z3040B 型摇臂钻床控制电路梯形图

三、简易机械手动作控制

1. 机械手的工作原理

如图 15-41 所示为简易物料搬运机械手动作示意图。该机械手能通过水平、垂直位移将物料从左工作台搬运到右工作台上。当机械手

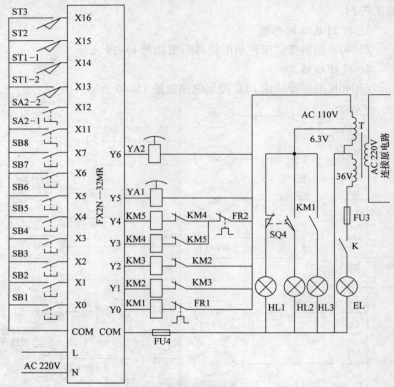

图 15-40　Z3040B 型摇臂钻床 PLC 控制电路

处于左上角即原点位置时（此时左限位开关和上限位开关均被压合），按下起动按钮时，下降电磁阀 TV1 通电，机械手下降。下降到底时，下限开关动作，下降电磁阀 TV1 断电，机械手下降停止；同时接通夹紧电磁阀 TV5，机械手夹持工件。夹持后，上升电磁阀 TV2 通电，机械手上升。上升到顶时，上限开关动作，上升电磁阀 TV2 断电，上升停止；同时接通右移电磁阀 TV3，机械手右移。右移到位时，右限位开关动作，右移电磁阀 TV3 断电，机械手右移停止。如果此时工作台 B 上无工件，则光敏开关接通，下降电磁阀 TV1 通电，机械手下降。下降到底时，下限开关动作，下降电磁阀 TV1 断电，机械手下降停止；同时夹紧电磁阀 TV5 断电，机械手放下工件。放松后，上升电磁阀 TV2 通电，机械手上升。上升到顶时，上限开关动作，上升电磁阀 TV2 断电，上升停止；同时接通左移电磁阀 TV4，机械手左移。左移到原点时，左限位开关动作，左移电磁阀 TV4 断电，机械手左移停止。

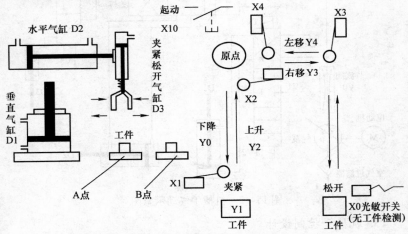

图 15-41　机械手工作示意图

机械手从原点开始，按一下起动按钮，机械手经过下降、夹紧工件、上升、右移、下降、松开工件、上升、左移然后停止在原点位置。机械手共经过 8 个工作状态自动地完成一周的动作，这种过程称为单周期操作。

机械手从原点开始，按一下起动按钮，机械手将进行自动的、连续不断的周期性循环，这种过程称为连续操作。

除了单周期操作和连续操作外，还有手动与单步操作。这里只讨论单周期操作的 PLC 应用。

2. 机械手的传动与控制

机械手的上下、左右和夹紧分别使用垂直移动气缸 D1、水平移动气缸 D2 和夹紧气缸 D3 来驱动。下降/上升、左移/右移采用双位电磁阀换向控制，夹紧采用电磁阀开通控制。

起动电动机 M，气泵 P 开始为管路供气。当电磁阀线圈通电时，电磁阀将切换气路，使各气缸实现其机械动作。图 15-42 所示为各阀状况是机械手夹紧并下降的动作情况。

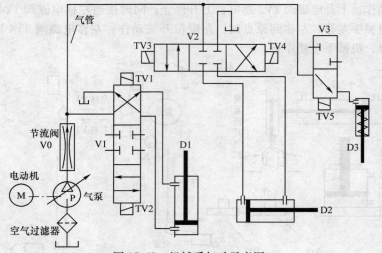

图 15-42　机械手气动示意图

3. 机械手控制设计

（1）程序流程图　根据机械手的工作原理画出机械手手动回零和单周期操作的工作状态图，如图 15-43 所示。当 PLC 通电经初始化后，机械手进入初始状态。先用手操作将机械手移到原点位置，然后按下起动按钮 X10，动作状态从 S5 向 S20 转移，以后机械手按单周期操作进行工作。

（2）PLC 选型　由于本控制系统简单，输入输出开关量少，因此可选用小型三菱 FXOS—20MR 型 PLC （输入 12 点、输出 8 点）较为经济。其输入输出端子（地址）、开关及功能见表 15-5。

表 15-5　PLC 输入输出端子、开关及功能

输入			输出		
地址	电气符号	功能	地址	电器符号	功能
X0	SN	工件检测	Y0	TV1	驱动下降阀
X1	SQ1	下降限位	Y1	TV5	驱动夹紧阀
X2	SQ2	上升限位	Y2	TV2	驱动上升阀
X3	SQ3	右移限位	Y3	TV3	驱动右移阀
X4	SQ4	左移限位	Y4	TV4	驱动左移阀
X5	SB1	手动上升			
X6	SB2	手动左移			
X10	SB0	自动起动			

4. 程序设计

根据图 15-43 的状态转移图，用步进指令 STL 设计的梯形图和语句表如图 15-44 所示。

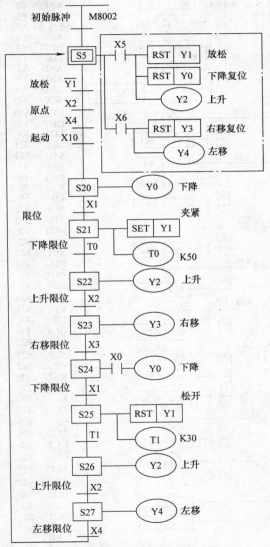

图 15-43　机械手工作状态图

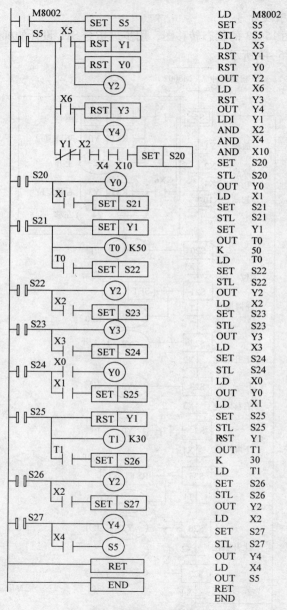

图 15-44　机械手程序

5. 硬件设计

为了保护 PLC 内输出电路中的继电器触点，在电磁线圈两端并联续流二极管。PLC 输入与输出的信号地不能连接在一起，如图 15-45 所示。另外，光敏开关 SN 的电源应接 PLC 附加直流电源 24V。

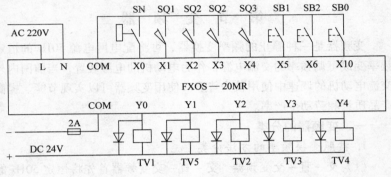

图 15-45 机械手接线图

第十六章 变频器及使用

第一节 变 频 器

变频器是一种静止的频率变换器，可将配电网电源 50Hz 的恒定频率变成可调频率的交流电源，作为电动机的电源装置，当前国内外交流电动机的调速中使用较为普遍。使用变频器可以实现节能、提高产品质量和劳动生产率。

一、变频器的分类

1. 按照变换频率的方法分类

（1）交 - 直 - 交变频器 交 - 直 - 交变频器首先将恒定 50Hz 的交流经整流，变换成直流，经过滤波，再将平滑的直流逆变成频率可调的交流。

（2）交 - 交变频器 又称为直接变频器，即直接将恒压恒频的交流电源变换成变压变频的交流电源。

2. 按照开关方法分类

（1）PAM 控制 所谓 PAM 控制是 Pulse Amplitude Modulation（脉冲振幅调制）的简称，是一种改变电压源的电压或电流源的电流的幅值进行输出控制的方式。

（2）PWM 控制 PWM 控制是 Pulse Width Modulation（脉冲宽度调制）的简称，是在逆变电路同时对输出电压（电流）的幅值和变频器进行控制，并通过改变输出脉冲的宽度来达到控制电压（电流）的目的。目前在变频器中多采用正弦波进行 PWM 控制方式。

3. 按照电压等级分类

变频器按照电压等级分为两类：一种是变频器电压等级为 200 ~ 460V 的低压型变频器；另一种是高压型变频器，电压等级为 3kV、6kV、10kV。

4. 按照不同用途分类

（1）通用变频器　是指对普通的异步电动机进行调速控制的变频器，如风机、泵类变频器。

（2）高性能专用变频器　如地铁机车用变频器、轧机用变频器。

二、变频器的原理及功能

变频器将交流变为直流，经直流滤波器滤波后，由逆变环节将它变为频率可调的交流。为了实现对交流异步电动机的调速，所给出的操作量有电压、电流、频率。

1. 主要参数及功能

1）输入信号有正转指令、自由运转指令、复位输入、加速与减速时间转换、多段频率选择、自保持运转等。

2）频率设定：由可调电位器（1～5kΩ）进行频率设定。上升/下降控制能通过外部信号（接点信号）进行控制，在其接通期间，频率上升（UP 信号）或下降（DOWN 信号）；多段频率选择：根据外部信号（接点信号）的组合，最多能进行 7 段运转的选择。

3）运转状态信号有运转中、频率到达、频率检测、过载预报等。模拟信号有：输出频率、输出电流、输出转矩、负载率等。

4）加速时间、减速时间：能独立设定 4 种加速、减速，并能由外部信号选择，能选择线性加减速与曲线加减速（S 形曲线除外）。

5）能设定上限、下限频率。

6）还有频率设定增益、偏置频率、跳跃频率、直接切换运转、瞬间停电时再起动、转差补偿控制、再生回馈控制等设定。

2. 显示内容

1）无论运转中还是停止中都能显示输出频率、输出电压、电动机旋转速度、负载轴旋转速度、输出转矩等，并显示其单位。在 LCD 画面上能显示其单位。测试功能输入信号和输出信号的有无（模拟信号的大小）。

2）设定时：显示功能码和数据（带单位显示）。

3）跳闸时：区分跳闸的原因，并加以显示。

3. 保护环节

1）变频器保护有电涌保护、过载保护、再生过电压保护、欠电压保护、接地过电流保护、冷却风机异常、过热保护、短路保护。

2）异步电动机保护有过载保护、超频（超速）保护。

3）其他保护有防止失速过电流、防止失速再生过电压。

三、变频调速

异步电动机调速传动时变频器可以根据电动机的特性对供电电压、电流、频率进行适当的控制，不同的控制方式所得到的调速性能、特性以及用途是不同的。

控制方式大体可分为 U/f 控制方式、转差频率控制方式和矢量控制方式。

（1）U/f 控制 这种控制方式是在改变频率的同时控制变频器输出电压，是控制电压与频率的比（U/f）不变，使电动机磁通保持一定，在较宽的调速范围内，电动机的效率、功率因数不下降。

U/f 控制比较简单，这种变频器采用的是开环控制方式，多用于通用变频器、风机、泵类传动等。另外，空调等家用电器也采用 U/f 控制的变频器。

（2）转差频率控制 这种控制方式需要检出电动机的转速，构成速度闭环，速度调节器的输出为转差频率，然后以电动机速度与转差频率之和作为变频器的输出频率。由于通过控制转差频率来控制转矩和电流，与 U/f 控制相比其加减速特性和限制过电流的能力得到提高。它也适用于自动控制系统。

（3）矢量控制 其基本原理是控制电动机定子电流的幅值和相位（即电流矢量），来分别对电动机的励磁电流和转矩电流进行控制，从而达到控制电动机转矩电流特性的目的。

四、变频器的应用

1. 主电路的连接

下面以三菱 FR－A140E 型变频器为例，介绍其端子规格及连接情况，如图16-1所示。

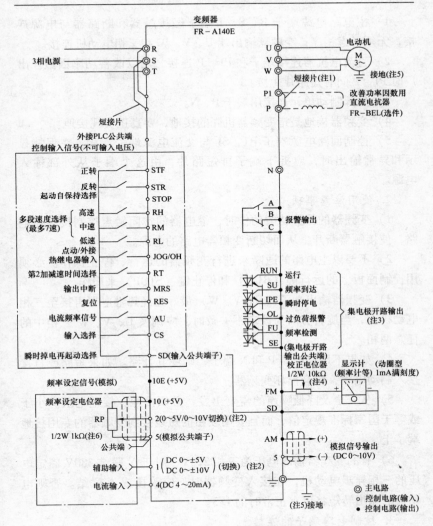

图 16-1 FR – A140E 型变频器的接线

注:
1. 使用 FR – BEL 的场合,拆下短接片。
2. 参数单元可以对输入信号进行切换。
3. "RUN"以外所有的输出端子可以用报警编码显示异常情况。
4. 若设有参数单元进行刻度校正,这个校正电位器就不必设置。
5. 变频器及电动机在使用前必须可靠接地。
6. 频率设定更改频繁时,使用 2W1kΩ 的电位器。

1）主电路电源端子 R、S、T 端子经接触器和断路器与电源连接，无须考虑相序；变频器输出端 U、V、W 和三相电动机连接。

2）直流电抗器连接端子和 P1、P 连接，用以改善功率因数。出厂时 P1、P 间有短路片短接。

3）外部制动单元连接用端子 P、N。

4）变频器接地是指变频器机壳的接地，要真正实现接地。

5）控制回路电源端子 R1，S1 与交流电源端子连接。在保持显示和异常输出时，应拆下端子排短路片，由这个端子从外部输入电源。

2. 使用注意事项

1）变频器的保护功能动作时，继电器的常闭触点控制接触器电路，使接触器断开，从而切断变频器电路的电源。

2）不要以主电路的通断来进行变频器的运行、停止操作。必须用控制面板上的运行键（RUN）和停止键（STOP）来操作。

3）变频器输出端子（U、V、W）最好先经热继电器再接至三相电动机上，当旋转方向与设定不一致时，应调换 U、V、W 三相中的任意两相。

4）如果不用变频器 P 和 N 端子，则使其开路。如果短路或直接接入制动电阻，则会损坏变频器。

5）从安全及降低噪声的需要出发，必须接地，接地电阻应小于或等于国家标准规定值，而且要用较粗的短线接到变频器的专用接地端子上。

6）有的变频器输出电压为三相 220V，对于 Y 联结 380V 额定电压的三相异步电动机，在接入变频器时，应改接成 Δ 联结。否则电动机的输出转矩将仅有正常时的 1/3。

3. 控制电路端子的连接

1）频率设定端子：频率设定有三个端子。10 端子作为频率设定器用电源（DC：+5V，10mA）；2 端子是设定用电压输入（DC：0～5V），输入和输出成比例，输入电阻是 10kΩ；4 端子是设定用电流输入（DC：4～20mA），输入和输出成比例，输入电阻为 250Ω；5 端子是频率设定公用端，是对于频率设定信号（端子 2、1、4）和 AM 的公共端子，与控制回路的公共回路不绝缘，不要接大地。

2）输入端子：STF 端子是正转起动，STF—SD 之间处于 ON 时便正转，处于 OFF 时便停止；STR 反转起动；STF，STR—SD 间同时为 ON 时，便为停止指令；STOP 起动自保持选择，STOP—SD 间处于 ON，可以选择起动信号自保持；RH，RM，RL 为多段速度选择，最多可以选择 7 种速度；JOG/OH 为点动模式选择或外部热继电器输入，RT 端子为第 2 加减速时间选择；MRS 端子为输出停止；RES 端子为复位；CS 端子为瞬停再起动选择；AU 端子为电流频率信号输入选择；SD 端子为输入公用端；PC 端子为外接 PLC 公用端。

3）输出端子：RUN 为异常输出端子；SU 为频率到达端子；OL 为过负荷报警；IPF 为瞬时停电；FU 为频率检测；SE 为集电极开路输出公共端；FM 为脉冲输出，用于仪表；AM 为模拟信号输出。

第二节　电力变压器绕线机变频控制电路

一、绕线机的工作原理及功能

输配电网中使用的电力变压器为三相变压器，其三相绕组使用专用的绕线机绕制。在实际生产中需要将变压器铁心固定在绕线机上，依次将变压器三相绕组绕制完成。根据实际生产的工艺要求，绕线机要能实现以下功能。

1）主电动机 M1 拖动线圈齿轮转动的传动过程如图 16-2 所示。主电动机 M1 通过减速器，带动主动齿轮转动，主动齿轮再带动与其啮合的从动齿轮转动。其中从动齿轮和线圈骨架做成一体成两半套在铁心上，并可以绕铁心转动，以实现在骨架上绕制线圈。生产实际要求主电动机 M1 能实现正、反转，并根据线圈导线的粗细，要求主电动机可以实现调速，以改变线圈绕制速度。三相电动机使用变频器实现调速。

2）变压器铁心使用机械装置固定在上、下移动的小车上。绕制线圈前上、下移动小车使装在铁心上的线圈骨架的从动齿轮和主动齿轮啮合。小车由三相电动机 M2 拖动实现上、下行，并且具有上、下限位控制。

3）线圈绕满一层需要增加层间绝缘，此时使用液压装置压紧线

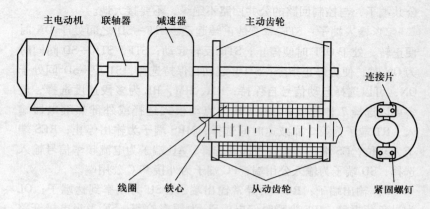

图 16-2　线圈齿轮转动的传动过程

圈骨架,同时切断主电动机 M1 和小车电动机 M2 的控制电路,以防止在增加层间绝缘时误操作发生事故。液压装置由三相异步电动机 M3 拖动液压泵加压,其压紧和放松通过液压控制实现。

4)绕线机起动时要求液压泵电动机 M3 先起动,才能起动主电动机和小车电动机,主电动机要求用脚踏开关实现正、反转控制。

5)整个电气控制电路要求对电气设备有短路保护,对电动机有过载保护。

二、绕线机控制电路

1)绕线机主电路如图 16-3 所示。三极漏电保护器 QS 控制主电路、控制电路电源的通断及实现漏电保护;熔断器 FU1、FU2 和 FU3 起短路保护,热继电器 FR、FR1 和 FR2 起过载保护。

2)绕线机控制电路如图 16-4 所示。图中 SB1 ~ SB5 为按钮,SQ、SQ1 和 SQ2 为行程开关、ST1 和 ST2 为脚踏开关、KA 与 KA1 ~ KA3 为中间继电器、YA 为换向阀电磁线圈。其中 KM1 用于小车电动机 M2 的正转控制,KM2 用于小车电动机的反转控制,KA1 用于变频器起动信号控制,KA2 用于变频器正反转信号控制,KM3 用于液压泵电动机 M3 的起停控制,KA 和 KA3 用于切断或接通小车控制电路及变频器起动和正反转信号的控制。

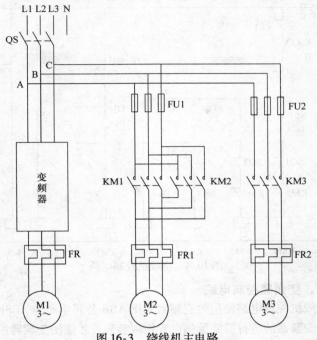

图 16-3 绕线机主电路

绕线机的工作过程如下：

闭合电源总开关QS —— 接通控制电源和变频器电源
　　　　　　　　　 └── KA得电 —— KA常闭触头断开 —— 断开小车电动机及变频器控制电路
起动时按下SB4 —— KM3得电并自锁 —— 液压泵电动机转动
　　　　　　　　　　　　　　　　　 └── KA3得电 —— KA3常开触头闭合 ──┐

┌── 按下锁定开关SB5 —— YA得电 —— 油缸动作压上SQ，常闭触头断开 ──┐
└── 接通变频器起动和正反转控制电路

┌── KA断电 —— KA常闭触头闭合 —— 接通小车电动机及变频器起动和正反转控制电路 ──┐

　　　　　┌── (上行)按下SB1，KM1得电
　　　　　└── (下行)按下SB2，KM2得电 ──┐

┌── 小车电动机正转，小车上行，KM1常闭触头断开，与KM2互锁 ──┐
└── 小车电动机反转，小车下行，KM2常闭触头断开，与KM1互锁

┌── 碰撞SQ1，其常闭触头断开 —— 小车电动机断电，小车停止上行
└── 碰撞SQ2，其常闭触头断开 —— 小车电动机断电，小车停止下行

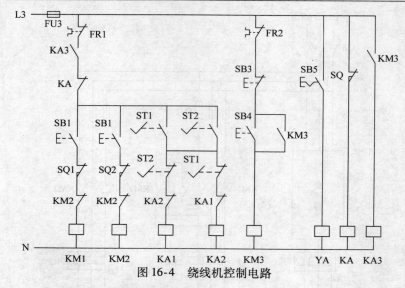

图 16-4 绕线机控制电路

三、变频器控制电路

绕线机控制电路使用的变频器采用 ABB 公司生产的 ACS140 型变频器。变频器的运行需要预先设置控制参数，才能使变频器控制的电动机的运转性能满足生产实际的要求。ACS140 型变频器有多种控制参数集（称为应用宏），每一种控制参数集的选择，将使变频器控制端子具有不同的作用。为满足绕线机的控制要求，在使用变频器时选择了标准控制参数集（标准宏）。变频器的运行控制方式有控制盘控制方式（内部控制方式）、外部端子控制方式和通信控制方式（变频器的运行由可编程序控制器或单片机控制）。绕线机用变频器采用外部端子控制方式。

1. 变频器控制端子及控制盘

变频器的外接控制端子用于从外部电路输入频率给定信号、起动信号、正反转信号等信号。ACS140 型变频器的控制端子及作用如图 16-5 所示。图中未用端子是其他控制参数集所用端子。

变频器控制盘及各按钮的作用如图 16-6 所示，控制盘用于控制模式切换，内部控制（外部控制方式失效），设置控制参数集，显示电动机运行参数（频率、转速和电流等）。

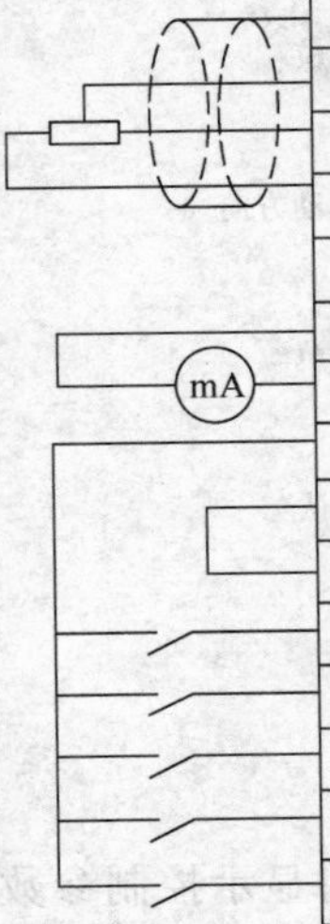

控制信号		作用
1	SCR	控制信号电缆屏蔽端(内部与机壳相连)
2	AI1	外部给定1~10V
3	AGND	模拟输入0V
4	10V	用于给定电位器的电压信号
5	AI2	未用
6	AGND	模拟输入0V
7	AO	模拟输出
8	AGND	DI信号公共端
9	+12V	输出电源
10	DCOM	数字输入DI公共端
11	DI1	起动/停止，得电起动
12	DI2	正向/反向，得电反向
13	DI3	恒速设置
14	DI4	恒速设置
15	DI5	加减速时间曲线选择
16	DO1A	继电器输出，故障时断开
17	DO1B	
18	DO2A	继电器输出，运行时闭合
19	DO2B	

图 16-5　ACS140 型变频器的控制端子及作用

2. 变频器控制方式的调整

ACS140 型变频器的内部控制方式和外部控制方式的转换步骤如下：

1）同时按住控制盘上"MENU"和"ENTER"键，控制盘显示 REW，变频器处于外部控制方示。

2）同时按住控制盘上"MENU"和"ENTER"键，控制盘显示 LOC 或 LCR，变频器处于控制盘控制方式（内部控制方式）。

3）同时按住控制盘上"MENU"和"ENTER"键，控制盘显示 rE，变频器回到外部控制方式。

3. 变频器基本参数的设置

1）按"MENU"键，控制盘显示屏出现"–99–"字样。

2）按"ENTER"键，控制盘显示屏出现"–9902–"字样。再

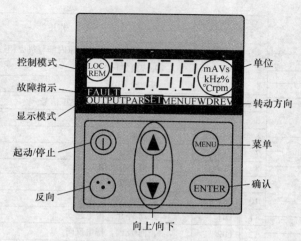

控制模式——LOC/REM
故障指示——FAULT
显示模式——OUTPUT PAR SET MENU FWD REV
起动/停止
反向
向上/向下
单位——mA V s kHz % °C rpm
转动方向
菜单——MENU
确认——ENTER

图 16-6　变频器控制盘及各按钮的作用

按"ENTER"键，显示屏显示 SET、LWD 闪烁，同时显示控制参数 9902 的数值，反复按"UP/DOWN"键（上/下）找到需要的控制参数的数值，同时显示屏 SET 闪烁。再按"ENTER"键，参数设置完毕。再按2次"MENU"键，控制盘显示输出电压的频率。

4. 变频器完整参数的设置

完整参数提供变频器特殊功能的参数，用以实现变频器特殊控制要求。设置的方法如下：

1）按控制盘"MENU"键，控制盘显示屏出现"– 99 –"字样。

2）反复按"UP/DONW"键，直到显示屏出现"– LG –"字样。

3）按住"ENTER"键，直到显示屏出现"= LG ="字样。

4）按"DOWN"键，显示屏出现"= 99 ="字样。

5）按"UP/DONW"键，找出需要设置的参数。

5. 绕线机用变频器需要设置的参数

1）参数 9902 表示选择控制参数，该参数设定 ACS140 应用不同的控制参数。选择不同的控制参数，变频器控制端子具有不同的作用。参数 9902 数值为 0 ~ 7。绕线机用变频器选择 9902 的值为 1。

2）参数 9905 设定 ACS140 输出到电动机的最大电压值。当变频器的输出频率等于参数 9907 设定的额定频率时，输出电压同时达到额定电压值。ACS140 输出到电动机的电压无法大于电源电压。

3）参数 9906 设定 ACS140 输出给电动机的电流，其值为使用的电动机铭牌上的额定电流值。

4）参数 9907 调整变频器输出电压的频率为电动机铭牌所标示的频率，此频率值应和参数 1105 和 2008 调整的频率值相等。

5）参数 1003 表示方向控制参数，选择 1 时电动机正转，选择 2 时电动机反转，选择 3 时电动机双向转动。

6）参数 0102 表示电动机的转速。

7）参数 0104 表示电动机的电流值。

8）参数 0105 表示电动机轴的输出转矩，以额定转矩的百分数表示。

9）参数 1201 表示恒速参数，其数值为 0~9，当选择 7 时，变频器外控电路接控制端子 DI3、DI4 的开关状态，决定电动机能以三种恒速转动，而且不受频率调整电位器 R 的控制。

10）参数 1105 表示外部给定的最大限幅值，设置时以频率的大小表示。

11）参数 2008 表示变频器输出频率的最大值。

12）参数 2202 表示加速时间参数，设置电动机由 0Hz 上升到最高频率所需要的时间。

13）参数 2203 表示减速时间参数，设置电动机由最高频率下降到 0Hz 所需要的时间。

按图 16-7 所示曲线设置加减速时间。

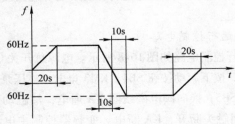

图 16-7　加减速时间曲线

14）参数 2603 表示转矩补偿参数，设置变频器低频时输出电压补偿值。

15）参数 2604 表示转矩补偿参数，设置变频器补偿范围，以频率形式给出。

6. 变频器的运行控制

（1）内部控制方式

1）按照控制方式的调整方法，将变频器设置为内部控制方式。

2）按下控制盘起动/停止按钮，变频器按照内部设置好的参数控制电动机的运转。

3）按下控制盘正反向转动按钮，电动机改变转动方向。

4）按下控制盘起动/停止按钮，电动机停止转动。

（2）外部控制方式

1）接好变频器控制端子的外部控制电路。

2）应用控制参数设置的方法，设置变频器内部控制参数。

3）接通外部控制电路中的起动/停止开关，变频器按照设置好的参数控制电动机转动。

4）接通正反向转动开关，电动机从正向转动变为反向转动。

5）将两个恒速控制开关分别处于 "ON 和 OFF"、"OFF 和 ON"、"ON 和 ON" 状态，使电动机得到三种恒速转动速度。此时调整频率给定电位器 R，电动机转速不变。

6）设置电动机的起停时间，接通加减速时间控制开关，观测电动机起动和停止时间。

7）将控制盘显示屏设置为运行参数，分别显示电动机的转速、电流和输出转矩。

7. 变频器运行控制电路

变频器运行控制电路如图 16-8 所示。电源总开关 QS 合上后，变频器接通电源。按下起动按钮 SB4、KM3 得电，液压泵起动；再按下液压锁定开关 SB5，换向阀电磁线圈 YA 通电，油缸动作压上行程开关 SQ，SQ 常闭触头断开，KA 断电。变频器控制主电动机运行过程如下：

中间继电器KA断电，KA常闭触头闭合，同时KA3得电，KA3常开触头闭合

┌─ 踩脚踏开关ST1 ── KA1得电 ── KA1常开触头闭合 ── 变频器得到起动信号 ─┐
│   └ KA2断电   │
│   │
│   └── 主电动机正转 ── 手动调整电位器R，使主电动机达到要求转速   │
│   │
└─ 踩脚踏开关ST2 ── KA2得电 ─ KA2常开触头闭合 ── 变频器得到反转起动信号 ─┘
                 └ KA1断电

          └── 主电动机反转

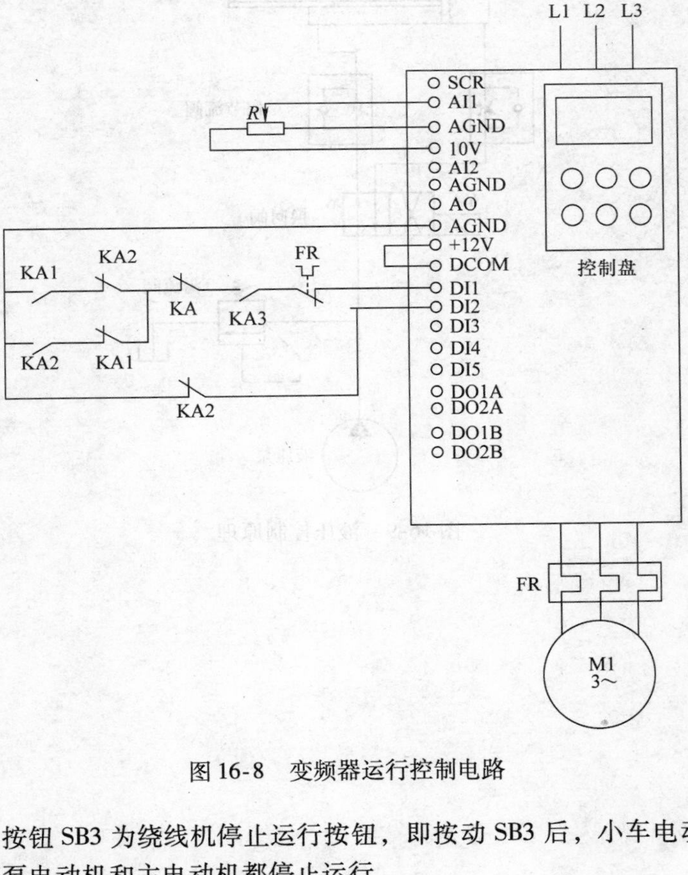

图 16-8　变频器运行控制电路

按钮 SB3 为绕线机停止运行按钮，即按动 SB3 后，小车电动机、液压泵电动机和主电动机都停止运行。

8. 液压控制电路

液压控制原理如图 16-9 所示。其工作过程为：按下液压起动按钮 SB4，液压泵电动机转动，液压泵加压；按下锁定开关 SB5，YA 得电，油缸动作压住行程开关 SQ，KA 断电，主电动机、小车电动机控制电路不能起动，主电动机和小车电动机不能转动。

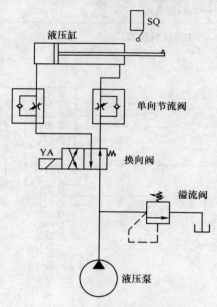

图 16-9　液压控制原理

参 考 文 献

[1] 技工学校机械类通用教材编审委员会. 电工工艺学 [M].5 版. 北京: 机械工业出版社, 2010.

[2] 李洋, 等. 新编维修电工手册 [M]. 北京: 机械工业出版社, 2011.

[3] 李洋. 建筑电工操作技能 [M]. 北京: 中国电力出版社, 2015.

[4] 李洋. 维修电工操作技能手册 [M]. 北京: 机械工业出版社, 2004.

[5] 李洋. 电机修理入门 [M]. 北京: 机械工业出版社, 2013.

[6] 李洋. 维修电工入门 [M].2 版. 北京: 机械工业出版社, 2012.

[7] 李兆序, 李卫东. 维修电工操作手册 [M]. 北京: 中国电力出版社, 1998.

[8] 君兰工作室. 电工操作实用技术 [M]. 北京: 科学出版社, 2007.

[9] 郑凤翼. 电工识图 [M]. 北京: 人民邮电出版社, 2000.

[10] 方承远. 工厂电气控制技术 [M]. 北京: 机械工业出版社, 2000.

读者信息反馈表

感谢您购买《新编维修电工手册　第2版》一书。为了更好地为您服务，有针对性地为您提供图书信息，方便您选购合适图书，我们希望了解您的需求和对我们教材的意见和建议，愿这小小的表格为我们架起一座沟通的桥梁。

姓　名		所在单位名称	
性　别		所从事工作（或专业）	
通信地址		邮　编	
办公电话		移动电话	
E-mail			

1. 您选择图书时主要考虑的因素：（在相应项前面√）
　（　　）出版社（　　）内容（　　）价格（　　）封面设计（　　）其他
2. 您选择我们图书的途径（在相应项前面√）
　（　　）书目（　　）书店（　　）网站（　　）朋友推介（　　）其他

希望我们与您经常保持联系的方式：
　　　　　　□ 电子邮件信息　　□ 定期邮寄书目
　　　　　　□ 通过编辑联络　　□ 定期电话咨询

您关注（或需要）哪些类图书和教材：

您对我社图书出版有哪些意见和建议（可从内容、质量、设计、需求等方面谈）：

您今后是否准备出版相应的教材、图书或专著（请写出出版的专业方向、准备出版的时间、出版社的选择等）：

非常感谢您能抽出宝贵的时间完成这张调查表的填写并回寄给我们，您的意见和建议一经采纳，我们将有礼品回赠。我们愿以真诚的服务回报您对机械工业出版社技能教育分社的关心和支持。

请联系我们——

地　　址　北京市西城区百万庄大街22号　机械工业出版社技能教育
　　　　　分社
邮　　编　100037
社长电话　（010）88379711　68329397（带传真）
E-mail　jnfs@ mail. machineinfo. gov. cn